面向新工科的电工电子信息基础课程系列教材

教育部高等学校电工电子基础课程教学指导分委员会推荐教材

信号与系统

学习指导

王　渊　主　编

朱　莹　贾永兴　副主编

杨　宇　余　璟　参　编

清华大学出版社

北　京

内 容 简 介

本书是与贾永兴主编的《信号与系统》配套的学习指导书。书中明确各章的学习目标,对学习内容进行梳理,给出学习的重点、难点并给予重点指导,围绕主教材给出习题详解。为了便于检查学习效果,为各章提供阶段测试,并系统编写四套期末考试模拟题。

本书可以为电子信息类、自动化类、电气类等相关专业本专科学生提供复习和报考研究生的学习帮助,还可为从事该课程教学的教师提供教学参考。

图书在版编目(CIP)数据

信号与系统学习指导/王渊主编. —北京:清华大学出版社,2023.1
面向新工科的电工电子信息基础课程系列教材
ISBN 978-7-302-62502-5

Ⅰ. ①信… Ⅱ. ①王… Ⅲ. ①信号系统－高等学校－教材 Ⅳ. ①TN911.6

中国国家版本馆 CIP 数据核字(2023)第 006893 号

责任编辑:文 怡
封面设计:王昭红
责任校对:郝美丽
责任印制:曹婉颖

出版发行:清华大学出版社
   网 址:http://www.tup.com.cn,http://www.wqbook.com
   地 址:北京清华大学学研大厦 A 座   邮 编:100084
   社 总 机:010-83470000   邮 购:010-62786544
   投稿与读者服务:010-62776969,c-service@tup.tsinghua.edu.cn
   质量反馈:010-62772015,zhiliang@tup.tsinghua.edu.cn
   课件下载:http://www.tup.com.cn,010-83470236
印 装 者:三河市龙大印装有限公司
经 销:全国新华书店
开 本:185mm×260mm 印 张:15.5 字 数:359 千字
版 次:2023 年 2 月第 1 版 印 次:2023 年 2 月第 1 次印刷
印 数:1～1500
定 价:49.00 元

产品编号:099369-01

"信号与系统"课程是各本科、大专院校中电子信息类、自动化类、电气类等相关专业的专业基础课程,主要研究确定性信号经线性时不变系统进行传输和处理所需的概念和分析方法。通过本课程的学习使学生掌握信号与系统理论的基本概念、基本原理和基本方法,培养学生的思维能力、分析问题和解决问题的能力以及创新能力,塑造科学品质,为日后的岗位需求奠定必要的理论和实践基础。由于本课程较为抽象,理论性和实用性都很强,历届学生普遍反映在学习过程中经常遇到困难,同时方法技术需要经过一定的练习才能做到灵活应用。因此,需要通过学习指导书给予学生一定的学习帮助,以便更好地提升学习效果。

本书与贾永兴主编的《信号与系统》配套。在内容组织上首先明确各章的学习目标,然后围绕学习要点进行梳理、提炼和归纳,指明各章节的重点内容,并对难点进行解析。针对主教材中的习题首先给出考核目标,接着指明解题思路,最后给出详细解析过程,帮助学生明确练习的目的和作用。为了帮助学生检验学习的掌握情况,在每章最后编写了阶段测试,并围绕总体内容给出四套期末考试模拟试题。

本书由陆军工程大学的贾永兴、朱莹、杨宇、王渊及余璟共同编写,其中贾永兴负责第1、2章的编写,朱莹负责第3章的编写,杨宇负责第4章的编写,王渊负责第5、6章的编写,余璟负责期末考试模拟试题的编写,全书由王渊统稿。

由于编者水平有限,书中难免有错误与不妥之处,恳请读者批评指正。

编　者

2022 年 12 月

目录

目录

第 **1** 章

信号与系统概论

1.1　本章学习目标

- 理解信号的概念和分类；
- 掌握常用信号的描述与特性；
- 掌握信号的基本运算；能够绘制信号复合运算的波形；
- 理解信号常用的分解方式；
- 理解系统的概念、模型和分类；
- 掌握线性时不变系统的判断方法；
- 理解线性时不变特性的特性。

1.2　知识要点

1.2.1　信号的概念与分类

1. 信号的概念

信号是消息的表现形式,消息则是信号的具体内容。承载消息的信号可以有多种形式,例如声、光、电和温度等,它所包含的消息就蕴含在这些物理量的变化之中。这里信号与函数两个名称通用。

2. 信号的分类

1）确定信号与随机信号

能用确定的函数描述的信号称为确定信号,也称为规则信号。这类信号给定自变量即可确定信号值。

带有不可准确预知性,不能用确定的函数描述的信号称为随机信号。这类信号给定自变量并不能确定确切的信号值,只能根据某种统计规律分析信号特性。

2）周期信号与非周期信号

周期信号是按照一定的时间间隔周而复始、不断重复的信号,在 $-\infty < t < +\infty$ 整个时间域上应满足

$$f(t) = f(t \pm nT), \quad n = 0,1,2,3,\cdots \tag{1-1}$$

满足式(1-1)的最小时间间隔 T 称为周期。在实际工程应用中,通常将在较长时间内按照某一规律重复变化的信号也视为周期信号。

不具周期重复性的信号称为非周期信号。在某些特定的情况下,也可以把非周期信号视为周期信号的周期趋于无穷大的一个特例。

3）连续时间信号与离散时间信号

自变量在时间轴连续取值（除有限个间断点外）的信号称为连续时间信号，简称连续信号。日常生活中，存在大量的连续时间信号，例如语音信号、图像信号、温度信号等。若信号幅度也随时间连续变化，通常也称为模拟信号。

离散时间信号在时间轴上取值是离散的，即信号只在某些离散时刻有定义，而在其他时间无定义。对于离散时间信号，通常函数取值的时刻为某个时间间隔 t_0 的整数倍，所以横轴为 n，表示时间为 nt_0。若信号的幅值也进行了离散取值，则称为数字信号。

4）因果信号与非因果信号

若 $t < 0$ 时，信号 $f(t) = 0$，则信号 $f(t)$ 称为因果信号，也称为有始信号；反之，称为非因果信号。

5）能量信号和功率信号

在时间域上，信号的能量 E 和平均功率 P 分别为

$$E = \int_{-\infty}^{+\infty} |f(t)|^2 \, dt \tag{1-2}$$

$$P = \lim_{T \to \infty} \frac{1}{T} \int_{-\frac{T}{2}}^{\frac{T}{2}} |f(t)|^2 \, dt \tag{1-3}$$

通常把能量为有限值、平均功率为零的信号称为能量信号；而把平均功率为有限值、能量为无穷大的信号称为功率信号。

一个信号不可能既是功率信号，又是能量信号，但可以既非功率信号，又非能量信号。一般来讲，实际工程中应用的周期信号和直流信号是功率信号，而持续时间有限的有界信号是能量信号。

1.2.2　常用信号的描述和特性

1. 信号的描述方法

常用的方法有数学表达式和波形图。

2. 常用的连续时间信号

1）实指数信号

实指数信号的时域表达式为

$$f(t) = k\,e^{at}, \quad a \text{ 为实数} \tag{1-4}$$

实指数信号的导数和积分仍然是实指数信号，计算起来比较方便。

2）正弦信号

正弦信号的时域表达式为

$$f(t) = A_m \sin(\omega t + \theta) \tag{1-5}$$

式中，A_m 为振幅，ω 为角频率，θ 为初相位。正弦信号的角频率 ω、周期 T 和频率 f 三者

关系可以描述为

$$\omega = 2\pi f = \frac{2\pi}{T}, \quad f = \frac{1}{T} \tag{1-6}$$

3）复指数信号

复指数信号的时域表达式为

$$f(t) = k\,e^{st} = k\,e^{(\sigma + j\omega)t} \tag{1-7}$$

式中，$s = \sigma + j\omega$ 为复数。

4）抽样信号

抽样信号是正弦信号和自变量之比构成的函数，其时域表达式为

$$Sa(t) = \frac{\sin t}{t} \tag{1-8}$$

$Sa(t)$是偶函数，且随$|t|$增大而振荡衰减，当 $t \to \pm\infty$ 时，$Sa(t) \to 0$。

5）升余弦信号

升余弦信号的表达式为

$$f(t) = \begin{cases} \dfrac{A}{2}\left(1 + \cos\dfrac{2\pi}{\tau}t\right), & |t| \leqslant \dfrac{\tau}{2} \\ 0, & \text{其他} \end{cases} \tag{1-9}$$

在实际通信系统中，升余弦信号常用来替代矩形脉冲作为数字信号的波形，主要是它占用的频带较窄，而且也比较容易产生。

3. 奇异信号

若信号本身，或其有限次导数，或其有限次积分存在不连续点的情况，这类信号统称为奇异信号。

1）单位阶跃信号

单位阶跃信号的时域表达式为

$$u(t) = \begin{cases} 0, & t < 0 \\ 1, & t > 0 \end{cases} \tag{1-10}$$

单位阶跃信号在 $t = 0$ 时发生跳变，可用来描述开关的动作或信号的接入特性。

2）门函数

门函数是以原点为中心，时宽为 τ，高度为 1 且左右对称的矩形脉冲信号。门函数用阶跃信号可表示为

$$G_\tau(t) = \left[u\left(t + \frac{\tau}{2}\right) - u\left(t - \frac{\tau}{2}\right)\right] \tag{1-11}$$

3）单位冲激信号

单位冲激信号 $\delta(t)$ 可用来描述时间极短但取值极大的物理现象，其定义为

$$\begin{cases} \displaystyle\int_{-\infty}^{+\infty} \delta(t)\,dt = 1 \\ \delta(t) = 0, \quad t \neq 0 \end{cases} \tag{1-12}$$

单位冲激信号的积分值(面积)为 1,且只存在于 0 时刻,故有

$$\int_{-\infty}^{+\infty} \delta(t)\mathrm{d}t = \int_{0_-}^{0_+} \delta(t)\mathrm{d}t = 1 \qquad (1\text{-}13)$$

通常把这个积分值称为冲激强度。冲激函数具有下列重要性质。

(1)冲激函数是偶函数,即

$$\delta(t) = \delta(-t) \qquad (1\text{-}14)$$

(2)冲激函数具有抽样性(筛选性)。

若有界函数 $f(t)$ 在 $t = t_0$ 处连续,则有

$$f(t)\delta(t-t_0) = f(t_0)\delta(t-t_0) \qquad (1\text{-}15)$$

$$\int_{-\infty}^{+\infty} f(t)\delta(t-t_0)\mathrm{d}t = f(t_0) \qquad (1\text{-}16)$$

抽样性体现了冲激函数对连续信号 $f(t)$ 的作用,其效果是"筛选"出冲激作用时刻所对应的信号值 $f(t_0)$。

(3)尺度变换

$$\delta(at) = \frac{1}{|a|}\delta(t), \quad a \text{ 为非零实常数} \qquad (1\text{-}17)$$

1.2.3 信号的基本运算

1. 信号的相加与相乘

1)信号相加

两信号的相加等于两相加信号在同一时刻值相加,即

$$y(t) = f_1(t) + f_2(t) \qquad (1\text{-}18)$$

2)信号相乘

两信号的相乘等于两相乘信号在同一时刻值相乘,即

$$y(t) = f_1(t) \times f_2(t) \qquad (1\text{-}19)$$

信号的相加和相乘也可以用图 1-1 所示的运算符号表示。

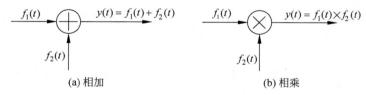

(a) 相加　　　　　　　　　　　(b) 相乘

图 1-1　两信号相加和相乘的运算符号

2. 信号时移、反褶和尺度变换

1)信号的时移

信号 $f(t \pm t_0)$ 称为信号 $f(t)$ 的时移。若 $t_0 > 0$,则 $f(t+t_0)$ 是 $f(t)$ 在时间 t 轴上整体左移 t_0,$f(t-t_0)$ 是 $f(t)$ 在时间 t 轴上整体右移 t_0。

2）信号的反褶

信号 $f(-t)$ 称为信号 $f(t)$ 的反褶信号，它是将 $f(t)$ 的波形以 $t=0$ 为轴进行反褶，所以也称时间轴反转。

3）信号的尺度变换

信号 $f(at)$ 称为信号 $f(t)$ 的尺度变换。当 $a>1$ 时，信号 $f(at)$ 的波形是信号 $f(t)$ 在时间轴上压缩为原来的 $1/a$；当 $0<a<1$ 时，$f(at)$ 的波形扩展为原信号 $f(t)$ 的 $1/a$ 倍。

注意，信号的压缩和扩展是时间轴上压缩或扩展，但幅度没有变化。

4）信号的复合运算

当涉及多种运算的综合时，通常需要先分析具体涉及哪些运算，再按照一定的顺序，分步画出各运算对应的信号波形，直至得到最终的复合运算的结果。

例如，已知 $f(t)$ 的波形，画 $f(2-3t)$ 的波形时，就需要将时移、反褶和尺度变换结合使用。

方法一：由于 $f(-3t+2)=f[-3(t-2/3)]$，所以可以按照先尺度变换，再反褶，最后时移的顺序分步进行，即

$$f(t) \xrightarrow{\text{尺度变换}} f(3t) \xrightarrow{\text{反褶}} f(-3t) \xrightarrow{\text{时移}} f\left[-3\left(t-\frac{2}{3}\right)\right] = f(-3t+2)$$

方法二：按照先时移，再尺度变换，最后反褶的顺序分步进行，即

$$f(t) \xrightarrow{\text{时移}} f(t+2) \xrightarrow{\text{尺度变换}} f(3t+2) \xrightarrow{\text{反褶}} f(-3t+2)$$

注意，分步求具体运算对应的波形时，每种运算都是针对自变量 t 进行的。

3. 信号微分和积分

1）信号微分

信号 $f(t)$ 的微分运算是指 $f(t)$ 对 t 取导数，即

$$y(t) = \frac{\mathrm{d}}{\mathrm{d}t} f(t) \tag{1-20}$$

2）信号积分

信号 $f(t)$ 的积分运算是指 $f(t)$ 在 $(-\infty, t)$ 区间内的积分，即

$$y(t) = \int_{-\infty}^{t} f(\tau) \mathrm{d}\tau \tag{1-21}$$

电容和电感的伏安关系就可以用微积分运算表示。在关联参考方向下，电容元件伏安关系的微分形式和积分形式分别为

$$i_C(t) = C \frac{\mathrm{d}v_C(t)}{\mathrm{d}t}, \quad v_C(t) = \frac{1}{C} \int_{-\infty}^{t} i_C(\tau) \mathrm{d}\tau$$

在关联参考方向下，电感元件伏安关系的微分形式和积分形式分别为

$$v_L(t) = L \frac{\mathrm{d}i_L(t)}{\mathrm{d}t}, \quad i_L(t) = \frac{1}{L} \int_{-\infty}^{t} v_L(\tau) \mathrm{d}\tau$$

单位冲激信号与单位阶跃信号互为微积分关系，即

$$\int_{-\infty}^{t} \delta(\tau)\mathrm{d}\tau = u(t), \qquad \frac{\mathrm{d}u(t)}{\mathrm{d}t} = \delta(t) \tag{1-22}$$

1.2.4　信号的分解

1. 信号的直流和交流分解

信号 $f(t)$ 可以分解成直流分量和交流分量。

直流分量是指信号中大小和方向都不随时间变化的分量,通常用 f_D 表示;信号中去除直流分量之后,余下的部分称为交流分量,通常用 $f_\mathrm{A}(t)$ 表示。

直流分量是信号的平均值,计算如下:

$$f_\mathrm{D} = \lim_{T \to \infty} \frac{1}{T} \int_{-\frac{T}{2}}^{\frac{T}{2}} f(t)\mathrm{d}t \tag{1-23}$$

交流分量 $f_\mathrm{A}(t) = f(t) - f_\mathrm{D}$,其平均值为 0。

2. 信号的冲激函数分解

可以把冲激信号作为基本信号,将任意信号分解为冲激信号的线性组合,即

$$f(t) = \int_{-\infty}^{+\infty} f(\tau)\delta(t-\tau)\mathrm{d}\tau \tag{1-24}$$

式(1-24)表明任意信号 $f(t)$ 可分解为无穷多个不同时刻、不同强度的冲激信号的线性组合。

1.2.5　系统的概念、模型与分类

1. 系统的概念

系统是指由若干相互作用和相互联系的事物组合而成的具有特定功能的整体。信号通过系统的模型如图 1-2 所示,其中 $e(t)$ 表示激励, $r(t)$ 表示响应。信号通过系统的关系常表示为 $e(t) \to r(t)$,其中箭头"→"表示系统的作用。

图 1-2　信号通过系统的模型

2. 系统的模型

系统模型是系统物理特性的一种抽象描述,它可以是按照一定规则建立的用于描述系统特性的数学方程,也可以是用于表征系统特性的具有理想特性的符号组合。

1) 系统的数学模型

系统的数学模型是系统物理特性的数学抽象,以数学表达式来表征系统特性。求解电路中某支路的电压和电流时,基于两类约束关系建立的电路方程可看作该电路的数学模型。

2）系统的框图模型

系统框图模型是将组成系统的部件用一些基本运算单元（具有理想特性的符号）来描述，从而连接起来构成的图。

常用的三种基本运算单元为加法器、数乘器和积分器，其符号表示如图 1-3 所示。

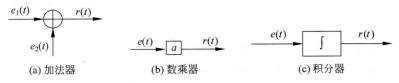

(a) 加法器　　　　(b) 数乘器　　　　(c) 积分器

图 1-3　三种基本运算单元的符号表示

3）数学模型和框图模型的相互转换

若描述系统的数学模型（微分方程）为

$$\frac{\mathrm{d}^2 r(t)}{\mathrm{d}t^2} + a_1 \frac{\mathrm{d}r(t)}{\mathrm{d}t} + a_0 r(t) = e(t)$$

则对应的系统的框图模型如图 1-4 所示。

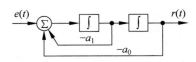

图 1-4　系统的框图模型

3. 系统的分类

1）连续时间系统与离散时间系统

连续时间系统是指系统的输入和输出都是连续时间信号，其内部处理的也是连续时间信号的系统。

离散时间系统是指系统的输入和输出都是离散时间信号，中间过程处理的也是离散时间信号的系统。

连续时间系统的数学模型通常为微分方程，离散时间系统的数学模型通常为差分方程。

2）非记忆系统与记忆系统

非记忆系统是指系统的输出信号只取决于同时刻激励信号的系统，也称为即时系统。

记忆系统是指系统的输出信号不仅取决于同时刻的激励信号，而且与它过去工作状态有关的系统，有时也称为动态系统。

非记忆系统的数学模型通常为代数方程，记忆系统的数学模型通常为微分方程。

3）线性系统与非线性系统

线性系统是指同时满足齐次性和叠加性的系统。

（1）齐次性：若 $e(t) \to r(t)$

则 $ke(t) \to kr(t)$，　k 为实常数　　　　　　　　　　　　　　　　（1-25）

（2）叠加性：若 $e_1(t) \to r_1(t)$，$e_2(t) \to r_2(t)$

则 $e_1(t) + e_2(t) \to r_1(t) + r_2(t)$　　　　　　　　　　　　　　（1-26）

线性性质也可以表示为

若 $e_1(t) \rightarrow r_1(t), e_2(t) \rightarrow r_2(t)$

则 $k_1 e_1(t) + k_2 e_2(t) \rightarrow k_1 r_1(t) + k_2 r_2(t)$, k_1 和 k_2 为实常数   (1-27)

非线性系统是指不满足齐次性或叠加性的系统。

4) 时变系统与时不变系统

时不变系统是指系统参数不随时间变化的系统,即在相同初始状态下,系统的响应与激励加入的时刻无关,可表示为

$$\text{若 } e(t) \rightarrow r(t), \quad \text{则 } e(t-t_0) \rightarrow r(t-t_0) \quad\quad (1\text{-}28)$$

即若激励延时 t_0 作用于系统时,产生的响应也延时 t_0,且响应波形形状保持不变。

时变系统是指系统参数随时间变化的系统。

5) 因果系统与非因果系统

因果系统是指任意时刻系统的响应仅与该时刻以及该时刻以前的激励有关,而与该时刻以后的激励无关,即系统的响应不会发生在激励加入之前。因果系统具有如下特性:

若 $e(t) \rightarrow r(t)$,当 $t < t_0$,$e(t) = 0$ 时,

$$\text{则 } r(t) = 0, \quad t < t_0 \quad\quad (1\text{-}29)$$

对系统因果性的判断,通常可以根据设定一个特殊时刻来判断系统的输入、输出关系是否满足因果性。尤其当某个问题是假命题时,可以通过举反例的方法做出判定。

非因果系统是指响应可能出现在激励之前的系统。

1.2.6 线性时不变系统的特性

通常把同时满足线性和时不变性的系统称为线性时不变系统(Linear and Time-Invariant system),简称 LTI 系统。除线性和时不变特性之外,LTI 系统还具有以下特性。

1. 微分特性

对于 LTI 系统,当激励是原信号的导数时,激励所产生的响应也为原响应的导数,即

$$\text{若 } e(t) \rightarrow r(t), \quad \text{则 } \frac{\mathrm{d}e(t)}{\mathrm{d}t} \rightarrow \frac{\mathrm{d}r(t)}{\mathrm{d}t} \quad\quad (1\text{-}30)$$

这一结论可以推导到高阶导数,即

$$\text{若 } e(t) \rightarrow r(t), \text{则} \frac{\mathrm{d}^n e(t)}{\mathrm{d}t} \rightarrow \frac{\mathrm{d}^n r(t)}{\mathrm{d}t}, \quad n \text{ 为正整数} \quad\quad (1\text{-}31)$$

2. 积分特性

当激励是原信号的积分时,激励所产生的响应亦为原响应的积分,即

$$\int_0^t e(\tau)\mathrm{d}\tau \rightarrow \int_0^t r(\tau)\mathrm{d}\tau \qquad\qquad (1\text{-}32)$$

3.分解性

线性时不变系统的全响应可以分解为零输入响应和零状态响应。

1）零输入响应

通常没有外加激励信号的作用,单独由系统初始储能所产生的响应,一般记为 $r_{zi}(t)$。

2）零状态响应

系统中无初始储能而仅由外加激励作用下的响应,一般记为 $r_{zs}(t)$。

4.零输入线性与零状态线性

1）零输入线性

系统的零输入响应对于各初始状态呈线性,若某初始状态放大 k 倍,则由该初始状态所产生的零输入响应分量也放大 k 倍。

2）零状态线性

系统的零状态响应对于各激励信号呈线性,若某激励放大 k 倍,则由该激励所产生的零状态响应分量也放大 k 倍。

1.3 习题详解

1-1 判断题 1-1 图所示各信号是连续时间信号还是离散时间信号,若是连续时间信号,是否为模拟信号;若是离散时间信号,是否为数字信号。

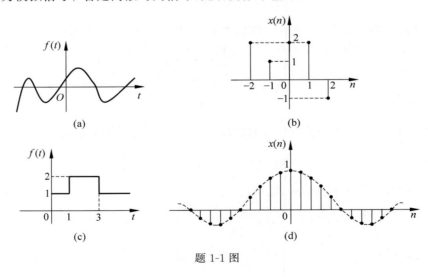

题 1-1 图

【知识点】 信号的分类。

【方法点拨】　利用连续时间信号与离散时间信号的概念和特性进行分析。

【解答过程】　从波形特点可以看出,题 1-1 图(a)、题 1-1 图(c)的信号在时间轴连续取值,所以是连续时间信号;题 1-1 图(b)、题 1-1 图(d)的信号只在某些离散时刻有定义,所以是离散时间信号。同时,题 1-1 图(a)的信号幅度也随时间连续变化,所以是模拟信号;题 1-1 图(b)的信号幅值也是离散取值(只能取-1,1 和 2),所以为数字信号。

　　1-2　判断题 1-2 图所示各信号是周期信号还是非周期信号,若是周期信号,请写出周期。

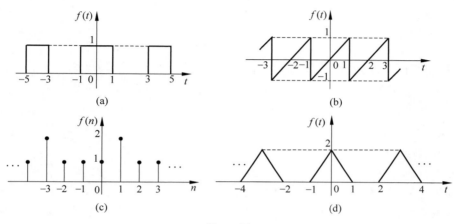

题 1-2 图

【知识点】　信号的分类。

【方法点拨】　利用信号波形是否具有周期性重复规律,以及最小重复间隔来判断。

【解答过程】　从信号的波形特点可以看出,题 1-2 图(b)～题 1-2 图(d)中的信号具有周期重复的特点,所以为周期信号,其中题 1-2 图(b)信号的周期为 2,题 1-2 图(c)信号的周期为 4,题 1-2 图(d)信号的周期为 3。题 1-2 图(a)信号只包含三个矩形信号,为非周期信号。

　　1-3　利用阶跃信号写出题 1-3 图所示信号的表达式。

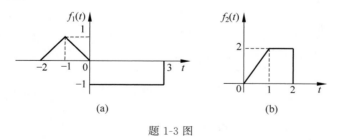

题 1-3 图

【知识点】　信号的描述——表达式与波形的对应关系。

【方法点拨】　根据不同区间信号的表达式,再结合阶跃信号的特性进行描述。

【解答过程】　信号 $f_1(t)$ 用分段函数可以描述为

$$f_1(t) = \begin{cases} t+2, & -2 \leqslant t < -1 \\ -t, & -1 \leqslant t < 0 \\ -1, & 0 < t < 3 \\ 0, & \text{其他} \end{cases}$$

利用阶跃信号,则信号 $f_1(t)$ 的表达式为

$$f_1(t) = (t+2)[u(t+2) - u(t+1)] - t[u(t+1) - u(t)] - [u(t) - u(t-3)]$$

信号 $f_2(t)$ 用分段函数可以描述为

$$f_2(t) = \begin{cases} 2t, & 0 \leqslant t < 1 \\ 2, & 1 \leqslant t < 2 \\ 0, & \text{其他} \end{cases}$$

利用阶跃信号,则信号 $f_2(t)$ 的表达式为

$$f_2(t) = 2t[u(t) - u(t-1)] + 2[u(t-1) - u(t-2)]$$

1-4 根据下列信号的数学表示式,绘制其波形。

(1) $f_1(t) = u(t) + u(t-1) - 2u(t-2)$;

(2) $f_2(t) = e^{-t} \cos \pi t u(t)$;

(3) $f_3(t) = (t+2)[u(t+2) - u(t)] + (2-t)[u(t) - u(t-2)]$。

【知识点】 信号的描述——表达式与波形的对应关系。

【方法点拨】 根据常用信号的波形特点,再结合存在的时间区间进行波形绘制。

【解答过程】 各信号的波形分别如题解 1-4 图所示。

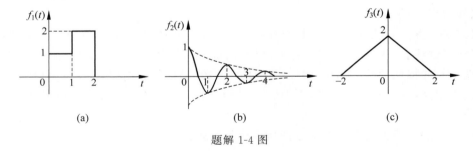

(a)　　　　　　　　(b)　　　　　　　　(c)

题解 1-4 图

1-5 计算下列积分。

(1) $\int_0^{+\infty} \delta(t-2) \cos[\omega_0(t-3)] \mathrm{d}t$;　　　(2) $\int_{-1}^{3} \delta(t-1)(t + e^{-2t}) \mathrm{d}t$;

(3) $\int_{-\infty}^{t} \delta(\tau) \cos(\omega_0 \tau) \mathrm{d}\tau$;　　　(4) $\int_{-\infty}^{+\infty} \delta(t) \cos(\omega_0 t) \mathrm{d}t$;

(5) $\int_{-\infty}^{+\infty} \delta(t-t_0) u(t - 2t_0) \mathrm{d}t$;　　　(6) $\int_{-\infty}^{t} [\delta(\tau+1) - \delta(\tau-3)] \mathrm{d}\tau$;

(7) $\int_{-1}^{1} 2t e^{-t} \delta(t-2) \mathrm{d}t$。

【知识点】 单位冲激信号的性质。

【方法点拨】 单位冲激信号具有抽样性(筛选性)。

【解答过程】

(1) $\displaystyle\int_{0}^{+\infty}\delta(t-2)\cos[\omega_0(t-3)]\mathrm{d}t=\cos[\omega_0(t-3)]\mid_{t=2}=\cos\omega_0$

(2) $\displaystyle\int_{-1}^{3}\delta(t-1)(t+\mathrm{e}^{-2t})\mathrm{d}t=(t+\mathrm{e}^{-2t})\mid_{t=1}=1+\mathrm{e}^{-2}$

(3) $\displaystyle\int_{-\infty}^{t}\delta(\tau)\cos(\omega_0\tau)\mathrm{d}\tau=\int_{-\infty}^{t}\delta(\tau)\cos0\mathrm{d}\tau=\int_{-\infty}^{t}\delta(\tau)\mathrm{d}\tau=u(t)$

(4) $\displaystyle\int_{-\infty}^{+\infty}\delta(t)\cos(\omega_0 t)\mathrm{d}t=\cos(\omega_0 t)\mid_{t=0}=1$

(5) $\displaystyle\int_{-\infty}^{+\infty}\delta(t-t_0)u(t-2t_0)\mathrm{d}t=u(t-2t_0)\mid_{t=t_0}=u(-t_0)$

(6) $\displaystyle\int_{-\infty}^{t}[\delta(\tau+1)-\delta(\tau-3)]\mathrm{d}\tau=\int_{-\infty}^{t}\delta(\tau+1)\mathrm{d}\tau-\int_{-\infty}^{t}\delta(\tau-3)\mathrm{d}\tau=u(t+1)-$
$u(t-3)$

(7) 在积分区间内 $\delta(t-2)=0$，故 $\displaystyle\int_{-1}^{1}2t\mathrm{e}^{-t}\delta(t-2)\mathrm{d}t=0$

1-6 化简下列各式。

(1) $\dfrac{\mathrm{d}}{\mathrm{d}t}[\mathrm{e}^{-2t}u(t)]$；　　(2) $\mathrm{e}^{-t+2}\delta(t)$；　　(3) $4u(t)\delta(t-1)$。

【知识点】 信号的基本运算。

【方法点拨】 利用信号相乘和微分运算进行简化。

【解答过程】

(1) $\dfrac{\mathrm{d}}{\mathrm{d}t}[\mathrm{e}^{-2t}u(t)]=-2\mathrm{e}^{-2t}u(t)+\mathrm{e}^{-2t}\delta(t)=\delta(t)-2\mathrm{e}^{-2t}u(t)$

(2) $\mathrm{e}^{-t+2}\delta(t)=\mathrm{e}^{-t+2}\mid_{t=0}\delta(t)=\mathrm{e}^{2}\delta(t)$

(3) $4u(t)\delta(t-1)=4u(t)\mid_{t=1}\delta(t-1)=4\delta(t-1)$

1-7 已知信号 $f(t)$ 的波形如题 1-7 图所示，绘制下列信号的
波形。

(1) $f(-t)$；(2) $f(t+2)$；(3) $f(t)u(t)$；(4) $f(t)u(t-2)$；
(5) $f(t)\delta(t+0.5)$。

【知识点】 信号的基本运算。

【方法点拨】 根据信号的反褶、时移和相乘等运算规则进行
波形绘制。

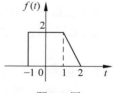

题 1-7 图

【解答过程】 各信号的波形如题解 1-7 图所示。

1-8 已知信号 $f(t)$ 的波形如题 1-8 图所示，绘制 $f'(t)$ 的波形，并写出其表达式。

【知识点】 信号的微分运算。

【方法点拨】 根据信号微分运算的规则进行波形绘制，直线的导数是它的斜率，常数的导数为 0，不连续点（跳变点）的导数会出现冲激信号。

【解答过程】 $f'(t)$ 的波形如题解 1-8 图所示。

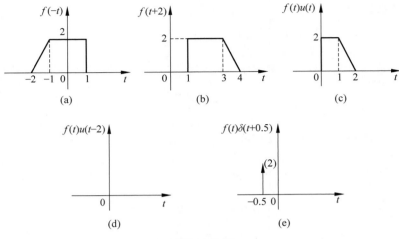

题解 1-7 图

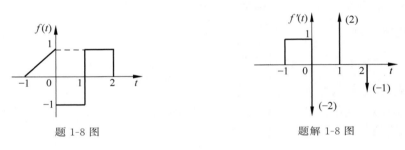

题 1-8 图　　　　　　　　题解 1-8 图

$f'(t)$ 的表达式为

$$f'(t) = u(t+1) - u(t) - 2\delta(t) + 2\delta(t-1) - \delta(t-2)$$

1-9　已知信号 $f(t)$ 的波形如题 1-9 图所示,绘制 $y(t) = f(t) + f(t-1)$ 的波形,并写出 $y(t)$ 的表达式。

【知识点】　信号的基本运算。

【方法点拨】　此题涉及信号的时移和相加运算,两信号相加是同一时刻对应的信号值相加。

【解答过程】　信号 $f(t-1)$ 是将 $f(t)$ 右移一个单位,其波形如题解 1-9 图(a)所示。故信号 $y(t)$ 的波形如题解 1-9 图(b)所示。

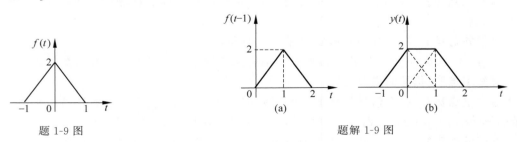

题 1-9 图　　　　　　　　题解 1-9 图

信号 $y(t)$ 的表达式为

$$y(t) = 2(t+1)[u(t+1) - u(t)] + 2[u(t) - u(t-1)] + (4 - 2t)[u(t-1) - u(t-2)]$$

1-10 已知信号 $f(t)$ 的波形如题 1-10 图所示，绘制 $f(2t-4)$ 和 $f\left(-\dfrac{1}{2}t+2\right)$ 的波形。

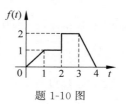

题 1-10 图

【知识点】 信号的复合运算。

【方法点拨】 此题涉及时移、反褶和尺度变换三种运算的综合，可按照一定的顺序，分步绘制各运算对应的信号波形，直至得到最终复合运算的结果。

【解答过程】

（1）因为 $f(2t-4) = f[2(t-2)]$，所以可以按照先尺度变换，再时移的运算顺序，即

$$f(t) \xrightarrow{\text{尺度}} f(2t) \xrightarrow{\text{时移}} f[2(t-2)] = f(2t-4)$$

波形运算过程如题解 1-10 图（a）所示。

（2）因为 $f\left(-\dfrac{1}{2}t+2\right) = f\left[-\dfrac{1}{2}(t-4)\right]$，所以可以按照先尺度变换，再反褶，最后时移的运算顺序，即

$$f(t) \xrightarrow{\text{尺度}} f\left(\dfrac{1}{2}t\right) \xrightarrow{\text{反褶}} f\left(-\dfrac{1}{2}t\right) \xrightarrow{\text{时移}} f\left[-\dfrac{1}{2}(t-4)\right] = f\left(-\dfrac{1}{2}t+2\right)$$

波形运算过程如题解 1-10 图（b）所示。

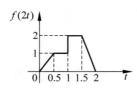 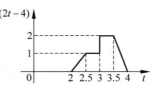

(a)

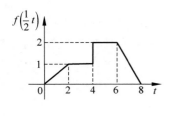 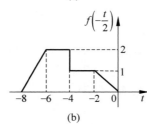 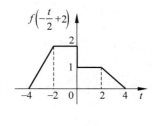

(b)

题解 1-10 图

1-11 信号 $f(1-2t)$ 的波形如题 1-11 图所示，试绘制 $f(t)$ 的波形。

【知识点】 信号的基本运算。

【方法点拨】 此题要求从变换后的信号恢复原信号波形，需要进行波形的逆运算。

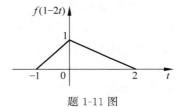

题 1-11 图

【解答过程】

因为 $f(1-2t)=f\left[-2\left(t-\dfrac{1}{2}\right)\right]$，所以可以按照先时移，再反褶，最后尺度变换的运算顺序来获得 $f(t)$ 的波形，即

$$f(1-2t)=f\left[-2\left(t-\dfrac{1}{2}\right)\right] \xrightarrow{\text{时移}} f(-2t) \xrightarrow{\text{反褶}} f(2t) \xrightarrow{\text{尺度变换}} f(t)$$

波形运算过程如题解 1-11 图所示。

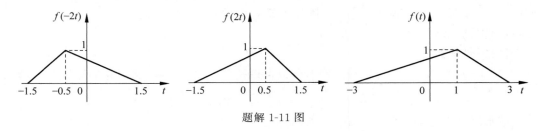

题解 1-11 图

1-12 下列各式描述了系统的输入输出关系，其中 $e(t)$ 表示输入，$r(t)$ 表示输出，判断各系统的线性、时不变性和因果性。

(1) $r(t)=2^{e(t)}$；　　　　　(2) $r(t)=e(t/3)$；　　　　　(3) $r(t)=e(1-t)$；

(4) $r(t)=e(t)\cos(\omega_0 t)$；　　(5) $r(t)=\displaystyle\int_{-\infty}^{t}e(\tau)\mathrm{d}\tau$

【知识点】 系统的分类（特性判断）。

【方法点拨】 根据系统线性、时不变性和因果性的概念，结合系统对激励信号的作用进行判断。

【解答过程】

(1) 从激励和响应关系可以看出，系统的作用是将激励作为 2 的幂指数输出，即

$$e(t) \to 2^{e(t)}=r(t)$$

当激励为 $ke(t)$ 时，有

$$ke(t) \to 2^{ke(t)}=\left[2^{e(t)}\right]^{k} \neq k2^{e(t)}=kr(t)$$

即激励放大 k 倍，产生的响应并不是放大 k 倍，故该系统不具有齐次性，为非线性系统。

当激励延时 t_0 作用于系统时，有

$$e(t-t_0) \to 2^{e(t-t_0)}=r(t-t_0)$$

即激励延时 t_0，产生的响应也延时 t_0，所以该系统具有时不变性，是时不变系统。

同时，从激励和响应的关系可以看出，系统某时刻的响应只与该时刻的激励有关，所以系统具有因果性，为因果系统。

(2) 从激励和响应关系可以看出，系统的作用是将激励信号扩展 3 倍输出，即

$$e(t) \to e(t/3)=r(t)$$

设两个激励 $e_1(t)$ 和 $e_2(t)$ 分别作用系统，产生的响应分别为 $r_1(t)$ 和 $r_2(t)$，即

$$e_1(t) \to e_1(t/3)=r_1(t), \quad e_2(t) \to e_2(t/3)=r_2(t)$$

当激励 $k_1 e_1(t) + k_2 e_2(t)$ 作用于系统时，可得

$$k_1 e_1(t) + k_2 e_2(t) \to k_1 e_1(t/3) + k_2 e_2(t/3) = k_1 r_1(t) + k_2 r_2(t)$$

所以该系统具有线性，为线性系统。

当激励延时 t_0 作用于系统时，有

$$e(t - t_0) \to e\left(\frac{t}{3} - t_0\right) \neq r(t - t_0) = e\left(\frac{t - t_0}{3}\right)$$

所以该系统不具有时不变性，是时变系统。

当 $t = -3$ 时，$r(-3) = e(-1)$。可见，响应在 $t = -3$ 时的值取决于激励在 $t = -1$ 时的值，故该系统不具有因果性，为非因果系统。

（3）从激励和响应关系可以看出，系统的作用是将激励反褶后再右移 1 位后输出，即

$$e(t) \to e[-(t-1)] = e(1-t) = r(t)$$

设两个激励 $e_1(t)$ 和 $e_2(t)$ 分别作用于系统，产生的响应分别为 $r_1(t)$ 和 $r_2(t)$，即

$$e_1(t) \to e_1(1-t) = r_1(t), \quad e_2(t) \to e_2(1-t) = r_2(t)$$

当激励 $k_1 e_1(t) + k_2 e_2(t)$ 作用于系统，可得

$$k_1 e_1(t) + k_2 e_2(t) \to k_1 e_1(1-t) + k_2 e_2(1-t) = k_1 r_1(t) + k_2 r_2(t)$$

所以该系统具有线性，为线性系统。

当激励延时 t_0 作用于系统时，有

$$e(t - t_0) \to e[-(t-1) - t_0] = e(1 - t - t_0)$$

而　　　　　　　　　　$$r(t - t_0) = e[1 - (t - t_0)] = e(1 - t + t_0)$$

所以该系统不具有时不变性，为时变系统。

当 $t = 0$ 时，$r(0) = e(1)$。可见，响应在 $t = 0$ 时的值取决于 $t = 1$ 时的激励，故该系统不具有因果性，为非因果系统。

（4）从激励和响应关系可以看出，系统的作用是将对激励信号乘以余弦信号后输出，即

$$e(t) \to e(t)\cos(\omega_0 t) = r(t)$$

设两个激励 $e_1(t)$ 和 $e_2(t)$ 分别作用于系统，产生的响应分别为 $r_1(t)$ 和 $r_2(t)$，即

$$e_1(t) \to e_1(t)\cos(\omega_0 t) = r_1(t), \quad e_2(t) \to e_2(t)\cos(\omega_0 t) = r_2(t)$$

当激励 $k_1 e_1(t) + k_2 e_2(t)$ 作用于系统时，可得

$$k_1 e_1(t) + k_2 e_2(t) \to [k_1 e_1(t) + k_2 e_2(t)]\cos(\omega_0 t) = k_1 r_1(t) + k_2 r_2(t)$$

所以该系统具有线性，为线性系统。

当激励延时 t_0 作用于系统时，有

$$e(t - t_0) \to e(t - t_0)\cos(\omega_0 t) \neq r(t - t_0) = e(t - t_0)\cos\omega_0(t - t_0)$$

所以该系统不具有时不变性，为时变系统。

同时，从激励和响应的关系可以看出，系统某时刻的响应只与该时刻的激励有关，所以系统具有因果性，为因果系统。

（5）从激励和响应关系可以看出，系统的作用是对激励信号进行积分后输出，即

$$e(t) \to \int_{-\infty}^{t} e(\tau)\mathrm{d}\tau = r(t)$$

设两个激励 $e_1(t)$ 和 $e_2(t)$ 分别作用于系统,产生的响应分别为 $r_1(t)$ 和 $r_2(t)$,即

$$e_1(t) \rightarrow \int_{-\infty}^{t} e_1(\tau) d\tau = r_1(t), \quad e_2(t) \rightarrow \int_{-\infty}^{t} e_2(\tau) d\tau = r_2(t)$$

当激励 $k_1 e_1(t) + k_2 e_2(t)$ 作用于系统时,可得

$$k_1 e_1(t) + k_2 e_2(t) \rightarrow \int_{-\infty}^{t} [k_1 e_1(\tau) + k_2 e_2(\tau)] d\tau$$

$$= k_1 \int_{-\infty}^{t} e_1(\tau) d\tau + k_2 \int_{-\infty}^{t} e_2(\tau) d\tau = k_1 r_1(t) + k_2 r_2(t)$$

所以该系统具有线性,为线性系统。

当激励延时 t_0 作用于系统时,有

$$e(t - t_0) \rightarrow \int_{-\infty}^{t} e(\tau - t_0) d\tau$$

令 $x = \tau - t_0$,则

$$\int_{-\infty}^{t} e(\tau - t_0) d\tau = \int_{-\infty}^{t-t_0} e(x) dx = r(t - t_0)$$

所以该系统具有时不变性,为时不变系统。

同时,从激励和响应关系也可以看出,某时刻的响应只与该时刻及该时刻之前的激励有关,所以系统具有因果性,为因果系统。

1-13 某无起始储能的 LTI 系统,当激励为题 1-13 图(a)所示的信号 $e_1(t)$ 时,所产生的响应为题 1-13 图(b)所示的 $r_1(t)$。当激励为题 1-13 图(c)所示的 $e_2(t)$ 时,画出系统响应 $r_2(t)$ 的波形。

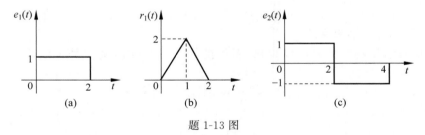

题 1-13 图

【知识点】 线性时不变系统的特性。

【方法点拨】 此题可先找出 $e_2(t)$ 与 $e_1(t)$ 的关系,再利用线性时不变系统的叠加性和时不变性来获得 $r_2(t)$ 的波形。

【解答过程】

从波形可以看出 $e_2(t) = e_1(t) - e_1(t-2)$,根据线性时不变系统的特性,有

$$r_2(t) = r_1(t) - r_1(t-2)$$

信号 $r_1(t-2)$ 是将 $r(t)$ 右移 2 个单位,其波形如题解 1-13 图(a)所示,故信号 $r_2(t)$ 的波形如题解 1-13 图(b)所示。

1-14 某起始储能为零的 LTI 系统,当激励 $e_1(t) = u(t)$ 时,系统响应 $r_1(t) = (1 - e^{-at})u(t)$,求激励 $e_2(t) = \delta(t)$ 时的系统响应 $r_2(t)$。

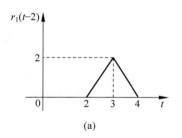
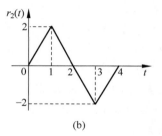

(a)　　　　　　　　　　　　　　　　(b)

题解 1-13 图

【知识点】 线性时不变系统的特性。

【方法点拨】 线性时不变系统具有微分性,当激励是原激励的导数时,所产生的响应也是原响应的导数。

【解答过程】

由于系统起始储能为零,则系统响应只与激励有关,为零状态响应。已知

$$u(t) \rightarrow (1 - e^{-at})u(t)$$

因为 $\delta(t) = u'(t)$,根据 LTI 系统的微分特性可知

$$\delta(t) \rightarrow [(1 - e^{-at})u(t)]' = a e^{-at}u(t) + (1 - e^{-at})\delta(t) = a e^{-at}u(t)$$

故当激励为 $\delta(t)$ 时,系统响应为

$$r_2(t) = a e^{-at}u(t)$$

1-15 已知某系统的框图如题 1-15 图所示,写出描述该系统的数学模型。

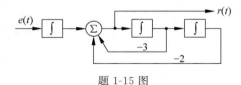

题 1-15 图

【知识点】 系统的模型。

【方法点拨】 系统框图模型与数学模型是两种常用的系统模型,用框图模型求取数学模型时,关键在于列出框图模型的输入、输出关系。

【解答过程】

从加法器着手,其三个输入之和等于输出 $r(t)$,故有

$$\int e(\tau)\mathrm{d}\tau - 3\int r(\tau)\mathrm{d}\tau - 2\iint r(\tau)\mathrm{d}\tau = r(t)$$

对方程两端同时求二阶导数,可得

$$\frac{\mathrm{d}e(t)}{\mathrm{d}t} - 3\frac{\mathrm{d}r(t)}{\mathrm{d}t} - 2r(t) = \frac{\mathrm{d}^2 r(t)}{\mathrm{d}t^2}$$

整理方程,该系统的数学模型为

$$\frac{\mathrm{d}^2 r(t)}{\mathrm{d}t^2} + 3\frac{\mathrm{d}r(t)}{\mathrm{d}t} + 2r(t) = \frac{\mathrm{d}e(t)}{\mathrm{d}t}$$

1-16 根据下列系统的微分方程,绘制系统框图。

(1) $r''(t)+5r'(t)+3r(t)=e'(t)+e(t)$;

(2) $r'''(t)+5r''(t)+3r'(t)+2r(t)=e''(t)+2e(t)$。

【知识点】 系统的模型。

【方法点拨】 当由数学模型求取框图模型时,关键在于将数学模型中各种运算用基本运算单元符号表示,并按照相互关系连接起来。

【解答过程】

(1) 将系统的微分方程改写为

$$r''(t)=-5r'(t)-3r(t)+e'(t)+e(t)$$

将微分方程两端进行二重积分,可得

$$r(t)=-5\int r(\tau)-3\iint r(\tau)+\int e(\tau)+\iint e(\tau)$$

故系统框图如题解 1-16 图(a)所示。

(2) 将系统的微分方程改写为

$$r'''(t)=-5r''(t)-3r'(t)-2r(t)+e''(t)+2e(t)$$

将微分方程两端进行三重积分,可得

$$r(t)=-5\int r(\tau)-3\iint r(\tau)-2\iiint r(\tau)+\int e(\tau)+\iiint e(\tau)$$

故系统框图如题解 1-16 图(b)所示。

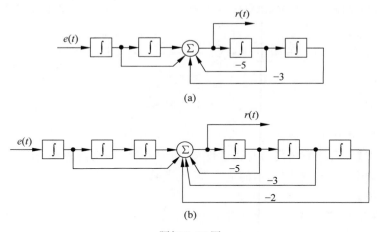

题解 1-16 图

1.4 阶段测试

1. 选择题

(1) 若两信号 $f_1(t)$ 和 $f_2(t)$ 的波形如图 1A-1 所示,则 $f_1(t)$ 和 $f_2(t)$ 的变换关系为( )。

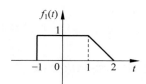 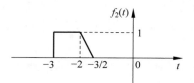

图 1A-1

A. $f_2(t) = f_1\left(\dfrac{1}{2}t + 3\right)$　　　　　　B. $f_2(t) = f_1(2t + 3)$

C. $f_2(t) = f_1(2t + 5)$　　　　　　D. $f_2(t) = f_1\left(\dfrac{1}{2}t + 5\right)$

(2) 已知信号 $f_1(t) = tu(t)$，$f_2(t) = \delta(t - 5)$，则信号 $f_1(t) \times f_2(t)$ 为（　　）。

A. 5　　　　　　B. $5u(t)$　　　　　　C. -5　　　　　　D. $5\delta(t - 5)$

(3) $\displaystyle\int_{-\infty}^{+\infty} 2\delta(t)\,\frac{\sin 2t}{t}\,\mathrm{d}t$ 等于（　　）。

A. 2　　　　　　B. 0.5　　　　　　C. 1　　　　　　D. 4

(4) 已知信号 $f(t)$ 的波形如图 1A-2 所示，则 $f'(t)$ 的波形为（　　）。

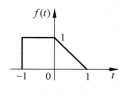

图 1A-2

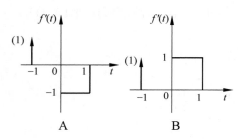 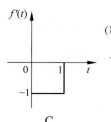 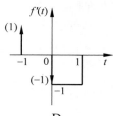

　　　A　　　　　　　　　B　　　　　　　　　C　　　　　　　　　D

(5) 已知信号 $f(t)$ 的波形如图 1A-3 所示，则 $\displaystyle\int_0^2 f_1(t)\,\delta\left(t - \frac{1}{3}\right)\mathrm{d}t$ 的值为（　　）。

图 1A-3

A. 0　　　　　　B. 2　　　　　　C. 1　　　　　　D. $2\delta(t)$

(6) 关于系统 $r(t)=t^2 e(t-1)$，下列说法正确的是（　　　）。

A. 线性时不变　B. 非线性时变　　　C. 线性时变　　　D. 非线性时不变

2. 填空题

(1) 已知信号 $f(t)$ 的波形如图 1A-4 所示，则 $f(t)$ 的表达式为_____。

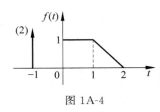

图 1A-4

(2) $\int_{-3}^{0} \sin\left(t-\dfrac{\pi}{4}\right)\delta\left(t-\dfrac{\pi}{2}\right)\mathrm{d}t =$ _____。

(3) $\int_{-\infty}^{t} \mathrm{e}^{-2\tau}\delta(\tau-2)\mathrm{d}\tau =$ _____。

(4) 某起始储能为零的 LTI 系统，当激励 $u(t)$ 时，系统响应为 $2\mathrm{e}^{-2t}u(t)$，当激励为 $u(t)-\delta(t)$ 时，系统响应 $r(t)=$ _____。

(5) 已知某 LTI 系统，当激励为 $e(t)$ 时，其响应为 $r_1(t)=\mathrm{e}^{-3t}u(t)$；当激励为 $2e(t)$ 时，其响应为 $r_2(t)=4\mathrm{e}^{-3t}u(t)$，则系统零输入响应 $r_{zi}(t)=$ _____。

(6) 系统 $r(t)=\int_{-\infty}^{3t} e(\tau)\mathrm{d}\tau$ 是 _____（线性/非线性）_____（时变/时不变）系统。

3. 计算与画图题

(1) 已知某电路如图 1A-5(a) 所示，电感元件的电流 $i_L(t)$ 波形如图 1A-5(b) 所示。写出电压 $v(t)$ 的表达式，并绘制波形图。

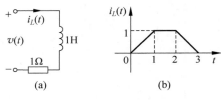

图 1A-5

(2) 已知信号 $f(t)$ 的波形如图 1A-6 所示。分别绘制 $f_1(t)=\int_{-\infty}^{t} f(\tau)\mathrm{d}\tau$ 和 $f_2(t)=f(-2t+2)$ 的波形，并写出 $f_1(t)$ 的表达式。

(3) 已知信号 $f(t)$ 波形如图 1A-7 所示，绘制 $f_1(t)=\dfrac{\mathrm{d}}{\mathrm{d}t}\left[f\left(\dfrac{1}{2}t+1\right)\right]$ 的波形，并写出 $f_1(t)$ 的表达式。

(4) 某无初始储能的 LTI 系统，激励 $e_1(t)$ 和响应 $r_1(t)$ 的波形分别如图 1A-8(a) 和图 1A-8(b) 所示。当激励 $e_2(t)$ 的波形如图 1A-8(c) 所示时，绘制所产生响应 $r_2(t)$ 的波形。

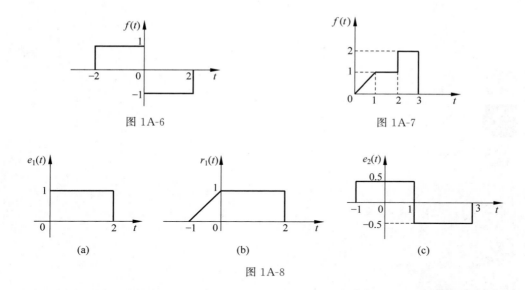

图 1A-6

图 1A-7

(a)

(b)

(c)

图 1A-8

（5）某线性时不变系统在初始储能不变的条件下，当激励为 $e(t)$ 时，响应为 $r_1(t)=$ $\sin t u(t)$；当激励为 $2e(t)$ 时，响应为 $r_2(t)=(3\sin t-\cos t)u(t)$。求当初始储能减半，激励为 $3e(t-2)$ 时系统的响应 $r_3(t)$。

（6）已知某系统的框图模型如图 1A-9 所示，写出描述该系统输入、输出关系的微分方程。

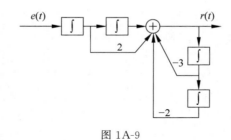

图 1A-9

第 2 章

连续时间系统的时域分析

2.1 本章学习目标

- 掌握线性时不变系统的数学建模方法；
- 理解算子符号及其运算规则，能够利用算子法辅助建立系统微分方程；
- 理解微分方程求解的经典法；
- 理解零输入响应的概念，掌握求解方法；
- 理解单位冲激响应和单位阶跃响应的概念，掌握求解方法；
- 掌握卷积的定义、计算及其性质；
- 理解复合系统单位冲激响应与各子系统的关系；
- 掌握零状态响应的卷积法；
- 理解系统响应的构成和各种响应的对应关系。

2.2 知识要点

2.2.1 LTI 系统的描述

1. LTI 系统的数学模型

对于 n 阶 LTI 系统，若激励为 $e(t)$，系统响应为 $r(t)$，则其数学模型为 n 阶的常系数线性微分方程，即

$$a_n \frac{\mathrm{d}^n r(t)}{\mathrm{d}t^n} + a_{n-1} \frac{\mathrm{d}^{n-1} r(t)}{\mathrm{d}t^{n-1}} + \cdots + a_1 \frac{\mathrm{d}r(t)}{\mathrm{d}t} + a_0 r(t)$$
$$= b_m \frac{\mathrm{d}^m e(t)}{\mathrm{d}t^m} + b_{m-1} \frac{\mathrm{d}^{m-1} e(t)}{\mathrm{d}t^{m-1}} + \cdots + b_1 \frac{\mathrm{d}e(t)}{\mathrm{d}t} + b_0 e(t) \tag{2-1}$$

注意：系统的阶数由微分方程中响应最高阶导数的次数确定。

2. 系统的算子描述

1) 算子符号与算子方程
(1) 算子符号。

微分算子符号
$$p = \frac{\mathrm{d}}{\mathrm{d}t} \tag{2-2}$$

积分算子符号
$$\frac{1}{p} = \int_{-\infty}^{t} (\cdot)\mathrm{d}\tau \tag{2-3}$$

(2) 算子方程。
用算子符号表示微分运算，则微分方程

$$\frac{\mathrm{d}^2 r(t)}{\mathrm{d}t^2} + a_1 \frac{\mathrm{d}r(t)}{\mathrm{d}t} + a_0 r(t) = b_1 \frac{\mathrm{d}e(t)}{\mathrm{d}t} + b_0 e(t)$$

对应的算子方程为

$$p^2 r(t) + a_1 p r(t) + a_0 r(t) = b_1 p e(t) + b_0 e(t)$$

也可以写为

$$(p^2 + a_1 p + a_0) r(t) = (b_1 p + b_0) e(t)$$

注意,算子方程只是把微积分运算用算子符号表示,虽然形似代数方程,但不是代数方程,p 不能视为代数量,它代表的是一定运算过程。

2) 算子运算规则

(1) 算子多项式可以进行因式分解,即

$$[p^2 + (a+b)p + ab] r(t) = (p+a)(p+b) r(t) \tag{2-4}$$

(2) 算子乘除

$$p \cdot \frac{1}{p} r(t) \neq \frac{1}{p} \cdot p r(t) \tag{2-5}$$

故算子方程左右两端的算子符号不能随意消去。

3) 算子电路

对于关联参考方向的电容元件,其伏安关系可表示为

$$v_C(t) = \frac{1}{C} \int_{-\infty}^{t} i_C(\tau) \mathrm{d}\tau = \frac{1}{Cp} i_C(t) \tag{2-6}$$

对于关联参考方向的电感元件,其伏安关系可表示为

$$v_L(t) = L \frac{\mathrm{d} i_L(t)}{\mathrm{d}t} = L p i_L(t) \tag{2-7}$$

式中,$1/(Cp)$ 为电容元件的算子符号,Lp 为电感元件的算子符号。

将电路中动态元件用算子符号表示即可得算子电路。

在列写电路的微分方程时,可先转换为算子电路,通过分析算子电路获得算子方程,整理化简后再转换为微分方程,可以大大简化系统微分方程的列写。

3. 微分方程求解的经典法

经典法是利用高等数学的方法,在给定激励信号和系统初始状态的条件下,通过分别求取齐次解和特解来求解微分方程。

1) 齐次解

齐次解是系统微分方程所对应的齐次方程的通解,通常用 $r_h(t)$ 表示,也称为自由响应。

求解方法:根据特征方程,找出特征根(也称为系统的自然频率),即可写出齐次解的形式。

注意,根据齐次方程只能获得齐次解的形式,具体系数的确定需要获得完全解后,再利用系统的初始条件来确定。

2) 特解

特解是系统非齐次微分方程对应的一个特定的解,通常用 $r_p(t)$ 表示,也称为强迫响应。

求解方法:根据微分方程等式右边的激励项形式设定特解的形式,代入原方程即可求出特解。

3) 完全解(全响应)

根据齐次解形式和特解,获得完全解的形式,即

$$r(t) = r_p(t) + r_h(t)$$

再代入系统初始条件求出齐次解的系数,即可获得系统的全响应。

2.2.2　零输入响应

1. 零输入响应的模型

零输入响应是没有外加激励信号的作用,单独由系统初始状态(储能)所产生的响应,一般记为 $r_{zi}(t)$,故求解零输入响应对应的数学模型为一个齐次方程,即

$$a_n \frac{d^n r_{zi}(t)}{dt^n} + a_{n-1} \frac{d^{n-1} r_{zi}(t)}{dt^{n-1}} + \cdots + a_1 \frac{dr_{zi}(t)}{dt} + a_0 r_{zi}(t) = 0 \tag{2-8}$$

2. 系统状态

起始状态:系统在 0_- 时的状态,也称为起始条件,通常可表示为 $r(0_-), r'(0_-), r''(0_-), \cdots, r^{(n)}(0_-)$。

初始状态:系统在 0_+ 时的状态,也称为初始条件,通常可表示为 $r(0_+), r'(0_+), r''(0_+), \cdots, r^{(n)}(0_+)$。

根据 LTI 系统的特性,有

$$r(0_+) = r_{zi}(0_+) + r_{zs}(0_+), \quad r(0_-) = r_{zi}(0_-) + r_{zs}(0_-)$$

由于激励通常在 $t = 0$ 时加入,或者电路在 $t = 0$ 时可能发生换路,所以系统从 0_- 到 0_+ 的状态可能会发生跳变。

3. 零输入响应的求解

可以按照求齐次解的方法来求零输入响应,具体步骤:

(1) 确定零输入响应的形式。由齐次方程求得特征方程和特征根,确定零输入响应的形式。

(2) 代入初始条件。利用初始条件 $r_{zi}(0_+), r'_{zi}(0_+), r''_{zi}(0_+), \cdots, r^{(n)}_{zi}(0_+)$,确定待定系数。

注意,零输入响应不考虑激励的作用,若在 $t = 0$ 时刻系统模型没有改变,则有

$$r_{zi}(0_+) = r_{zi}(0_-) = r(0_-)$$

故也可以由系统的起始条件来确定零输入响应的待定系数。

2.2.3　单位冲激响应与单位阶跃响应

1. 单位冲激响应

1) 概念

单位冲激响应是指系统在单位冲激信号 $\delta(t)$ 作用下产生的零状态响应,一般用 $h(t)$ 表示,它体现系统的自身特性。

2）数学模型

求解单位冲激响应时，系统的数学模型为

$$a_n \frac{d^n h(t)}{dt^n} + a_{n-1} \frac{d^{n-1} h(t)}{dt^{n-1}} + \cdots + a_1 \frac{dh(t)}{dt} + a_0 h(t)$$

$$= b_m \frac{d^m \delta(t)}{dt^m} + b_{m-1} \frac{d^{m-1} \delta(t)}{dt^{m-1}} + \cdots + b_1 \frac{d\delta(t)}{dt} + b_0 \delta(t) \tag{2-9}$$

3）求解方法

（1）冲激函数匹配法。

在 $t > 0$ 时 $\delta(t)$ 及其各阶导数都等于零，故微分方程可以写为

$$a_n \frac{d^n h(t)}{dt^n} + a_{n-1} \frac{d^{n-1} h(t)}{dt^{n-1}} + \cdots + a_1 \frac{dh(t)}{dt} + a_0 h(t) = 0 \tag{2-10}$$

可先根据齐次方程确定单位冲激响应的形式，再代入式（2-9），利用等式两边冲激函数及其各阶导数的系数相等，从而确定单位冲激响应的待定系数。

（2）算子法。

通过算子符号描述微分方程，可得

$$h(t) = \frac{b_m p^m + b_{m-1} p^{m-1} + \cdots + b_1 p + b_0}{a_n p^n + a_{n-1} p^{n-1} + \cdots + a_1 p + a_0} \delta(t) \tag{2-11}$$

将式（2-11）进行部分分式分解，再利用 $p^i \delta(t) = \delta^{(i)}(t)$，$\dfrac{k_i}{p - \lambda_i} \delta(t) = k_i e^{\lambda_i t} u(t)$，

$\dfrac{k_i}{(p + \lambda_i)^2} \delta(t) = k_i t e^{\lambda_i t} u(t)$，即可获得系统单位冲激响应。

2. 单位阶跃响应

1）概念

单位阶跃响应是指系统在单位阶跃信号 $u(t)$ 作用下产生的零状态响应，一般用 $g(t)$ 表示。

2）单位阶跃响应的求解

单位阶跃响应与单位冲激响应互为微积分关系，即

$$h(t) = \frac{dg(t)}{dt}, \quad g(t) = \int_{-\infty}^{t} h(\tau) d\tau \tag{2-12}$$

故可以先求出系统的单位冲激响应，再进行积分运算，从而获得单位阶跃响应。

2.2.4 零状态响应

1. 信号的卷积

1）定义

$$f(t) = f_1(t) * f_2(t) = \int_{-\infty}^{+\infty} f_1(\tau) f_2(t - \tau) d\tau$$

$$=\int_{-\infty}^{+\infty} f_1(t-\tau) f_2(\tau) \mathrm{d}\tau \tag{2-13}$$

常用结论：$f(t)=f(t)*\delta(t)$。

2）卷积的性质

（1）交换律

$$f_1(t)*f_2(t)=f_2(t)*f_1(t) \tag{2-14}$$

（2）结合律

$$[f_1(t)*f_2(t)]*f_3(t)=f_1(t)*[f_2(t)*f_3(t)] \tag{2-15}$$

（3）分配律

$$[f_1(t)+f_2(t)]*f_3(t)=f_1(t)*f_3(t)+f_2(t)*f_3(t) \tag{2-16}$$

（4）时移性

$$f_1(t-t_1)*f_2(t-t_2)=f_1(t)*f_2(t-t_1-t_2)=f_1(t-t_1-t_2)*f_2(t)$$

$$\tag{2-17}$$

常用结论：$\qquad f(t)*\delta(t-t_1)=f(t-t_1)*\delta(t)=f(t-t_1)$

（5）微分性

$$\frac{\mathrm{d}[f_1(t)*f_2(t)]}{\mathrm{d}t}=\frac{\mathrm{d}f_1(t)}{\mathrm{d}t}*f_2(t)=f_1(t)*\frac{\mathrm{d}f_2(t)}{\mathrm{d}t} \tag{2-18}$$

（6）积分性

$$\int_{-\infty}^{t}[f_1(\tau)*f_2(\tau)]\mathrm{d}\tau=f_1(t)*\int_{-\infty}^{t}f_2(\tau)\mathrm{d}\tau=\int_{-\infty}^{t}f_1(\tau)\mathrm{d}\tau*f_2(t) \tag{2-19}$$

结合微分性质和积分性质，也可得

$$f_1(t)*f_2(t)=\int_{-\infty}^{t}f_1(\tau)\mathrm{d}\tau*\frac{\mathrm{d}f_2(t)}{\mathrm{d}t}=\frac{\mathrm{d}f_1(t)}{\mathrm{d}t}*\int_{-\infty}^{t}f_2(\tau)\mathrm{d}\tau \tag{2-20}$$

常用结论：$\qquad f(t)*u(t)=\int_{-\infty}^{t}f(\tau)\mathrm{d}\tau*\delta(t)=\int_{-\infty}^{t}f(\tau)\mathrm{d}\tau$

3）卷积的计算

（1）利用定义式。根据卷积的定义式，将其中一个函数表达式中 t 用 τ 代替，另一个函数表达式中 t 用 $t-\tau$ 代替，再相乘积分。

（2）图解法。图解法是从波形运算的角度来进行信号卷积，具体步骤如下。

① 换元：将两个信号的自变量由 t 变为 τ，得到 $f_1(\tau)$ 和 $f_2(\tau)$ 的波形；

② 反褶：将 $f_2(\tau)$ 的波形反褶得到 $f_2(-\tau)$ 的波形；

③ 移位：对 $f_2(-\tau)$ 波形右移 t 个单位，得到 $f_2(t-\tau)$ 的波形；

④ 计算积分值：将 $f_1(\tau)$ 和 $f_2(t-\tau)$ 相乘，乘积曲线下的面积即为两信号在 t 时刻的卷积值。

由于 t 的不同，相乘的两个函数和积分值会不同，要根据 t 的变化重复步骤（3）～步骤（4），故两个函数卷积之后仍是时间 t 的函数。

有用结论：若信号 $f_1(t)$ 和 $f_2(t)$ 的非零值时间存在范围分别为 (a,b) 和 (c,d)，则它们卷积结果的非零值时间存在范围为 $(a+c,b+d)$。

（3）利用卷积的性质。

2．零状态响应的卷积法求解

根据线性时不变系统的特性可知，一般激励作用于系统所产生的零状态响应为单位冲激响应和激励信号的卷积，即

$$r_{zs}(t) = h(t) * e(t) \tag{2-21}$$

3．复合系统的单位冲激响应

级联系统的单位冲激响应等于各子系统单位冲激响应的卷积；并联系统的单位冲激响应等于各子系统单位冲激响应之和。

2.2.5　系统响应的构成

1．自由响应和强迫响应

从求解微分方程着手，系统的全响应（完全解）可分解为自由响应（齐次解）和强迫响应（特解）。

2．零输入响应和零状态响应

从响应产生的物理背景着手，全响应可分解为仅有初始储能产生的零输入响应和仅有激励产生的零状态响应。

3．暂态响应和稳态响应

从响应存在的时间范围着手，全响应可分解为 $t \to \infty$ 趋于零的暂态响应和 $t \to \infty$ 仍存在的稳态响应。

4．各种响应之间的关系

$$r(t) = \underbrace{\sum_{k=1}^{n} A_k \mathrm{e}^{\lambda_k t}}_{\text{自由响应}} + \underbrace{B(t)}_{\text{强迫响应}} = \underbrace{\sum_{k=1}^{n} A_{zik} \mathrm{e}^{\lambda_k t}}_{\text{零输入响应}} + \underbrace{\sum_{k=1}^{n} A_{zsk} \mathrm{e}^{\lambda_k t}}_{\text{零状态响应}} = 暂态响应 + 稳态响应$$

2.3　习题详解

2-1　已知电路模型如题 2-1 图所示，其中电阻 $R_1 = 2\Omega$，$R_2 = 2\Omega$，电感 $L = 1\mathrm{H}$，激励为电压源 $v_S(t)$。

（1）若响应为 $v_L(t)$，写出描述该系统输入、输出关系的微分方程。

（2）若响应为 $i(t)$，写出描述该系统输入、输出关系的微分方程。

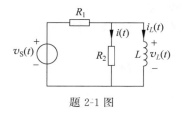

题 2-1 图

【知识点】 系统数学模型的建立。

【方法点拨】 利用电路结构,列写电路方程,得到输入和输出的数学关系。

【解答过程】

(1) 根据电路结构,列写 KVL 方程,可得

$$R_1\left[i(t)+i_L(t)\right]+v_L(t)=v_S(t)$$

根据元件的伏安关系,可知

$$i_L(t)=\frac{1}{L}\int_{-\infty}^{t}v_L(\tau)\mathrm{d}\tau,\quad i(t)=\frac{v_L(t)}{R_2}$$

故有

$$R_1\left[\frac{v_L(t)}{R_2}+\frac{1}{L}\int_{-\infty}^{t}v_L(\tau)\mathrm{d}\tau\right]+v_L(t)=v_S(t)$$

代入元件参数,可得

$$2v_L(t)+2\int_{-\infty}^{t}v_L(\tau)\mathrm{d}\tau=v_S(t)$$

对微分方程两边同时求导,并整理可得

$$\frac{\mathrm{d}v_L(t)}{\mathrm{d}t}+v_L(t)=\frac{1}{2}\frac{\mathrm{d}v_S(t)}{\mathrm{d}t}$$

(2) 根据电路结构,可知

$$v_L(t)=R_2 i(t)=2i(t)$$

代入上面的微分方程,可得

$$2\frac{\mathrm{d}i(t)}{\mathrm{d}t}+2i(t)=\frac{1}{2}\frac{\mathrm{d}v_S(t)}{\mathrm{d}t}$$

整理可得

$$\frac{\mathrm{d}i(t)}{\mathrm{d}t}+i(t)=\frac{1}{4}\frac{\mathrm{d}v_S(t)}{\mathrm{d}t}$$

2-2 已知电路模型如题 2-2 图所示,其中激励为电压源 $v_S(t)$。写出以 $i_L(t)$ 为响应的微分方程。

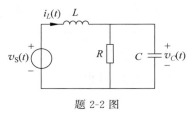

题 2-2 图

【知识点】 系统数学模型的建立。

【方法点拨】 利用电路结构，列写电路方程，得到输入和输出的数学关系。

【解答过程】

根据电路结构，列写 KCL 方程，可得

$$C\frac{\mathrm{d}v_C(t)}{\mathrm{d}t}+\frac{v_C(t)}{R}=i_L(t)$$

根据回路电压方程，可知

$$v_C(t)=v_S(t)-L\frac{\mathrm{d}i_L(t)}{\mathrm{d}t}$$

故有

$$C\frac{\mathrm{d}v_S(t)}{\mathrm{d}t}-LC\frac{\mathrm{d}^2i_L(t)}{\mathrm{d}t^2}+\frac{v_S(t)}{R}-\frac{L}{R}\frac{\mathrm{d}i_L(t)}{\mathrm{d}t}=i_L(t)$$

整理可得

$$\frac{\mathrm{d}^2i_L(t)}{\mathrm{d}t^2}+\frac{1}{RC}\frac{\mathrm{d}i_L(t)}{\mathrm{d}t}+\frac{1}{LC}i_L(t)=\frac{1}{L}\frac{\mathrm{d}v_S(t)}{\mathrm{d}t}+\frac{1}{RLC}v_S(t)$$

2-3 已知电路模型如题 2-3 图所示，输入为 $v_S(t)$，输出为 $i(t)$。（1）画出对应的算子电路；（2）写出描述输入、输出关系的微分方程。

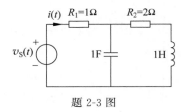

题 2-3 图

【知识点】 用算子符号描述微分方程。

【方法点拨】 将电路中的动态元件用算子符号来表示，获得算子电路，再列写算子方程，整理化简后转换为微分方程。

【解答过程】

（1）将电路中的电容元件用 $1/(Cp)$ 表示，将电感元件用 Lp 表示，所获得的算子电路如题解 2-3 图所示。

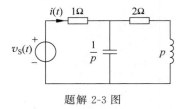

题解 2-3 图

（2）根据算子电路列 KVL 算子方程，可得

$$\left[(2+p)//\frac{1}{p}+1\right]i(t)=v_S(t)$$

整理可得

$$(p^2+3p+3)i(t)=(p^2+2p+1)v_S(t)$$

故微分方程为

$$\frac{\mathrm{d}^2 i(t)}{\mathrm{d}t^2}+3\frac{\mathrm{d}i(t)}{\mathrm{d}t}+3i(t)=\frac{\mathrm{d}^2 v_S(t)}{\mathrm{d}t^2}+2\frac{\mathrm{d}v_S(t)}{\mathrm{d}t}+v_S(t)$$

2-4 已知描述某 LTI 系统的微分方程为

$$\frac{\mathrm{d}^2}{\mathrm{d}t^2}r(t)+3\frac{\mathrm{d}}{\mathrm{d}t}r(t)+2r(t)=e(t)$$

其中激励为 $e(t)=-2e^{-3t}$，$r(0_+)=-1$，$r'(0_+)=1$，求 $t>0$ 时系统的完全响应，并指出自由响应和强迫响应。

【知识点】 用经典法求解微分方程。

【方法点拨】 求解微分方程的完全解，可以分别求出齐次解形式和特解，再结合初始条件确定完全解。

【解答过程】

（1）求齐次解。

系统微分方程所对应的齐次方程为

$$\frac{\mathrm{d}^2}{\mathrm{d}t^2}r(t)+3\frac{\mathrm{d}}{\mathrm{d}t}r(t)+2r(t)=0$$

特征方程为　　　$\lambda^2+3\lambda+2=0$

特征根为　　　$\lambda_1=-1,\lambda_2=-2$

齐次解的形式为　　$r_h(t)=A_1e^{-t}+A_2e^{-2t},t>0$

（2）求特解。

由于激励 $e(t)=-2e^{-3t}$，故设特解的形式为 $r_p(t)=Ce^{-3t}$，代入系统的微分方程，可得

$$(Ce^{-3t})''+3(Ce^{-3t})'+2Ce^{-3t}=-2e^{-3t}$$

解得　　　　　　$C=-1$

故特解为　　　　$r_p(t)=-e^{-3t},t>0$

（3）代入初始条件，确定完全解。

完全解的形式为　　$r(t)=A_1e^{-t}+A_2e^{-2t}-e^{-3t}$

代入初始条件 $r(0_+)=-1$，$r'(0_+)=1$，可得

$$\begin{cases}A_1+A_2-1=-1\\-A_1-2A_2+3=1\end{cases}$$

解得　　　$A_1=-2,A_2=2$

故 $t>0$ 时，系统完全响应为

$$r(t)=-2e^{-t}+2e^{-2t}-e^{-3t}$$

其中自由响应分量 $r_h(t)=-2e^{-t}+2e^{-2t}$，强迫响应分量 $r_p(t)=-e^{-3t}$。

2-5 描述某 LTI 系统的微分方程为 $\dfrac{d^2r(t)}{dt^2}+3\dfrac{dr(t)}{dt}+2r(t)=\dfrac{de(t)}{dt}+3e(t)$，当输

入信号为 $e(t)=e^{-4t}$ 时，系统的全响应为 $r(t)=\dfrac{14}{3}e^{-t}-\dfrac{7}{2}e^{-2t}-\dfrac{1}{6}e^{-4t}$。试确定自由

响应分量和强迫响应分量。

【知识点】 系统全响应。

【方法点拨】 自由响应是齐次解，形式包含齐次方程的特征根，而强迫响应的形式与微分方程右端激励项形式相同，可以从这两种响应的形式特点出发，从而确定响应分量。

【解答过程】

微分方程对应的齐次方程为

$$\frac{d^2r(t)}{dt^2}+3\frac{dr(t)}{dt}+2r(t)=0$$

特征方程为 $\qquad\qquad\qquad \lambda^2+3\lambda+2=0$

特征根为 $\qquad\qquad\qquad \lambda_1=-1,\lambda_2=-2$

齐次解的形式为 $\qquad\qquad r_h(t)=A_1e^{-t}+A_2e^{-2t}$

而激励信号为 $e(t)=e^{-4t}$，所以强迫响应分量的形式为 $e(t)=Ce^{-4t}$，故全响应中自由响应分量为

$$r_h(t)=\frac{14}{3}e^{-t}-\frac{7}{2}e^{-2t}$$

强迫响应分量为

$$r_p(t)=-\frac{1}{6}e^{-4t}$$

2-6 已知描述某 LTI 系统的微分方程为

$$\frac{d^2}{dt^2}r(t)+2\frac{d}{dt}r(t)+r(t)=e(t)$$

系统的起始状态为 $r(0_-)=1,r'(0_-)=2$，求该系统的零输入响应。

【知识点】 系统零输入响应的求解。

【方法点拨】 通过求解齐次方程，获得零输入响应的形式，再代入初始条件，确定待定系数。

【解答过程】

由于系统的零输入响应与激励无关，所以求解系统的齐次方程，即

$$\frac{d^2}{dt^2}r_{zi}(t)+2\frac{d}{dt}r_{zi}(t)+r_{zi}(t)=0$$

特征方程为 $\qquad\qquad\qquad \lambda^2+2\lambda+1=0$

特征根为 $\qquad\qquad\qquad \lambda_1=\lambda_2=-1$

由于系统有重根，故零输入响应的形式为

$$r_{zi}(t)=(A_1 t + A_2)\mathrm{e}^{-t}, \quad t>0$$

由于系统的数学模型在 0_- 和 0_+ 时刻没有变化,在没有外加激励的情况下

$$r_{zi}(0_+)=r(0_-)=1, \quad r'_{zi}(0_+)=r'(0_-)=2$$

代入初始条件,可得

$$\begin{cases} A_2=1 \\ A_1-A_2=2 \end{cases}$$

解出 $\qquad\qquad\qquad\qquad A_1=3, \quad A_2=1$

故该系统的零输入响应为 $\qquad r_{zi}(t)=(3t+1)\mathrm{e}^{-t}, \quad t>0$

2-7 描述 LTI 连续系统的微分方程为

$$\frac{\mathrm{d}^2 r(t)}{\mathrm{d}t^2}+5\frac{\mathrm{d}r(t)}{\mathrm{d}t}+6r(t)=\frac{\mathrm{d}^2 e(t)}{\mathrm{d}t^2}+\frac{\mathrm{d}e(t)}{\mathrm{d}t}+e(t)$$

系统的起始状态为 $r(0_-)=1, r'(0_-)=1$,试求系统的零输入响应。

【知识点】 系统零输入响应的求解。

【方法点拨】 通过求解齐次方程,获得零输入响应的形式,再代入初始条件,确定待定系数。

【解答过程】

由于系统的零输入响应与激励无关,所以求解系统的齐次方程,即

$$\frac{\mathrm{d}^2}{\mathrm{d}t^2}r_{zi}(t)+5\frac{\mathrm{d}}{\mathrm{d}t}r_{zi}(t)+6r_{zi}(t)=0$$

特征方程为 $\qquad\qquad\qquad \lambda^2+5\lambda+6=0$

特征根为 $\qquad\qquad\qquad \lambda_1=-2, \lambda_2=-3$

零输入响应的形式为 $\quad r_{zi}(t)=A_1\mathrm{e}^{-2t}+A_2\mathrm{e}^{-3t}, \quad t>0$

由于系统的数学模型在 0_- 和 0_+ 时刻没有变化,在没有外加激励的情况下

$$r_{zi}(0_+)=r(0_-)=1, r'_{zi}(0_+)=r'(0_-)=1$$

代入初始条件,可得

$$\begin{cases} A_1+A_2=1 \\ -2A_1-3A_2=1 \end{cases}$$

解出 $\qquad\qquad\qquad\qquad A_1=4, \quad A_2=-3$

故该系统的零输入响应为 $\qquad r_{zi}(t)=(4\mathrm{e}^{-2t}-3\mathrm{e}^{-3t})u(t)$

2-8 如题 2-8 图所示电路,$t<0$ 时 S 处于断开状态,已知 $v_C(0_-)=6\mathrm{V}, i(0_-)=0$。当 $t=0$ 时闭合开关 S,求 $t>0$ 时的零输入响应 $v_C(t)$。

【知识点】 电路零输入响应的求解。

【方法点拨】 首先根据电路模型建立电路方程,求解方程得到零输入响应的形式,而后根据储能情况获得初始条件,进而确定零输入响应的分量。

【解答过程】

在 $t=0$ 时开关闭合,$t>0$ 时电路模型如题解 2-8 图所示。此时电路中没有外加激励,故 $v_C(t)$ 为零输入响应。

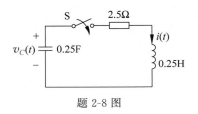

题 2-8 图

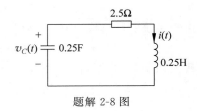

题解 2-8 图

列写 KVL 方程可得

$$v_C(t) = 0.25 \frac{\mathrm{d}i(t)}{\mathrm{d}t} + 2.5i(t)$$

根据元件的伏安关系,可知 $i(t) = -C \dfrac{\mathrm{d}v_C(t)}{\mathrm{d}t} = -0.25 \dfrac{\mathrm{d}v_C(t)}{\mathrm{d}t}$

整理可得

$$\frac{\mathrm{d}^2 v_C(t)}{\mathrm{d}t^2} + 10 \frac{\mathrm{d}v_C(t)}{\mathrm{d}t} + 16 v_C(t) = 0$$

特征方程为 $\qquad\qquad \lambda^2 + 10\lambda + 16 = 0$

特征根为 $\qquad\qquad \lambda_1 = -2, \lambda_2 = -8$

零输入响应为 $\qquad v_C(t) = A_1 \mathrm{e}^{-2t} + A_2 \mathrm{e}^{-8t}, \quad t > 0$

在开关切换过程中,电容电压和电感电流不会跳变,所以有 $v_C(0_+) = v_C(0_-) = 6\mathrm{V}, i(0_+) = i(0_-) = 0\mathrm{A}$。根据电路结构,可知

$$Cv_C'(t)\big|_{t=0_+} = 0.25 v_C'(0_+) = -i(0_+), \quad v_C'(0_+) = 0$$

故有

$$\begin{cases} A_1 + A_2 = 6 \\ -2A_1 - 8A_2 = 0 \end{cases}$$

解得 $\qquad\qquad A_1 = 8, A_2 = -2$

故零输入响应为 $\qquad v_C(t) = (8\mathrm{e}^{-2t} - 2\mathrm{e}^{-8t})u(t)$

2-9 描述某 LTI 系统的微分方程为

$$\frac{\mathrm{d}^2 r(t)}{\mathrm{d}t^2} + 1.5 \frac{\mathrm{d}r(t)}{\mathrm{d}t} + 0.5 r(t) = 5e(t)$$

试求该系统的单位冲激响应。

【知识点】 系统单位冲激响应的求解。

【方法点拨】 在已知系统微分方程的情况下,可以将微分方程转换为算子方程,并利用算子法求解单位冲激响应。

【解答过程】

求解单位冲激响应时,系统数学模型为

$$\frac{\mathrm{d}^2 h(t)}{\mathrm{d}t^2} + 1.5 \frac{\mathrm{d}h(t)}{\mathrm{d}t} + 0.5 h(t) = 5\delta(t)$$

将微分方程改写为算子方程,可得

$$(p^2 + 1.5p + 0.5)h(t) = 5\delta(t)$$

整理可得

$$h(t) = \frac{5}{p^2 + 1.5p + 0.5}\delta(t) = \left(\frac{10}{p + 0.5} - \frac{10}{p + 1}\right)\delta(t)$$

所以该系统的单位冲激响应为

$$h(t) = 10(e^{-0.5t} - e^{-t})u(t)$$

2-10 电路结构如题 2-10 图所示,已知 $L = 1/2\text{H}, C = 1\text{F}, R = 1/3\Omega$,系统无初始储能,输入为激励 $v_S(t)$,输出为电容电压 $v_C(t)$。

(1)写出描述系统输入、输出关系的微分方程。

(2)求系统的单位冲激响应。

(3)求系统的单位阶跃响应。

题 2-10 图

【知识点】 系统数学模型建立、单位冲激响应和单位阶跃响应求解。

【方法点拨】 利用电路结构建立电路方程,获得系统的数学模型;再利用算子法求解单位冲激响应,并通过积分运算获得单位阶跃响应。

【解答过程】

(1)根据电路结构,列写 KVL 方程,可得

$$L\frac{di_L(t)}{dt} + v_C(t) = v_S(t)$$

根据节点 KCL 方程,可知

$$i_L(t) = C\frac{dv_C(t)}{dt} + \frac{v_C(t)}{R}$$

故有

$$LC\frac{d^2v_C(t)}{dt^2} + \frac{L}{R}\frac{dv_C(t)}{dt} + v_C(t) = v_S(t)$$

代入参数,整理可得描述系统的微分方程为

$$\frac{d^2v_C(t)}{dt^2} + 3\frac{dv_C(t)}{dt} + 2v_C(t) = 2v_S(t)$$

(2)求解单位冲激响应时,系统数学模型为

$$\frac{d^2h(t)}{dt^2} + 3\frac{dh(t)}{dt} + 2h(t) = 2\delta(t)$$

改写为算子方程,可得

$$(p^2 + 3p + 2)h(t) = 2\delta(t)$$

整理可得

$$h(t) = \frac{2}{p^2 + 3p + 2}\delta(t) = \left(\frac{2}{p + 1} - \frac{2}{p + 2}\right)\delta(t)$$

所以该系统的单位冲激响应为

$$h(t) = 2(\mathrm{e}^{-t} - \mathrm{e}^{-2t})u(t)$$

（3）由于单位阶跃信号为单位冲激响应的积分，故单位阶跃响应为

$$g(t) = \int_{-\infty}^{t} h(\tau)\mathrm{d}\tau = 2\int_{-\infty}^{t}(\mathrm{e}^{-\tau} - \mathrm{e}^{-2\tau})u(\tau)\mathrm{d}\tau = 2\int_{0}^{t}(\mathrm{e}^{-\tau} - \mathrm{e}^{-2\tau})\mathrm{d}\tau u(t)$$
$$= (\mathrm{e}^{-2t} - 2\mathrm{e}^{-t} + 1)u(t)$$

2-11 某无初始储能的 LTI 系统，当输入信号 $e(t) = 2\mathrm{e}^{-3t}u(t)$，响应为 $r(t)$，即 $r(t) = H[e(t)]$。又已知 $H\left[\dfrac{\mathrm{d}e(t)}{\mathrm{d}t}\right] = -3r(t) + \mathrm{e}^{-3t}u(t)$，求该系统的单位冲激响应 $h(t)$。

【知识点】 系统单位冲激响应的求解。

【方法点拨】 利用线性时不变系统的微分性，结合卷积的性质。

【解答过程】

对于 LTI 系统，当激励为 $e(t)$ 时，系统的零状态响应为 $r(t) = e(t)*h(t)$，当激励为 $\dfrac{\mathrm{d}e(t)}{\mathrm{d}t}$ 时，系统的零状态响应为

$$H\left[\frac{\mathrm{d}e(t)}{\mathrm{d}t}\right] = \frac{\mathrm{d}r(t)}{\mathrm{d}t} = \frac{\mathrm{d}e(t)}{\mathrm{d}t}*h(t)$$

故有

$$\frac{\mathrm{d}e(t)}{\mathrm{d}t}*h(t) = -3r(t) + \mathrm{e}^{-3t}u(t) = -3[e(t)*h(t)] + \mathrm{e}^{-3t}u(t)$$

整理可得

$$\left[\frac{\mathrm{d}e(t)}{\mathrm{d}t} + 3e(t)\right]*h(t) = \mathrm{e}^{-3t}u(t)$$

将 $e(t) = 2\mathrm{e}^{-3t}u(t)$ 代入上式，可得

$$[-6\mathrm{e}^{-3t}u(t) + 2\delta(t) + 6\mathrm{e}^{-3t}u(t)]*h(t) = \mathrm{e}^{-3t}u(t)$$

整理可得

$$2\delta(t)*h(t) = 2h(t) = \mathrm{e}^{-3t}u(t)$$

所以单位冲激响应为

$$h(t) = \frac{1}{2}\mathrm{e}^{-3t}u(t)$$

2-12 系统框图如题 2-12 图所示，设激励为 $e(t)$，响应为 $r(t)$。

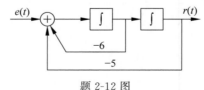

题 2-12 图

（1）写出系统的微分方程；

（2）求单位冲激响应 $h(t)$。

【知识点】 系统数学模型建立，单位冲激响应求解。

【方法点拨】 根据系统框图的输入、输出关系，建立系统数学模型，并利用算子法求解单位冲激响应。

【解答过程】

（1）从系统框图的加法器着手，可得

$$e(t) - 6\frac{\mathrm{d}r(t)}{\mathrm{d}t} - 5r(t) = \frac{\mathrm{d}^2 r(t)}{\mathrm{d}t^2}$$

整理可得系统的微分方程为

$$\frac{\mathrm{d}^2 r(t)}{\mathrm{d}t^2} + 6\frac{\mathrm{d}r(t)}{\mathrm{d}t} + 5r(t) = e(t)$$

（2）求解单位冲激响应时，系统数学模型为

$$\frac{\mathrm{d}^2 h(t)}{\mathrm{d}t^2} + 6\frac{\mathrm{d}h(t)}{\mathrm{d}t} + 5h(t) = \delta(t)$$

将微分方程转换为算子方程，可得

$$(p^2 + 6p + 5)h(t) = \delta(t)$$

整理可得

$$h(t) = \frac{1}{p^2 + 6p + 5}\delta(t) = \frac{1}{4}\left(\frac{1}{p+1} - \frac{1}{p+5}\right)\delta(t)$$

所以该系统的单位冲激响应为

$$h(t) = \frac{1}{4}(\mathrm{e}^{-t} - \mathrm{e}^{-5t})u(t)$$

2-13 已知 $f_1(t)$ 和 $f_2(t)$ 的波形如题 2-13 图所示，若 $f(t) = f_1(t) * f_2(t)$，求 $f(-1)$、$f(0)$ 和 $f(2)$ 的值。

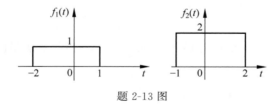

题 2-13 图

【知识点】 信号卷积的计算。

【方法点拨】 从卷积的定义出发，利用图解法，将卷积运算转换为波形相乘和积分。

【解答过程】

根据卷积的定义式可知

$$f(-1) = \int_{-\infty}^{+\infty} f_1(\tau) f_2(-1-\tau)\mathrm{d}\tau$$

$$f(0) = \int_{-\infty}^{+\infty} f_1(\tau) f_2(-\tau)\mathrm{d}\tau$$

$$f(2) = \int_{-\infty}^{+\infty} f_1(\tau) f_2(2-\tau) d\tau$$

故需要先得到 $f_1(\tau)$、$f_2(-1-\tau)$、$f_2(-\tau)$ 和 $f_2(2-\tau)$ 的波形,再进行相乘和积分运算。

(1) 自变量换元。分别将信号 $f_1(t)$ 和 $f_2(t)$ 的自变量换为 τ,得到 $f_1(\tau)$ 和 $f_2(\tau)$ 的波形,如题解 2-13 图(a)所示。

(2) 反褶移位。将 $f_2(\tau)$ 的波形反褶得到 $f_2(-\tau)$ 的波形,并分别向左移 1 个单位和向右移 2 个单位,得到 $f_2(-1-\tau)$ 和 $f_2(2-\tau)$ 的波形,如题解 2-13 图(b)所示。

(3) 两波形相乘并计算积分。

$$f(0) = \int_{-\infty}^{+\infty} f_1(\tau) f_2(-\tau) d\tau = \int_{-2}^{1} 1 \cdot 2 d\tau = 6$$

$$f(-1) = \int_{-\infty}^{+\infty} f_1(\tau) f_2(-1-\tau) d\tau = \int_{-2}^{0} 1 \cdot 2 d\tau = 4$$

$$f(2) = \int_{-\infty}^{+\infty} f_1(\tau) f_2(2-\tau) d\tau = \int_{0}^{1} 1 \cdot 2 d\tau = 2$$

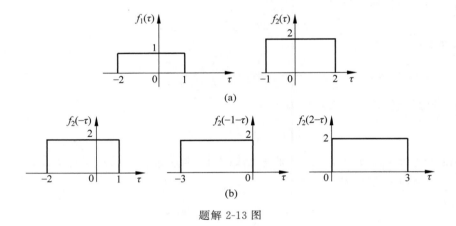

题解 2-13 图

2-14 已知信号 $f_1(t)$ 和 $f_2(t)$ 的波形如题 2-14 图所示,请用图解法计算 $f_1(t) * f_2(t)$。

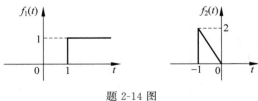

题 2-14 图

【知识点】 利用图解法计算卷积。

【方法点拨】 从定义出发,将图形卷积运算分为换元、反褶、移位和相乘积分四个阶段。

【解答过程】 图解法卷积的基本过程具体如下。

(1) 换元：分别将信号 $f_1(t)$ 和 $f_2(t)$ 的自变量换为 τ，得到 $f_1(\tau)$ 和 $f_2(\tau)$ 的波形，如题解 2-14 图(a)和题解 2-14 图(b)所示。

(2) 反褶：将 $f_2(\tau)$ 的波形反褶得到 $f_2(-\tau)$，如题解 2-14 图(c)所示。

(3) 移位：将信号 $f_2(-\tau)$ 的波形沿 τ 轴平移 t，得到 $f_2(t-\tau)$ 的波形。

(4) 计算 $f_1(\tau)f_2(t-\tau)$ 曲线下的面积，该面积就是两信号卷积结果在 t 时刻的值。

由于 t 取不同时刻，$f_2(t-\tau)$ 的位置不同，所以这里根据 t 划分不同情况。

① 当 $t<0$ 时，此时 $f_2(t-\tau)$ 的波形与 $f_1(\tau)$ 的波形无重叠，如题解 2-14 图(d)所示，乘积为零，则

$$\int_{-\infty}^{+\infty} f_1(\tau)f_2(t-\tau)\mathrm{d}\tau = 0$$

② 当 $0\leqslant t<1$ 时，两波形有重叠部分，即公共非零区，如题解 2-14 图(e)所示，重叠区域下限为 1，上限为 $t+1$，故

$$\int_{-\infty}^{+\infty} f_1(\tau)f_2(t-\tau)\mathrm{d}\tau = \int_1^{t+1} 2(\tau-t)\mathrm{d}\tau = -t^2+2t$$

③ 当 $t\geqslant 1$ 时，两波形有重叠部分，如题解 2-14 图(f)所示，重叠区域下限为 t，上限为 $t+1$，故

$$\int_{-\infty}^{+\infty} f_1(\tau)f_2(t-\tau)\mathrm{d}\tau = \int_t^{t+1} 2(\tau-t)\mathrm{d}\tau = 1$$

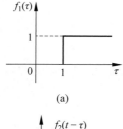

(a)

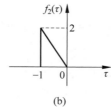

(b)

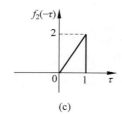

(c)

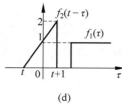

(d)

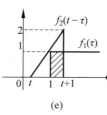

(e)

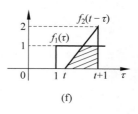

(f)

题解 2-14 图

综合上述，两信号的卷积结果为

$$f(t)=\begin{cases} 0, & t<0 \\ -t^2+2t, & 0\leqslant t<1 \\ 1, & t\geqslant 1 \end{cases}$$

2-15 计算卷积积分 $f_1(t)*f_2(t)$。

(1) $f_1(t)=u(t)$，$f_2(t)=u(t)$；

(2) $f_1(t) = e^{-t}u(t), f_2(t) = e^{-2t}u(t)$;

(3) $f_1(t) = u(t), f_2(t) = tu(t)$;

(4) $f_1(t) = e^{-2t}u(t), f_2(t) = \delta'(t-1)$;

(5) $f_1(t) = tu(t), f_2(t) = u(t) - u(t-2)$。

【知识点】 信号的卷积计算。

【方法点拨】 可以直接运用卷积的定义式计算,也可以利用卷积性质简化计算。

【解答过程】

(1) 利用卷积积分的定义,可得

$$u(t) * u(t) = \int_{-\infty}^{+\infty} u(\tau)u(t-\tau)d\tau = \int_0^t 1 d\tau u(t) = tu(t)$$

(2) 利用卷积积分的定义,可得

$$e^{-t}u(t) * e^{-2t}u(t) = \int_{-\infty}^t e^{-\tau}u(\tau)e^{-2(t-\tau)}u(t-\tau)d\tau$$

$$= e^{-2t}\int_{-\infty}^t e^{\tau}u(\tau)u(t-\tau)d\tau$$

$$= e^{-2t}\int_0^t e^{\tau}d\tau u(t) = (e^{-t} - e^{-2t})u(t)$$

(3) 利用卷积的微积分性质,可得

$$u(t) * tu(t) = \delta(t) * \int_{-\infty}^t \tau u(\tau)d\tau = \int_{-\infty}^t \tau u(\tau)d\tau$$

$$= \int_0^t \tau d\tau u(t) = \frac{1}{2}t^2 u(t)$$

(4) 利用卷积的微分和时移性质,可得

$$e^{-2t}u(t) * \delta'(t-1) = [e^{-2t}u(t)]' * \delta(t-1) = [\delta(t) - 2e^{-2t}u(t)] * \delta(t-1)$$

$$= \delta(t-1) - 2e^{-2(t-1)}u(t-1)$$

(5) 利用卷积的分配律,可得

$$tu(t) * [u(t) - u(t-2)] = tu(t) * u(t) - tu(t) * u(t-2)$$

由(3)结论可知,$tu(t) * u(t) = \dfrac{t^2}{2}u(t)$,利用卷积的时移性,有

$$tu(t) * u(t-2) = \frac{(t-2)^2}{2}u(t-2)$$

所以 $$tu(t) * [u(t) - u(t-2)] = \frac{1}{2}[t^2 u(t) - (t-2)^2 u(t-2)]$$

2-16 已知 $f_1(t)$ 和 $f_2(t)$ 波形如题 2-16 图所示,请绘制 $f(t) = f_1(t) * f_2(t)$ 的波形。

【知识点】 信号卷积的计算。

【方法点拨】 利用信号与冲激的卷积,再结合卷积的时移性来计算。

【解答过程】

从波形图中可以看出

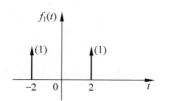 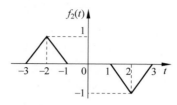

题 2-16 图

$$f_1(t) = \delta(t+2) + \delta(t-2)$$

故有

$$f(t) = f_1(t) * f_2(t) = [\delta(t+2) + \delta(t-2)] * f_2(t) = f_2(t+2) + f_2(t-2)$$

$f_2(t+2)$ 和 $f_2(t-2)$ 的波形分别如题解 2-16 图(a)和题解 2-16 图(b)所示。故 $f(t)$ 的波形如题解 2-16 图(c)所示。

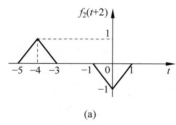 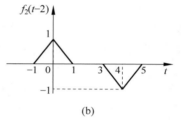

(a)   (b)

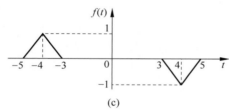

(c)

题解 2-16 图

2-17 信号 $f_1(t)$ 和 $f_2(t)$ 的波形如题 2-17 图所示,绘制 $f_1'(t) * f_2(t)$ 的波形。

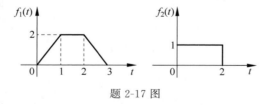

题 2-17 图

【知识点】 信号卷积的计算。

【方法点拨】 利用卷积的微积分性质,将其中一个信号转换为冲激信号,再结合信号与冲激信号卷积的结论来计算。

【解答过程】 根据卷积的微积分性质,可知

$$f_1'(t) * f_2(t) = f_1(t) * f_2'(t)$$

由于 $f_2(t)=u(t)-u(t-2)$，则 $f_2'(t)=\delta(t)-\delta(t-2)$，故有

$$f_1(t) * f_2'(t) = f_1(t) * [\delta(t)-\delta(t-2)] = f_1(t)-f_1(t-2)$$

所以 $f_1'(t) * f_2(t)$ 的波形如题解 2-17 图所示。

2-18 某复合系统框图如题 2-18 图所示。已知子系统的冲激响应分别为 $h_1(t)=u(t)$，$h_2(t)=\delta(t-1)$，求该复合系统的冲激响应 $h(t)$。

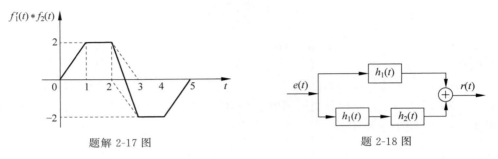

题解 2-17 图　　　　　　　　　题 2-18 图

【知识点】　求解复合系统的单位冲激响应。

【方法点拨】　利用单位冲激响应的定义，再结合各子系统的连接关系。

【解答过程】

设激励信号 $e(t)=\delta(t)$，根据单位冲激响应的定义，则 $r(t)=h(t)$。故有

$$h(t)=\delta(t) * h_1(t) + \delta(t) * h_1(t) * h_2(t) = h_1(t) + h_1(t) * h_2(t)$$

代入 $h_1(t)=u(t)$，$h_2(t)=\delta(t-1)$，可得

$$h(t)=u(t)+u(t) * \delta(t-1)=u(t)+u(t-1)$$

2-19 已知题 2-19 图(a)所示虚线框内复合系统由三个子系统构成，已知各子系统的冲激响应 $h_1(t)$ 和 $h_2(t)$ 如题 2-19 图(b)所示。求复合系统的冲激响应 $h(t)$ 的数学表达式，并绘制它的波形。

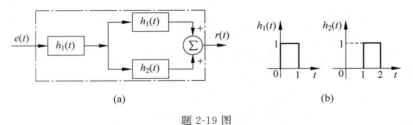

(a)　　　　　　　　　　　　　　(b)

题 2-19 图

【知识点】　复合系统的单位冲激响应求解；卷积的计算。

【方法点拨】　利用单位冲激响应的定义，结合各子系统的连接关系，计算复合系统的单位冲激响应；再利用卷积的微积分性质，对其中一个信号求导，对另一个信号积分，简化信号卷积运算。

【解答过程】

设激励信号 $e(t)=\delta(t)$，则 $r(t)=h(t)$。故有

$$h(t)=\delta(t) * h_1(t) * [h_1(t)+h_2(t)] = h_1(t) * [h_1(t)+h_2(t)]$$

设 $h_3(t) = h_1(t) + h_2(t)$，则 $h_3(t)$ 的波形如题解 2-19 图（a）所示。

根据卷积的微积分性质，可知

$$h(t) = h_1(t) * h_3(t) = \int_{-\infty}^{t} h_1(\tau) d\tau * h_3'(t)$$

设 $h_0(t) = \int_{-\infty}^{t} h_1(\tau) d\tau$，则信号 $h_0(t)$ 和 $h_3'(t)$ 的波形如题解 2-19 图（b）和题解 2-19 图（c）所示。

故有　　　$h(t) = h_0(t) * h_3'(t) = h_0(t) * [\delta(t) - \delta(t-2)] = h_0(t) - h_0(t-2)$

故复合系统的冲激响应 $h(t)$ 的波形如题解 2-19 图（d）所示。

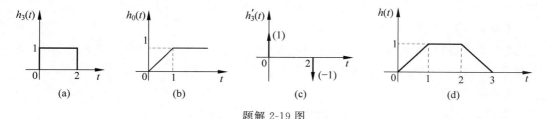

题解 2-19 图

对应的数学表达式为

$$h(t) = t[u(t) - u(t-1)] + [u(t-1) - u(t-2)] + (3-t)[u(t-2) - u(t-3)]$$
$$= tu(t) + (1-t)u(t-1) + (2-t)u(t-2) + (t-3)u(t-3)$$

2-20　已知描述某系统的微分方程为 $\dfrac{d^2 r(t)}{dt^2} + 3\dfrac{dr(t)}{dt} + 2r(t) = e(t)$。

（1）求系统的单位冲激响应 $h(t)$；

（2）若激励 $e(t) = e^{-t}u(t)$，求系统的零状态响应 $r(t)$。

【知识点】　系统单位冲激响应和零状态响应的计算。

【方法点拨】　给定微分方程，可运用算子法计算单位冲激响应，并利用单位冲激响应与激励的卷积计算系统零状态响应。

【解答过程】

（1）求解单位冲激响应时，系统数学模型为

$$\frac{d^2 h(t)}{dt^2} + 3\frac{dh(t)}{dt} + 2h(t) = \delta(t)$$

将微分方程改写为算子方程，可得

$$(p^2 + 3p + 2)h(t) = \delta(t)$$

整理可得

$$h(t) = \frac{1}{p^2 + 3p + 2}\delta(t) = \left(\frac{1}{p+1} - \frac{1}{p+2}\right)\delta(t)$$

所以该系统的单位冲激响应为

$$h(t) = (e^{-t} - e^{-2t})u(t)$$

（2）系统零状态响应等于激励卷积单位冲激响应，故零状态响应为

$$r(t) = e(t) * h(t) = \int_{-\infty}^{+\infty} (e^{-\tau} - e^{-2\tau}) u(\tau) e^{-(t-\tau)} u(t-\tau) d\tau$$

$$= e^{-t} \int_{-\infty}^{+\infty} (1 - e^{-\tau}) u(\tau) u(t-\tau) d\tau$$

$$= e^{-t} \int_{0}^{t} (1 - e^{-\tau}) d\tau u(t)$$

$$= (t e^{-t} - e^{-t} + e^{-2t}) u(t)$$

2-21 已知系统的单位阶跃响应为 $g(t) = (1 - e^{-2t}) u(t)$，初始状态不为零。若激励 $e(t) = e^{-t} u(t)$，全响应 $r(t) = 2e^{-t} u(t)$，求零输入响应 $r_{zi}(t)$。

【知识点】 系统响应构成。

【方法点拨】 先求出系统的单位冲激响应，再利用单位冲激响应与激励的卷积获得零状态响应，用全响应减去零状态响应，即可获得零输入响应。

【解答过程】

系统的单位冲激响应与单位阶跃信号为微积分关系，故有

$$h(t) = g'(t) = \left[(1 - e^{-2t}) u(t)\right]' = 2e^{-2t} u(t)$$

激励信号为 $e(t) = e^{-t} u(t)$，故系统的零状态响应为

$$r_{zs}(t) = e(t) * h(t) = 2 \int_{-\infty}^{+\infty} e^{-\tau} u(\tau) e^{-2(t-\tau)} u(t-\tau) d\tau$$

$$= 2e^{-2t} \int_{-\infty}^{+\infty} e^{\tau} u(\tau) u(t-\tau) d\tau$$

$$= 2e^{-2t} \int_{0}^{t} e^{\tau} d\tau u(t) = 2(e^{-t} - e^{-2t}) u(t)$$

根据线性时不变系统的响应构成，可知

$$r_{zi}(t) = r(t) - r_{zs}(t) = 2e^{-t} u(t) - 2(e^{-t} - e^{-2t}) u(t) = 2e^{-2t} u(t)$$

2-22 已知某 LTI 系统的数学模型为

$$\frac{d^2 r(t)}{dt^2} + 6 \frac{dr(t)}{dt} + 8r(t) = 2 \frac{de(t)}{dt} + 6e(t)$$

其中激励 $e(t) = u(t)$，起始状态 $r(0_-) = 1$，$r'(0_-) = 2$，求系统的完全响应，并指出其零输入响应、零状态响应、暂态响应和稳态响应。

【知识点】 根据系统数学模型求解系统全响应。

【方法点拨】 结合微分方程、系统状态和激励，分别求出系统的零输入响应、零状态响应和全响应，再进行响应分解。

【解答过程】

这里采用双零法求全响应，即将全响应分为零输入响应和零状态响应。

（1）求零输入响应。

系统的齐次方程为

$$\frac{\mathrm{d}^2 r(t)}{\mathrm{d}t^2} + 6\frac{\mathrm{d}r(t)}{\mathrm{d}t} + 8r(t) = 0$$

特征方程为 $\qquad \lambda^2 + 6\lambda + 8 = 0$

特征根为 $\qquad \lambda_1 = -2, \quad \lambda_2 = -4$

零输入响应为 $\qquad r_{zi}(t) = A_1 e^{-2t} + A_2 e^{-4t}, \quad t > 0$

由于系统模型在 0 时刻没有发生变化，$r_{zi}(0_+) = r(0_-) = 1, r'_{zi}(0_+) = r(0_-) = 2$，有

$$\begin{cases} A_1 + A_2 = 1 \\ -2A_1 - 4A_2 = 2 \end{cases}$$

解得 $\qquad A_1 = 3, A_2 = -2$

故零输入响应为 $\qquad y_{zi}(t) = (3e^{-2t} - 2e^{-4t})u(t)$

（2）求零状态响应。

系统零状态响应是激励信号与单位冲激响应的卷积，即 $r_{zs}(t) = e(t) * h(t)$。求解单位冲激响应所对应的数学模型为

$$\frac{\mathrm{d}^2}{\mathrm{d}t^2}h(t) + 6\frac{\mathrm{d}}{\mathrm{d}t}h(t) + 8h(t) = 2\frac{\mathrm{d}\delta(t)}{\mathrm{d}t} + 6\delta(t)$$

将微分方程改写为算子方程，可得

$$(p^2 + 6p + 8)h(t) = (2p + 6)\delta(t)$$

整理可得

$$h(t) = \frac{2p + 6}{p^2 + 6p + 8}\delta(t) = \left(\frac{1}{p+2} + \frac{1}{p+4}\right)\delta(t)$$

所以该系统的单位冲激响应为

$$h(t) = (e^{-2t} + e^{-4t})u(t)$$

则系统的零状态响应为

$$y_{zs}(t) = h(t) * e(t) = (e^{-2t} + e^{-4t})u(t) * u(t)$$

$$= \int_{-\infty}^{+\infty} (e^{-2\tau} + e^{-4\tau})u(\tau)u(t-\tau)\mathrm{d}\tau$$

$$= \int_0^t (e^{-2\tau} + e^{-4\tau})\mathrm{d}\tau u(t)$$

$$= \left(\frac{3}{4} - \frac{1}{2}e^{-2t} - \frac{1}{4}e^{-4t}\right)u(t)$$

（3）求全响应。

$$y(t) = y_{zi}(t) + y_{zs}(t) = \left(\frac{3}{4} + \frac{5}{2}e^{-2t} - \frac{9}{4}e^{-4t}\right)u(t)$$

瞬态响应为 $\left(\dfrac{5}{2}e^{-2t} - \dfrac{9}{4}e^{-4t}\right)u(t)$，稳态响应为 $\dfrac{3}{4}u(t)$。

2-23 已知电路模型如题 2-23 图所示。当 $t < 0$ 时，开关处于位置"1"，且电路已稳定。当 $t = 0$ 时，开关拨到位置"2"。已知 $e_1(t) = 4\mathrm{V}, e_2(t) = e^{-2t}u(t), R = 1\Omega, C = 1\mathrm{F}$。

求 $t>0$ 时,电路中的电压 $v_C(t)$,并指出零输入响应分量和零状态响应分量。

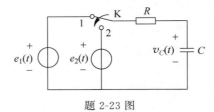

题 2-23 图

【知识点】 根据电路模型求解系统全响应。

【方法点拨】 根据电路结构建立数学模型,结合储能,分别求出系统的零输入响应、零状态响应和全响应。

【解答过程】

当 $t<0$ 时,开关 K 处于位置"1",且电路已稳定,所以 $v_C(0_-)=4\text{V}$。

当 $t=0$ 时,开关拨到位置"2",此时电路中既有初始储能,又存在激励,所以待求的响应 $v_C(t)$ 为全响应。$t>0$ 时电路结构如题解 2-23 图所示。

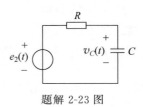

题解 2-23 图

根据电路结构列写 KVL 方程,可得

$$RC\frac{\mathrm{d}v_C(t)}{\mathrm{d}t}+v_C(t)=e_2(t)$$

代入元件参数,可得

$$\frac{\mathrm{d}v_C(t)}{\mathrm{d}t}+v_C(t)=e_2(t)$$

这里采用双零法求全响应,即将全响应分为零输入响应和零状态响应。

(1) 零输入响应

求零输入响应不考虑激励的作用,对应的数学模型为

$$\frac{\mathrm{d}v_{Czi}(t)}{\mathrm{d}t}+v_{Czi}(t)=0$$

齐次方程的特征根为 $\lambda=-1$

所以零输入响应的形式为 $v_{Czi}(t)=A\mathrm{e}^{-t}u(t)$。

由于电容电压在 0 时刻没有跳变,有 $v_{Czi}(0_+)=v_C(0_-)=4$,解得 $A=4$。

所以零输入响应为 $v_{Czi}(t)=4\mathrm{e}^{-t}u(t)$。

(2) 零状态响应

零状态响应可采用激励卷积单位冲激响应,求解单位冲激响应的数学模型为

$$\frac{\mathrm{d}h(t)}{\mathrm{d}t}+h(t)=\delta(t)$$

将微分方程改写为算子方程,可得

$$(p+1)h(t) = \delta(t)$$

整理可得

$$h(t) = \frac{1}{p+1}\delta(t)$$

所以该系统的单位冲激响应为

$$h(t) = e^{-t}u(t)$$

系统的零状态响应为

$$
\begin{aligned}
v_{Czs}(t) &= e_2(t) * h(t) = e^{-2t}u(t) * e^{-t}u(t) \\
&= \int_{-\infty}^{+\infty} e^{-2\tau}u(\tau)e^{-(t-\tau)}u(t-\tau)\mathrm{d}\tau \\
&= e^{-t}\int_0^t e^{-\tau}\mathrm{d}\tau u(t) = (e^{-t} - e^{-2t})u(t)
\end{aligned}
$$

（3）全响应为

$$v_C(t) = v_{Czi}(t) + v_{Czs}(t) = (5e^{-t} - e^{-2t})u(t)$$

2-24 已知系统的微分方程为

$$\frac{\mathrm{d}^2 r(t)}{\mathrm{d}t^2} + 5\frac{\mathrm{d}r(t)}{\mathrm{d}t} + 6r(t) = 2\frac{\mathrm{d}e(t)}{\mathrm{d}t} + 8e(t)$$

若激励 $f(t) = e^{-t}u(t)$，初始状态为 $r(0_-) = 0, r'(0_-) = 2$。求系统的全响应 $r(t)$，并指出零输入响应 $r_{zi}(t)$ 和零状态响应 $r_{zs}(t)$。

【知识点】 根据系统数学模型求解系统全响应。

【方法点拨】 结合微分方程、系统状态和激励，分别求出系统的零输入响应、零状态响应和全响应。

【解答过程】

这里采用双零法求全响应，即将全响应分为零输入响应和零状态响应。

（1）求零输入响应。

系统的齐次方程为

$$\frac{\mathrm{d}^2 r(t)}{\mathrm{d}t^2} + 5\frac{\mathrm{d}r(t)}{\mathrm{d}t} + 6r(t) = 0$$

特征方程为 $\qquad \lambda^2 + 5\lambda + 6 = 0$

特征根为 $\qquad \lambda_1 = -2, \quad \lambda_2 = -3$

零输入响应为 $\qquad r_{zi}(t) = A_1 e^{-2t} + A_2 e^{-3t}, \quad t > 0$

由于系统模型在 0 时刻没有发生变化，$r_{zi}(0_+) = r(0_-) = 0, r'_{zi}(0_+) = r'(0_-) = 2$，有

$$\begin{cases} A_1 + A_2 = 0 \\ -2A_1 - 3A_2 = 2 \end{cases}$$

解得 $\qquad A_1 = 2, A_2 = -2$

故零输入响应为 $\qquad y_{zi}(t) = (2e^{-2t} - 2e^{-3t})u(t)$

（2）求零状态响应。

系统零状态响应是激励信号与单位冲激响应的卷积，即 $r_{zs}(t) = e(t) * h(t)$。求解

单位冲激响应所对应的数学模型为

$$\frac{\mathrm{d}^2}{\mathrm{d}t^2}h(t) + 5\frac{\mathrm{d}}{\mathrm{d}t}h(t) + 6h(t) = 2\frac{\mathrm{d}\delta(t)}{\mathrm{d}t} + 8\delta(t)$$

将微分方程改写为算子方程,可得

$$(p^2 + 5p + 6)h(t) = (2p + 8)\delta(t)$$

整理可得

$$h(t) = \frac{2p+8}{p^2+5p+6}\delta(t) = \left(\frac{4}{p+2} - \frac{2}{p+3}\right)\delta(t)$$

所以该系统的单位冲激响应为

$$h(t) = (4\mathrm{e}^{-2t} - 2\mathrm{e}^{-3t})u(t)$$

则系统的零状态响应为

$$y_{zs}(t) = h(t) * e(t) = (4\mathrm{e}^{-2t} - 2\mathrm{e}^{-3t})u(t) * \mathrm{e}^{-t}u(t)$$

$$= \int_{-\infty}^{+\infty}(4\mathrm{e}^{-2\tau} - 2\mathrm{e}^{-3\tau})u(\tau)\mathrm{e}^{-(t-\tau)}u(t-\tau)\mathrm{d}\tau$$

$$= \mathrm{e}^{-t}\int_0^t(4\mathrm{e}^{-\tau} - 2\mathrm{e}^{-2\tau})\mathrm{d}\tau u(t)$$

$$= (3\mathrm{e}^{-t} - 4\mathrm{e}^{-2t} + \mathrm{e}^{-3t})u(t)$$

(3) 求全响应。

$$y(t) = y_{zi}(t) + y_{zs}(t) = (3\mathrm{e}^{-t} - 2\mathrm{e}^{-2t} - \mathrm{e}^{-3t})u(t)$$

2.4　阶段测试

1. 选择题

(1) 已知某 LTI 系统的微分方程为 $\dfrac{\mathrm{d}^2r(t)}{\mathrm{d}t^2} + 3\dfrac{\mathrm{d}r(t)}{\mathrm{d}t} + 2r(t) = \dfrac{\mathrm{d}e(t)}{\mathrm{d}t} + 4e(t)$,则该系统的单位冲激响应 $h(t)$ 为(　　)。

A. $(3\mathrm{e}^{-t} - 2\mathrm{e}^{-2t})u(t)$ 　　　　　　　B. $(-2\mathrm{e}^{-t} + 3\mathrm{e}^{-2t})u(t)$

C. $3\mathrm{e}^{-t} - 2\mathrm{e}^{-2t}$ 　　　　　　　　　　D. $-2\mathrm{e}^{-t} + 3\mathrm{e}^{-2t}$

(2) 信号 $f_1(t)$,$f_2(t)$ 波形如图 2A-1 所示,若 $f(t) = f_1(t) * f_2(t)$,则 $f(1)$ 为(　　)。

A. 1 　　　　　B. 2 　　　　　C. 3 　　　　　D. 4

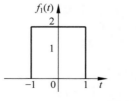
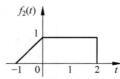

图 2A-1

（3）关于 LTI 系统的响应，下列说法正确的是（　　）。

A. 强迫响应就是稳态响应

B. 自由响应就是系统的零输入响应

C. 强迫响应是零状态响应的一部分

D. 单位冲激响应是 $\delta(t)$ 作用于系统的全响应

（4）决定线性时不变系统零状态响应的是（　　）。

A. 激励信号　　　　　　　　　　B. 系统参数

C. 系统参数和起始状态　　　　　D. 系统参数和激励信号

（5）$[u(t)-u(t-1)] * u(t)$ 的结果为（　　）。

A. $t[u(t)-u(t-1)]$　　　　　　B. $(t-1)u(t)$

C. $tu(t-1)$　　　　　　　　　　D. $tu(t)-(t-1)u(t-1)$

（6）已知某线性时不变系统的单位冲激响应为 $h(t)=e^{-2t}u(t)$，当激励为 $f(t)=e^{-3t}u(t)$ 时零状态响应 $y(t)$ 为（　　）。

A. $(e^{-2t}-e^{-3t})u(t)$　　　　　B. $(2e^{-2t}-3e^{-3t})u(t)$

C. $(e^{-3t}-e^{-2t})u(t)$　　　　　D. $(3e^{-3t}-2e^{-2t})u(t)$

2. 填空题

（1）已知描述某 LTI 系统的微分方程为 $\dfrac{d^2}{dt^2}r(t)+4\dfrac{d}{dt}r(t)+3r(t)=\dfrac{d}{dt}e(t)+5e(t)$，其中为 $e(t)$ 激励，$r(t)$ 为响应，则描述该系统的算子方程为_____。

（2）已知 $f_1(t)=u(t)-u(t-1)$，$f_2(t)=u(t+1)-u(t)$，则 $f_1(t) * f_2(t)$ 的非零值区间为_____。

（3）某复合系统的框图如图 2A-2 所示，则该系统的单位冲激响应 $h(t)=$_____。

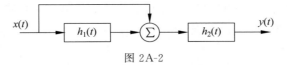

图 2A-2

（4）$\dfrac{d}{dt}[u(t) * u(t)]=$_____。

（5）已知系统全响应为 $r(t)=(e^{-t}+e^{-2t}+1)u(t)$，则暂态响应为_____，稳态响应为_____。

（6）已知某 LTI 系统的单位冲激响应为 $h(t)=2e^{-2t}u(t)$，则单位阶跃响应为_____。

3. 计算与画图题

（1）已知信号 $f_1(t)$ 和 $f_2(t)$ 的波形如图 2A-3 所示，求 $f(t)=f_1(t) * f_2'(t)$，并画出 $f(t)$ 的波形。

（2）如图 2A-4 所示电路，激励为电流源 $e(t)$，响应为电压 $v(t)$，求描述系统输入、输出关系的微分方程。

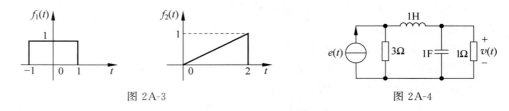

图 2A-3   图 2A-4

（3）已知描述某 LTI 系统的微分方程为 $\dfrac{\mathrm{d}^2}{\mathrm{d}t^2}r(t)+3\dfrac{\mathrm{d}}{\mathrm{d}t}r(t)+2r(t)=\dfrac{\mathrm{d}}{\mathrm{d}t}e(t)+3e(t)$，其中激励为 $e(t)$，响应为 $r(t)$。若 $e(t)=u(t),r(0_-)=1,r'(0_-)=1$，试求全响应 $r(t)$。指出其中零输入响应分量和零状态响应分量、暂态响应分量和稳态响应分量。

（4）如图 2A-5 所示电路，当 $t<0$ 时已处稳态，其中 $e_1(t)=2\mathrm{V},e_2(t)=\mathrm{e}^{-2t}\mathrm{V}$。当 $t=0$ 时，开关由位置 a 切换到位置 b。求输出电压 $v(t)$ 的完全响应，并指出零输入响应分量和零状态响应分量。

（5）描述某 LTI 系统的框图模型如图 2A-6 所示，写出描述该系统的微分方程，并求系统的单位冲激响应。

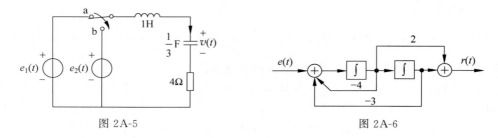

图 2A-5   图 2A-6

（6）图 2A-7 是零阶保持电路结构框图，求此系统的单位冲激响应 $h(t)$，以及当激励 $e(t)=\mathrm{e}^{-t}u(t)$ 时，系统的零状态响应 $r(t)$。

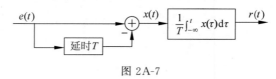

图 2A-7

第3章

连续时间信号与系统的频域分析

3.1 本章学习目标

- 掌握周期信号三角形式和复指数形式的傅里叶级数展开式；
- 掌握周期信号的频谱表示；
- 掌握非周期信号的傅里叶变换和频谱图；
- 掌握傅里叶变换的性质；
- 理解周期信号的傅里叶变换；
- 理解信号的能量谱和功率谱的含义；
- 掌握系统频响函数的意义、作用和求解方法；
- 掌握系统响应的频域求解；
- 掌握无失真传输的条件和判断；
- 掌握理想滤波器的作用及频域特性；
- 理解系统物理可实现的条件；
- 掌握理想采样和自然采样时信号频谱的变化情况；
- 掌握时域采样定理。

3.2 知识要点

3.2.1 周期信号的傅里叶级数分析

1. 三角形式的傅里叶级数

周期为 T_1 的周期信号 $f(t)$ 满足狄里赫利条件时，可展开为三角形式的傅里叶级数表示。

$$f(t) = a_0 + \sum_{n=1}^{+\infty} [a_n \cos(n\omega_1 t) + b_n \sin(n\omega_1 t)], \quad \omega_1 = \frac{2\pi}{T_1} \tag{3-1}$$

物理意义为：周期信号可以展开为直流和无穷多个不同频率的正弦分量和余弦分量的叠加，各分量的频率均为 ω_1 的整数倍。a_0、a_n 和 b_n 称为傅里叶系数，计算方法如下：

$$a_0 = \frac{1}{T} \int_{t_0}^{t_0+T} f(t) \, dt$$

$$a_n = \frac{2}{T} \int_{t_0}^{t_0+T} f(t) \cos(n\omega_1 t) \, dt$$

$$b_n = \frac{2}{T} \int_{t_0}^{t_0+T} f(t) \sin(n\omega_1 t) \, dt$$

利用三角函数的计算公式，将式(3-1)中的正弦分量和余弦分量进行合并，得到

$$f(t) = c_0 \cos\theta_0 + \sum_{n=1}^{+\infty} c_n \cos(n\omega_1 t + \theta_n) \tag{3-2}$$

式中，$c_0 = |a_0|$，$c_n = \sqrt{a_n^2 + b_n^2}$，$\theta_n = \arctan \dfrac{-b_n}{a_n}$

式（3-2）称为标准三角形式级数展开式。其中，c_0 是直流分量的幅度，θ_0 是直流分量的相位，θ_0 一般取值为 0 或 $\pm\pi$。通常把 $n=1$ 时的正弦分量称为基波，$n>1$ 以后的正弦分量称为谐波。θ_n 一般在一个周期内取值，即 $-\pi \leqslant \theta_n \leqslant \pi$。

2. 复指数形式的傅里叶级数

周期信号也可以展开为复指数形式的傅里叶级数，表达式为

$$f(t) = \sum_{n=-\infty}^{+\infty} F(n\omega_1) \mathrm{e}^{\mathrm{j}n\omega_1 t} \tag{3-3}$$

式中，$F(n\omega_1) = \dfrac{1}{T_1} \displaystyle\int_{-\infty}^{+\infty} f(t) \mathrm{e}^{-\mathrm{j}n\omega_1 t} \mathrm{d}t$。

物理意义：周期信号可以展开为无穷多个频率为 $n\omega_1$ 的复指数信号 $\mathrm{e}^{\mathrm{j}n\omega_1 t}$ 的线性组合，各项的系数为 $F(n\omega_1)$。因此，通常将 $F(n\omega_1)$ 称为复指数级数展开式的系数，简称谱系数。$F(n\omega_1)$ 有时也简写为 F_n。

根据欧拉公式，可以得到三角形式和复指数形式傅里叶级数展开式中系数的关系为

$$F_0 = a_0, \quad F_n = \frac{1}{2}(a_n - \mathrm{j}b_n), \quad F_{-n} = \frac{1}{2}(a_n + \mathrm{j}b_n) \tag{3-4}$$

注意：傅里叶级数展开式是周期信号的一种分解方式，它以正弦信号为基本单元，建立起时间信号与频率的联系。三角形式和复指数形式的级数展开式本质是相同的，只是表现形式不同。

3. 频谱图

周期信号可以分解为不同频率的正弦分量的组合，而每个正弦分量都可以用振幅、角频率和初相位三个要素来确定，因此可以借助频谱图来描述信号的频率特性。

振幅谱图：以频率为横轴，振幅为纵轴，用长短不同的谱线表示信号所包含的各正弦分量的振幅大小，称为周期信号的振幅谱图。

相位谱图：以频率为横轴，相位为纵轴，用长短不同的谱线表示信号所包含的各正弦分量的相位大小，称为周期信号的相位谱图。

三角形式的傅里叶级数展开式中：

c_n-ω 之间的关系称为单边振幅谱；θ_n-ω 之间的关系称为单边相位谱。

复指数形式的傅里叶级数展开式中：

$|F_n|$-ω 之间的关系称为双边振幅谱；φ_n-ω 之间的关系称为双边相位谱。

复指数频谱与三角频谱的关系：

（1）振幅谱：$n=0$ 时，$|F_0|=c_0$，两者振幅相等；$n\neq 0$ 时，$|F_n|=|F_{-n}|=\dfrac{1}{2}c_n$，复指数形式振幅是三角形式振幅的一半，是关于 ω 的偶函数，振幅谱图关于纵轴对称。

（2）相位谱：$n\geqslant 0$ 时，$\varphi_n=\theta_n$，两者相位相同；$n<0$ 时，$\varphi_n=-\varphi_{-n}$，F_n 的相位是关于 ω 的奇函数，相位谱图关于原点对称。

周期信号的频谱图一般具有离散性、谐波性、收敛性的特点。

4．函数的对称性与傅里叶级数的关系

（1）偶函数的傅里叶级数中不含正弦项，而只含直流项和余弦项；

（2）奇函数的傅里叶级数中不含余弦项和直流项，只含正弦项；

（3）奇谐函数的傅里叶级数中只可能包含基波和奇次谐波的正弦项、余弦项，而不含直流项和偶次谐波项。

（4）偶谐函数的傅里叶级数中只可能包含直流、偶次谐波的正弦项、余弦项，而不含基波和奇次谐波项。

3.2.2　傅里叶变换

1．定义

傅里叶变换：
$$F(\omega)=F[f(t)]=\int_{-\infty}^{+\infty}f(t)\mathrm{e}^{-\mathrm{j}\omega t}\,\mathrm{d}t \tag{3-5}$$

傅里叶逆变换：
$$f(t)=F^{-1}[F(\omega)]=\frac{1}{2\pi}\int_{-\infty}^{+\infty}F(\omega)\mathrm{e}^{\mathrm{j}\omega t}\,\mathrm{d}\omega \tag{3-6}$$

注意：$f(t)$ 是从时域角度描述信号，$F(\omega)$ 是从频域角度描述信号，$f(t)$ 和 $F(\omega)$ 是同一个信号两种描述方法，$f(t)$ 和 $F(\omega)$ 是一一对应的。

2．傅里叶变换的存在条件

$f(t)$ 绝对可积，即 $\displaystyle\int_{-\infty}^{+\infty}|f(t)|\,\mathrm{d}t<+\infty$。

3．频谱图

设 $F(\omega)=|F(\omega)|\mathrm{e}^{\mathrm{j}\varphi(\omega)}$，$|F(\omega)|$-$\omega$ 曲线称为振幅谱，$\varphi(\omega)$-ω 曲线称为相位谱。

4．常用信号的傅里叶变换

1）因果指数衰减信号（图 3-1）

$$f(t)=E\mathrm{e}^{-at}u(t),\quad a>0\leftrightarrow F(\omega)=\frac{E}{a+\mathrm{j}\omega} \tag{3-7}$$

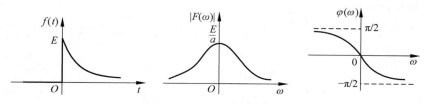

图 3-1　因果指数衰减信号时域波形和频谱图

2）单边非因果指数衰减信号（图 3-2）

$$f(t) = E e^{at} u(-t), \quad a > 0 \leftrightarrow F(\omega) = \frac{E}{a - j\omega} \tag{3-8}$$

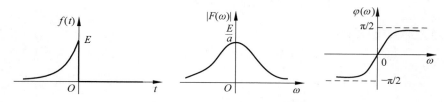

图 3-2　单边非因果指数衰减信号时域波形和频谱图

3）双边指数信号（图 3-3）

$$f(t) = e^{-a|t|} \leftrightarrow F(\omega) = \frac{2a}{a^2 + \omega^2} \tag{3-9}$$

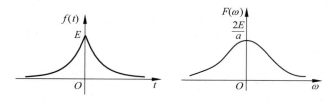

图 3-3　双边指数信号时域波形和频谱图

4）矩形脉冲信号（图 3-4）

$$f(t) = E\left[u\left(t + \frac{\tau}{2}\right) - u\left(t - \frac{\tau}{2}\right)\right] \leftrightarrow F(\omega) = E\tau \mathrm{Sa}\left(\frac{\omega\tau}{2}\right) \tag{3-10}$$

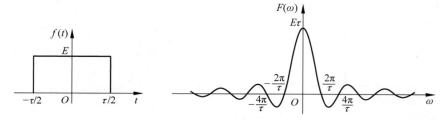

图 3-4　矩形脉冲信号时域波形和频谱图

5) 三角脉冲信号(图 3-5)

$$f(t) = E\left(1 - \frac{|t|}{\tau}\right)G_{2\tau}(t) \leftrightarrow F(\omega) = E\tau \mathrm{Sa}^2\left(\frac{\omega\tau}{2}\right) \tag{3-11}$$

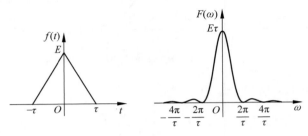

图 3-5   三角脉冲信号时域波形和频谱图

6) 单位冲激信号(图 3-6)

$$f(t) = \delta(t) \leftrightarrow F(\omega) = 1 \tag{3-12}$$

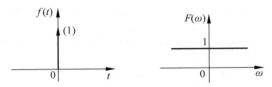

图 3-6   单位冲激信号时域波形和频谱图

7) 直流信号(图 3-7)

$$f(t) = 1 \leftrightarrow F(\omega) = 2\pi\delta(\omega) \tag{3-13}$$

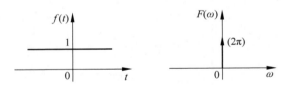

图 3-7   直流信号时域波形和频谱图

8) 单位阶跃信号(图 3-8)

$$f(t) = u(t) \leftrightarrow F(\omega) = \pi\delta(\omega) + \frac{1}{\mathrm{j}\omega} \tag{3-14}$$

图 3-8   单位阶跃信号时域波形和频谱图

注意：常用信号的傅里叶变换对是分析复杂信号变换的基础。

3.2.3 傅里叶变换的性质

1. 线性特性

若 $f_1(t) \leftrightarrow F_1(\omega)$，$f_2(t) \leftrightarrow F_2(\omega)$，则 $k_1 f_1(t) + k_2 f_2(t) \leftrightarrow k_1 F_1(\omega) + k_2 F_2(\omega)$

$$(3-15)$$

2. 对称性

若 $f(t) \leftrightarrow F(\omega)$，则 $F(t) \leftrightarrow 2\pi f(-\omega)$

$$(3-16)$$

3. 尺度变换特性

若 $f(t) \leftrightarrow F(\omega)$，则 $f(at) \leftrightarrow \dfrac{1}{|a|} F\left(\dfrac{\omega}{a}\right)$

$$(3-17)$$

4. 时移特性

若 $f(t) \leftrightarrow F(\omega)$，则 $f(t \pm t_0) \leftrightarrow F(\omega) e^{\pm j\omega t_0}$

$$(3-18)$$

5. 频移特性

若 $f(t) \leftrightarrow F(\omega)$，则 $f(t) e^{\pm j\omega_0 t} \leftrightarrow F(\omega \mp \omega_0)$

$$(3-19)$$

扩展应用有

$$f(t)\cos\omega_0 t \leftrightarrow \frac{1}{2}\left[F(\omega + \omega_0) + F(\omega - \omega_0)\right]$$

$$f(t)\sin\omega_0 t \leftrightarrow \frac{j}{2}\left[F(\omega + \omega_0) - F(\omega - \omega_0)\right]$$

6. 微分特性

1）时域微分

若 $f(t) \leftrightarrow F(\omega)$，则 $\dfrac{\mathrm{d}^n f(t)}{\mathrm{d}t^n} \leftrightarrow (j\omega)^n F(\omega)$

$$(3-20)$$

2）频域微分

若 $f(t) \leftrightarrow F(\omega)$，则 $(-jt)^n f(t) \leftrightarrow \dfrac{\mathrm{d}^n F(\omega)}{\mathrm{d}\omega^n}$

$$(3-21)$$

7. 积分特性

若 $f(t) \leftrightarrow F(\omega)$，则 $\displaystyle\int_{-\infty}^{t} f(\tau)\mathrm{d}\tau \leftrightarrow \pi F(0)\delta(\omega) + \dfrac{F(\omega)}{j\omega}$

$$(3-22)$$

注意：$F(0) = F(\omega)\,\big|_{\omega=0} = \int_{-\infty}^{+\infty} f(t)\,\mathrm{d}t$。

8. 奇偶虚实性

$$F(\omega) = |F(\omega)|\,\mathrm{e}^{\mathrm{j}\varphi(\omega)} = R(\omega) + \mathrm{j}X(\omega)$$

若 $f(t)$ 为实函数，则 $R(\omega)$ 为偶函数，$X(\omega)$ 为奇函数。

若 $f(t)$ 为虚函数，则 $R(\omega)$ 为奇函数，$X(\omega)$ 为偶函数。

9. 卷积定理

若 $f_1(t) \leftrightarrow F_1(\omega)$，$f_2(t) \leftrightarrow F_2(\omega)$，有以下定理：

(1) 时域卷积定理

$$f_1(t) * f_2(t) \leftrightarrow F_1(\omega)F_2(\omega) \tag{3-23}$$

典型应用：$r_{zs}(t) = e(t) * h(t) \leftrightarrow R(\omega) = E(\omega)H(\omega)$

(2) 频域卷积定理

$$f_1(t) \times f_2(t) \leftrightarrow \frac{1}{2\pi}\big[F_1(\omega) * F_2(\omega)\big] \tag{3-24}$$

注意：傅里叶变换性质的使用，关键点在于找到待求信号与常用信号之间的运算关系。

3.2.4 周期信号的傅里叶变换

1. 定义

设 $f_T(t)$ 是周期为 T_1 的周期信号，其傅里叶变换为

$$F(\omega) = 2\pi \sum_{n=-\infty}^{+\infty} F_n \delta(\omega - n\omega_1), \quad \omega_1 = \frac{2\pi}{T_1} \tag{3-25}$$

式中，F_n 为傅里叶级数的系数，计算公式是

$$F_n = \frac{1}{T_1} \int_{-\infty}^{+\infty} f(t)\mathrm{e}^{-\mathrm{j}n\omega_1 t}\,\mathrm{d}t = \frac{1}{T_1} F_0(\omega)\,\big|_{\omega=n\omega_1}$$

$F_0(\omega)$ 是该周期信号在一个周期内波形的傅里叶变换。

2. 物理意义

周期信号的傅里叶变换是无穷个强度为 $2\pi F_n$，出现在频率为 $n\omega_1$ 处的冲激信号的和。其中 F_n 为周期信号复指数形式的谱系数。

3.2.5 能量谱和功率谱

1. 能量谱定义

$|F(\omega)|^2$ 反映了信号的能量在频域的分布情况，因此把 $|F(\omega)|^2$ 称为信号的能量谱

密度函数,简称能量谱,它表示单位频率的能量,一般记作 $\mathscr{E}(\omega)$。即

$$\mathscr{E}(\omega) = |F(\omega)|^2 \tag{3-26}$$

信号的能量谱 $\mathscr{E}(\omega)$ 只由信号的振幅谱决定,与信号的相位谱无关。

2. 功率谱定义

$\lim\limits_{T\to\infty} \dfrac{|F_T(\omega)|^2}{T}$ 代表了单位频率的信号功率,即信号的功率谱密度,可以用 $\mathscr{P}(\omega)$ 表示,即

$$\mathscr{P}(\omega) = \lim_{T\to\infty} \frac{|F_T(\omega)|^2}{T} \tag{3-27}$$

周期信号的功率谱是离散等间隔分布的,间隔就是基频 ω_0,且只由信号的振幅谱决定,与相位谱无关。

3. 周期信号的平均功率

$$P = a_0^2 + \frac{1}{2}\sum_{n=1}^{+\infty}(a_n^2 + b_n^2) = c_0^2 + \frac{1}{2}\sum_{n=1}^{+\infty}c_n^2 = \sum_{n=-\infty}^{+\infty}|F_n|^2 \tag{3-28}$$

周期信号的平均功率等于直流功率和各次谐波平均功率之和。

3.2.6 系统频域分析

1. 频响函数的定义

设激励 $e(t)$ 的傅里叶变换为 $E(\omega)$,零状态响应 $r(t)$ 的傅里叶变换为 $R(\omega)$,则定义系统的频响函数 $H(\omega)$ 为

$$H(\omega) = \frac{R(\omega)}{E(\omega)} = |H(\omega)|\,\mathrm{e}^{\mathrm{j}\varphi(\omega)} \tag{3-29}$$

2. 频响函数的物理意义

信号经过系统后,由频响函数对激励中的不同频率分量进行加权处理,从而得到响应信号。响应的振幅是频率 ω 处频响函数振幅和激励信号振幅的乘积,响应的相位是频率 ω 处频响函数相位和激励信号相位的叠加。

注意:根据频响函数可以分析出系统对任意信号的作用。

3. 频响函数的求解

线性时不变系统的数学模型为常系数微分方程,n 阶微分方程的一般形式为

$$a_n\frac{\mathrm{d}^n r(t)}{\mathrm{d}t^n} + a_{n-1}\frac{\mathrm{d}^{n-1}r(t)}{\mathrm{d}t^{n-1}} + \cdots + a_1\frac{\mathrm{d}r(t)}{\mathrm{d}t} + a_0 r(t)$$

$$= b_m \frac{\mathrm{d}^m e(t)}{\mathrm{d}t^m} + b_{m-1} \frac{\mathrm{d}^{m-1} e(t)}{\mathrm{d}t^{m-1}} + \cdots + b_1 \frac{\mathrm{d}e(t)}{\mathrm{d}t} + b_0 e(t)$$

对方程两边同时取傅里叶变换。设 $e(t) \leftrightarrow E(\omega)$，$h(t) \leftrightarrow H(\omega)$，由傅里叶变换的时域微分性质可得

$$\left[a_n (\mathrm{j}\omega)^n + a_{n-1} (\mathrm{j}\omega)^{n-1} + \cdots + a_1 (\mathrm{j}\omega) + a_0 \right] R(\omega)$$

$$= \left[b_m (\mathrm{j}\omega)^m + b_{m-1} (\mathrm{j}\omega)^{m-1} + \cdots + b_1 (\mathrm{j}\omega) + b_0 \right] E(\omega)$$

频响函数为

$$H(\omega) = \frac{R(\omega)}{E(\omega)} = \frac{b_m (\mathrm{j}\omega)^m + b_{m-1} (\mathrm{j}\omega)^{m-1} + \cdots + b_1 (\mathrm{j}\omega) + b_0}{a_n (\mathrm{j}\omega)^n + a_{n-1} (\mathrm{j}\omega)^{n-1} + \cdots + a_1 (\mathrm{j}\omega) + a_0} \tag{3-30}$$

电路模型则借助元件的频域表示，将时域电路转换为频域电路进行分析，如图 3-9 所示。

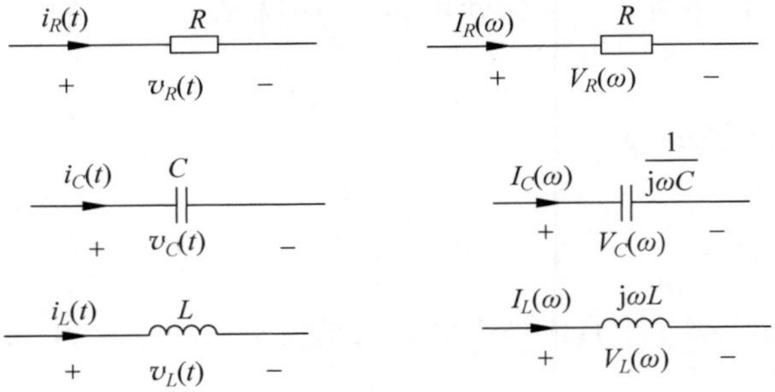

图 3-9　电阻、电容、电感元件的时域和频域模型

4. 系统响应的频域求解

（1）周期正弦信号的响应。

周期正弦信号 $e(t) = A\sin(\omega_0 t + \varphi)$，通过频响函数为 $H(\omega)$ 的系统，其响应为

$$r(t) = A |H(\omega)| \sin[\omega_0 t + \varphi + \varphi(\omega_0)] \tag{3-31}$$

（2）一般周期信号的响应。

激励 $e(t)$ 为一般周期信号时，可以利用傅里叶级数将周期信号展开为正弦信号的集合，即

$$e(t) = c_0 \cos\theta_0 + \sum_{n=1}^{+\infty} c_n \cos(n\omega_1 t + \theta_n)$$

其通过频响函数为 $H(\omega)$ 的系统后，响应为

$$r(t) = c_0 |H(0)| \cos(\theta_0 + \varphi_0) + \sum_{n=1}^{+\infty} c_n |H(n\omega_1)| \cos[n\omega_1 t + \theta_n + \varphi(n\omega_1)]$$

$$\tag{3-32}$$

（3）非周期信号的响应。

$$r(t) = e(t) * h(t) \leftrightarrow R(\omega) = E(\omega) H(\omega) \tag{3-33}$$

3.2.7 无失真传输

1. 无失真的定义

输入信号经过系统后,所产生的输出与输入相比波形形状相同,只是幅度发生变化,可以有一定的延时,即

$$r(t) = Ke(t - t_0) \tag{3-34}$$

2. 失真的分类

线性失真是由信号经过线性系统引起,此时输出信号中不产生新的频率分量,仅是信号中各频率分量的振幅或相位发生了相对变化。线性失真又分为幅度失真和相位失真。

非线性失真一般由信号经过非线性系统引起,此时信号经过系统会产生新的频率分量。

3. 无失真传输的条件

时域条件:$h(t) = k\delta(t - t_0)$ \hfill (3-35)

频域条件:$H(\omega) = k\mathrm{e}^{-\mathrm{j}\omega t_0}$ \hfill (3-36)

系统幅频特性曲线和相频特性曲线如图 3-10 所示。

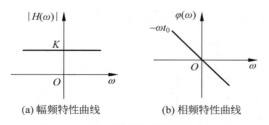

(a) 幅频特性曲线   (b) 相频特性曲线

图 3-10 无失真系统的频率特性曲线

无失真传输系统的幅频特性为常数,这意味着系统对输入信号所有频率分量幅度放大相同的倍数;相频特性为斜率为 $-t_0$ 且经过原点的直线,这表明系统对输入信号所有频率分量产生的相移均与频率成正比,此时各频率分量产生相同的延迟时间 t_0,移位后各分量的相对位置保持不变。

3.2.8 理想低通滤波器与物理可实现条件

1. 理想滤波器的类型

按照通过信号的频段范围不同,滤波器可分为低通滤波器(LPF)、高通滤波器

（HPF）、带通滤波器（BPF）和带阻滤波器（BSF）。图 3-11 给出了四种理想滤波器的幅频特性。

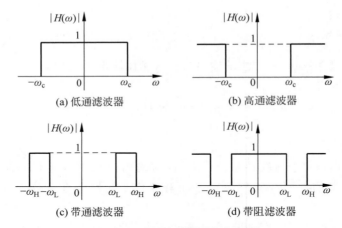

图 3-11　理想滤波器的幅频特性

低通滤波器的通带为 $|\omega|<\omega_c$，阻带为 $|\omega|>\omega_c$，ω_c 为截止频率。与低通滤波器刚好相反，信号通过理想高通滤波器，$|\omega|>\omega_c$ 时，信号无失真通过；$|\omega|<\omega_c$ 时，信号被完全滤除。带通滤波器能让 $\omega_L<|\omega|<\omega_H$ 范围内的频率分量通过，其余范围的频率分量滤除，带阻滤波器则刚好与之相反，其中 ω_H、ω_L 分别称为上截止频率和下截止频率。

2. 理想低通滤波器的频响函数

理想低通滤波器的幅频特性和相频特性曲线如图 3-12 所示。

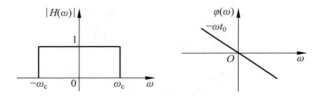

图 3-12　理想低通滤波器的频率特性曲线

频响函数的表达式为

$$H(\omega)=|H(\omega)|\,\mathrm{e}^{\mathrm{j}\varphi(\omega)}=\begin{cases}\mathrm{e}^{-\mathrm{j}\omega t_0}, & |\omega|<\omega_c\\ 0, & |\omega|>\omega_c\end{cases}=G_{2\omega_c}(\omega)\mathrm{e}^{-\mathrm{j}\omega t_0} \tag{3-37}$$

3. 理想低通滤波器的单位冲激响应

$$h(t)=\frac{\omega_c}{\pi}\mathrm{Sa}[\omega_c(t-t_0)] \tag{3-38}$$

单位冲激信号经过理想低通滤波器后，波形的变化情况如图 3-13 所示。

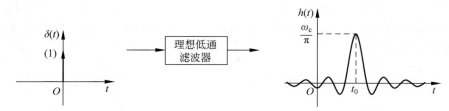

图 3-13　单位冲激信号经过理想低通滤波器

4. 系统物理可实现条件

理想低通滤波器是非因果系统，是物理不可实现的。系统的物理可实现性可以根据系统的单位冲激响应和频响函数进行判断。

时域：系统满足因果性，$h(t)=0$，$t<0$

频域：若系统幅频函数 $|H(\omega)|$ 满足平方可积条件，即 $\displaystyle\int_{-\infty}^{+\infty}|H(\omega)|^2 \mathrm{d}\omega<\infty$

则系统物理可实现的必要条件为

$$\int_{-\infty}^{+\infty}\frac{|\ln|H(\omega)||}{1+\omega^2}\mathrm{d}\omega<\infty \tag{3-39}$$

3.2.9　时域采样定理

1. 时域采样模型

信号的采样过程可以看作输入信号 $f(t)$ 与采样脉冲 $p(t)$ 相乘的结果，即

$$f_s(t)=f(t)p(t) \tag{3-40}$$

2. 采样信号的频谱

1）理想采样

采样脉冲为周期冲激序列 $p(t)=\delta_{T_s}(t)=\displaystyle\sum_{n=-\infty}^{+\infty}\delta(t-nT_s)$

采样信号 $f_s(t)=f(t)p(t)=f(t)\displaystyle\sum_{n=-\infty}^{+\infty}\delta(t-nT_s)$

其频谱 $F_s(\omega)=\dfrac{1}{2\pi}F(\omega)*P(\omega)=\dfrac{1}{T_s}\displaystyle\sum_{n=-\infty}^{+\infty}F(\omega-n\omega_s)$，其中 $\omega_s=\dfrac{2\pi}{T_s}$ （3-41）

理想采样时，采样信号的频谱 $F_s(\omega)$ 是原信号频谱 $F(\omega)$ 以 ω_s 为间隔的周期重复，且振幅乘以 $\dfrac{1}{T_s}$。

设信号 $f(t)$ 为低频带限信号，其时域波形如图 3-14(a)所示，图 3-14(b)为其频谱图，最高频率为 ω_m。图 3-14(c)和图 3-14(d)给出了理想采样脉冲信号的时域波形和频谱

图。图 3-14(e)为采样信号的时域波形，图 3-14(f)为采样频率 $\omega_s > 2\omega_m$ 时采样信号的频谱，图 3-14(g)为采样频率 $\omega_s = 2\omega_m$ 时采样信号的频谱，图 3-14(h)为采样频率 $\omega_s < 2\omega_m$ 时采样信号的频谱图。

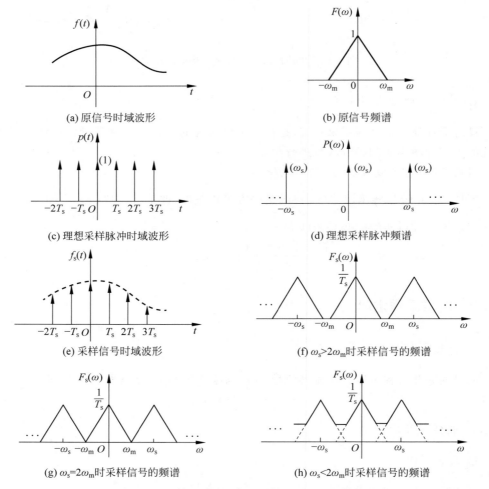

(a) 原信号时域波形

(b) 原信号频谱

(c) 理想采样脉冲时域波形

(d) 理想采样脉冲频谱

(e) 采样信号时域波形

(f) $\omega_s > 2\omega_m$ 时采样信号的频谱

(g) $\omega_s = 2\omega_m$ 时采样信号的频谱

(h) $\omega_s < 2\omega_m$ 时采样信号的频谱

图 3-14　不同采样频率时采样脉冲和采样信号的频谱图

2）自然采样

采样脉冲为周期矩形脉冲信号 $p(t) = \sum\limits_{n=-\infty}^{+\infty} \left[u\left(t + \dfrac{\tau}{2} - nT_s \right) - u\left(t - \dfrac{\tau}{2} - nT_s \right) \right]$

采样信号 $f_s(t)$ 的频谱为 $F_s(\omega) = \dfrac{\tau}{T_s} \sum\limits_{n=-\infty}^{+\infty} \mathrm{Sa}\left(\dfrac{n\omega_s \tau}{2} \right) F(\omega - n\omega_s)$ 　　　　　(3-42)

物理意义：自然采样信号的频谱是将原信号频谱以 ω_s 为间隔进行重复，幅度加权系数为 $\dfrac{\tau}{T_s} \mathrm{Sa}\left(\dfrac{n\omega_s \tau}{2} \right)$。

3. 时域采样定理

通过对理想采样和自然采样两种情况的分析可以看出,当信号 $f(t)$ 的带宽为 ω_m 时,若采样频率 $\omega_s \geqslant 2\omega_m$,$F_s(\omega)$ 的基带频谱与各次谐波频谱之间不重叠,基带频谱保留了原信号的全部信息,可以从采样信号 $f_s(t)$ 中恢复出原信号 $f(t)$。

时域采样定理为:带宽有限的连续信号 $f(t)$,若其最高频率为 f_m,当采样间隔小于或等于 $\dfrac{1}{2f_m}$ 时,采样后的信号频谱中包含了原信号的全部信息,可以恢复出原信号,即无失真恢复的最小采样频率为信号最高频率的两倍。

通常将满足采样定理要求的最低采样频率 $f_s = 2f_m$ 称为奈奎斯特采样频率,把最大允许的采样间隔 $T_s = \dfrac{\pi}{\omega_m} = \dfrac{1}{2f_m}$ 称为奈奎斯特采样间隔。

3.2.10　信号调制解调

1. 双边带调制

设调制信号为 $f(t)$,则振幅已调信号 $f_s(t) = f(t)\cos\omega_0 t$,其频谱为

$$F_s(\omega) \leftrightarrow \frac{1}{2}\left[F(\omega + \omega_0) + F(\omega - \omega_0)\right] \tag{3-43}$$

在信号接收端,要从已调信号 $f_s(t)$ 中恢复出原信号 $f(t)$,采用的方法仍然是将信号 $f_s(t)$ 与 $\cos\omega_0 t$ 相乘。

$$g(t) = f_s(t)\cos\omega_0 t = f(t)\cos\omega_0 t \cdot \cos\omega_0 t = \frac{1}{2}f(t) + \frac{1}{2}f(t)\cos 2\omega_0 t \tag{3-44}$$

$g(t)$ 的频谱函数为

$$G(\omega) = \frac{1}{2}F(\omega) + \frac{1}{4}\left[F(\omega + 2\omega_0) + F(\omega - 2\omega_0)\right] \tag{3-45}$$

将信号 $g(t)$ 经过低通滤波器即可恢复出原信号 $f(t)$。

2. 调幅

设调制信号为 $f(t)$,已调信号 $s(t) = [A_0 + f(t)]\cos\omega_0 t$,其频谱为

$$S(\omega) = \pi A_0[\delta(\omega + \omega_0) + \delta(\omega - \omega_0)] + \frac{1}{2}\left[F(\omega + \omega_0) + F(\omega - \omega_0)\right] \tag{3-46}$$

解调时通常使用包络检波的方法来恢复信号。

3. 调频

设正弦载波的表达式为 $c(t) = A\cos(\omega_0 t + \varphi)$,使载波的瞬时频率偏移量 $\dfrac{\mathrm{d}}{\mathrm{d}t}\varphi(t)$ 随

着调制信号 $f(t)$ 的变化而变化,即

$$\frac{\mathrm{d}}{\mathrm{d}t}\varphi(t)=K_{\mathrm{F}}f(t) \tag{3-47}$$

调频信号 $f_s(t)=A\cos[\omega_0 t+\varphi(t)]=A\cos[\omega_0 t+K_{\mathrm{F}}\int f(\tau)\mathrm{d}\tau]$。调制过程中载波信号的频率随调制信号变化,载波的幅度保持不变。

3.3 习题详解

3-1 求题 3-1 图所示周期信号的三角形式的傅里叶级数展开式。

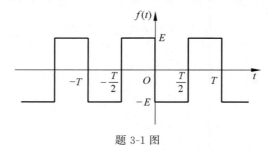

题 3-1 图

【知识点】 周期信号三角形式的傅里叶级数表示。

【方法点拨】 结合信号波形的特点,根据傅里叶系数的计算公式分别求解出直流分量、正弦分量和余弦分量,代入级数展开式中。

【解答过程】 因信号 $f(t)$ 是奇函数,有

$$a_0=\frac{1}{T}\int_{-\frac{T}{2}}^{\frac{T}{2}}f(t)\mathrm{d}t=0$$

$$a_n=\frac{2}{T}\int_{-\frac{T}{2}}^{\frac{T}{2}}f(t)\cos(n\omega_1 t)\mathrm{d}t=0$$

$$b_n=\frac{2}{T}\int_{-\frac{T}{2}}^{\frac{T}{2}}f(t)\sin(n\omega_1 t)\mathrm{d}t=\frac{4}{T}\int_{-\frac{T}{2}}^{0}E\sin(n\omega_1 t)\mathrm{d}t$$

$$=-\frac{4E}{Tn\omega_1}\cos n\omega_1 t\Big|_{-\frac{T}{2}}^{0}=\frac{2E}{n\pi}(\cos n\pi-1)$$

$$f(t)=a_0+\sum_{n=1}^{+\infty}(a_n\cos n\omega_1 t+b_n\sin n\omega_1 t)=\sum_{n=1}^{+\infty}\frac{2E}{n\pi}(\cos n\pi-1)\sin n\omega_1 t$$

3-2 求题 3-2 图所示周期信号的复指数形式的傅里叶级数展开式。

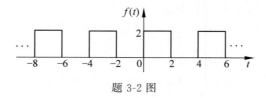

题 3-2 图

【知识点】 周期信号复指数形式的傅里叶级数展开。

【方法点拨】 根据公式计算得到谱系数 F_n，代入复指数形式的傅里叶级数展开式中。

【解答过程】

$$F_n = \frac{1}{T}\int_0^T f(t)\mathrm{e}^{-jn\omega_1 t}\,\mathrm{d}t = \frac{1}{4}\int_0^2 2\mathrm{e}^{-jn\omega_1 t}\,\mathrm{d}t = -\frac{1}{2jn\omega_1}\mathrm{e}^{-jn\omega_1 t}\Big|_0^2 = \frac{j}{2n\omega_1}(\mathrm{e}^{-2jn\omega_1}-1)$$

代入 $\omega_1 = \dfrac{2\pi}{T} = \dfrac{\pi}{2}$，得

$$F_n = \frac{j}{n\pi}(\mathrm{e}^{-jn\pi}-1)$$

所以傅里叶级数展开式为

$$f(t) = \sum_{n=-\infty}^{+\infty} F_n \mathrm{e}^{jn\omega_1 t} = \sum_{n=-\infty}^{+\infty} \frac{j}{n\pi}(\mathrm{e}^{-jn\pi}-1)\mathrm{e}^{jn\frac{\pi}{2}t}$$

3-3 信号 $f(t)=3\sin(2t+\pi/6)+\cos(3t+\pi/3)-\cos(4t+\pi/8)$，画出该信号的三角形式的傅里叶级数频谱图。

【知识点】 周期信号三角形式的频谱图。

【方法点拨】 三角形式的频谱图分为振幅谱和相位谱，振幅谱体现标准三角形式的级数展开式中振幅 c_n 随 ω 的变化，相位谱体现相位 θ_n 随 ω 的变化规律。由于三角形式的级数展开式中，n 的取值为 $1\sim\infty$，所以三角形式的频谱图为单边谱。

【解答过程】 将信号写成标准三角形式的傅里叶级数

$$f(t) = 3\cos\left(2t+\frac{\pi}{6}-\frac{\pi}{2}\right)+\cos\left(3t+\frac{\pi}{3}\right)+\cos\left(4t+\frac{\pi}{8}-\pi\right)$$

$$= 3\cos\left(2t-\frac{\pi}{3}\right)+\cos\left(3t+\frac{\pi}{3}\right)+\cos\left(4t-\frac{7\pi}{8}\right)$$

信号包含的频率为 $\omega=2$ $\qquad\omega=3$ $\qquad\omega=4$

对应振幅为 $\qquad c_2=3$ $\qquad c_3=1$ $\qquad c_4=1$

对应相位为 $\qquad \theta_2=-\dfrac{\pi}{3}$ $\qquad \theta_3=\dfrac{\pi}{3}$ $\qquad \theta_4=-\dfrac{7\pi}{8}$

三角形式的振幅谱和相位谱分别如题解 3-3 图(a)、题解 3-3 图(b)所示。

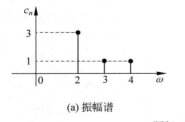
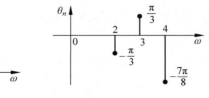

(a) 振幅谱　　　　　　　　(b) 相位谱

题解 3-3 图

3-4 已知周期信号的单边频谱如题 3-4 图所示，写出该信号标准三角形式的傅里叶级数展开式。

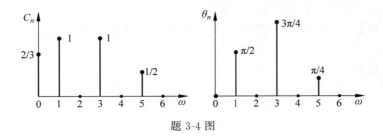

题 3-4 图

【知识点】 周期信号三角形式的频谱图。

【方法点拨】 振幅谱体现标准三角形式的级数展开式中振幅 c_n 随 ω 的变化,相位谱体现相位 θ_n 随 ω 的变化规律。找到每个频率对应的振幅和相位,即可得到信号的傅里叶级数展开式。

【解答过程】 从振幅谱和相位谱可以看出,

$$\omega = 0 \qquad \omega = 1 \qquad \omega = 3 \qquad \omega = 5$$

$$c_0 = 2/3 \qquad c_1 = 1 \qquad c_3 = 1 \qquad c_5 = 1/2$$

$$\theta_0 = 0 \qquad \theta_1 = \frac{\pi}{2} \qquad \theta_3 = \frac{3\pi}{4} \qquad \theta_5 = \frac{\pi}{4}$$

$$f(t) = c_0 \cos\theta_0 + \sum_{n=1}^{+\infty} c_n \cos(n\omega_1 t + \theta_n)$$

$$= \frac{2}{3} + \cos\left(t + \frac{\pi}{2}\right) + \cos\left(3t + \frac{3\pi}{4}\right) + \frac{1}{2}\cos\left(5t + \frac{\pi}{4}\right)$$

3-5 画出题 3-4 所示信号的双边频谱图,并写出其复指数形式的傅里叶级数展开式。

【知识点】 周期信号三角形式展开式和复指数形式展开式系数间的关系。

【方法点拨】 三角形式的频谱图为单边谱,复指数形式的频谱图为双边谱,两者通过欧拉公式建立关系。复指数形式的振幅谱是关于纵轴对称的,当 $n=0$ 时,复指数形式振幅和三角形式振幅相等;当 $n \neq 0$ 时,复指数形式振幅是三角形式振幅的一半。复指数形式的相位谱是关于原点对称的,当 $n \geqslant 0$ 时,$\varphi_n = \theta_n$,复指数形式相位和三角形式的相位相同;当 $n < 0$ 时,$\varphi_n = -\varphi_{-n}$。

【解答过程】 题 3-4 图为信号的三角形式频谱图,结合三角形式和复指数形式系数间的关系,有

当 $n=0$ 时,$|F_0| = c_0$,$\varphi_0 = \theta_0$

当 $n \neq 0$ 时,$|F_n| = |F_{-n}| = \frac{1}{2}c_n$,$\varphi_n = \theta_n$,$\varphi_{-n} = -\theta_n$

因此有

$$\omega = -5, \quad \omega = -3, \quad \omega = -1, \quad \omega = 0, \quad \omega = 1, \quad \omega = 3, \quad \omega = 5$$

$$|F_{-5}| = \frac{1}{4}, \quad |F_{-3}| = \frac{1}{2}, \quad |F_{-1}| = \frac{1}{2}, \quad |F_0| = \frac{2}{3}$$

$$|F_1| = \frac{1}{2}, \quad |F_3| = \frac{1}{2}, \quad |F_5| = \frac{1}{4}$$

$$\varphi_{-5} = -\frac{\pi}{4}, \quad \varphi_{-3} = -\frac{3\pi}{4}, \quad \varphi_{-1} = -\frac{\pi}{2}, \quad \varphi_0 = 0, \quad \varphi_1 = \frac{\pi}{2}, \quad \varphi_3 = \frac{3\pi}{4}, \quad \varphi_5 = \frac{\pi}{4}$$

该信号的双边频谱如题解 3-5 图所示。

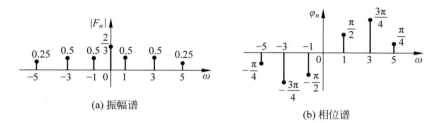

(a) 振幅谱   (b) 相位谱

题解 3-5 图

$$f(t) = \sum_{n=-\infty}^{+\infty} F_n \mathrm{e}^{\mathrm{j}n\omega_1 t} = \sum_{n=-5}^{5} F_n \mathrm{e}^{\mathrm{j}n\omega_1 t}$$

$$= \frac{1}{4}\mathrm{e}^{-\frac{\pi}{4}\mathrm{j}}\mathrm{e}^{-5\mathrm{j}t} + \frac{1}{2}\mathrm{e}^{-\frac{3\pi}{4}\mathrm{j}}\mathrm{e}^{-3\mathrm{j}t} + \frac{1}{2}\mathrm{e}^{-\frac{\pi}{2}\mathrm{j}}\mathrm{e}^{-\mathrm{j}t} + \frac{2}{3} + \frac{1}{2}\mathrm{e}^{\frac{\pi}{2}\mathrm{j}}\mathrm{e}^{\mathrm{j}t} + \frac{1}{2}\mathrm{e}^{\frac{3\pi}{4}\mathrm{j}}\mathrm{e}^{3\mathrm{j}t} + \frac{1}{4}\mathrm{e}^{\frac{\pi}{4}\mathrm{j}}\mathrm{e}^{5\mathrm{j}t}$$

3-6 周期信号 $f(t)$ 的双边频谱如题 3-6 图所示,请写出其三角级数展开式。

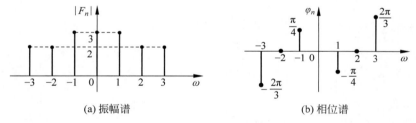

(a) 振幅谱   (b) 相位谱

题 3-6 图

【知识点】 周期信号三角形式展开式和复指数形式展开式系数间的关系。

【方法点拨】 此题与题 3-5 类似。

【解答过程】 结合三角形式和复指数形式系数间的关系

$$\omega = 0 \quad \omega = 1 \quad\quad \omega = 2 \quad \omega = 3$$

$$c_0 = 3 \quad c_1 = 6 \quad\quad c_2 = 4 \quad c_3 = 4$$

$$\theta_0 = 0 \quad \theta_1 = -\frac{\pi}{4} \quad \theta_2 = 0 \quad \theta_3 = \frac{2\pi}{3}$$

$$f(t) = 3 + 6\cos\left(t - \frac{\pi}{4}\right) + 4\cos(2t) + 4\cos\left(3t + \frac{2\pi}{3}\right)$$

3-7 已知周期矩形信号的波形如题 3-7 图所示。求:

(1) 当信号 $f_1(t)$ 参数为 $\tau = 0.5\mu\mathrm{s}, T = 4\mu\mathrm{s}, E = 1\mathrm{V}$ 时,该信号的直流分量和谱线

间隔；

（2）当信号 $f_2(t)$ 的参数为 $\tau=1.5\mu s$，$T=3\mu s$，$E=3V$ 时，该信号的直流分量和谱线间隔。

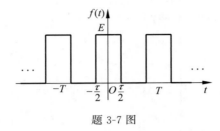

题 3-7 图

【知识点】 周期信号级数展开式的基本概念和系数公式。

【方法点拨】 直流分量是指三角形式级数展开式中的系数 a_0，周期信号的频谱是以角频率 ω 为间隔的离散谱。

【解答过程】

（1）$a_0=\dfrac{1}{T}\displaystyle\int_{-\frac{T}{2}}^{\frac{T}{2}}f(t)\mathrm{d}t=\dfrac{E\tau}{T}=\dfrac{1\times0.5\times10^{-6}}{4\times10^{-6}}=0.125V$

$\omega_1=\dfrac{2\pi}{T}=\dfrac{2\pi}{4\times10^{-6}}=5\pi\times10^5\,\mathrm{rad/s}$

（2）$a_0=\dfrac{1}{T}\displaystyle\int_{-\frac{T}{2}}^{\frac{T}{2}}f(t)\mathrm{d}t=\dfrac{E\tau}{T}=\dfrac{3\times1.5\times10^{-6}}{3\times10^{-6}}=1.5V$

$\omega_1=\dfrac{2\pi}{T}=\dfrac{2\pi}{3\times10^{-6}}=\dfrac{2}{3}\pi\times10^6\,\mathrm{rad/s}$

3-8 求信号 $f(t)=2u(t+1)-2u(t-3)$ 的傅里叶变换。

【知识点】 非周期信号的傅里叶变换。

【方法点拨】 信号 $f(t)$ 是有限长信号，满足绝对可积条件，可以利用傅里叶变换的公式直接求解其变换结果。

【解答过程】 根据傅里叶变换的定义，有

$$F(\omega)=\int_{-\infty}^{+\infty}f(t)\mathrm{e}^{-j\omega t}\mathrm{d}t=\int_{-\infty}^{+\infty}[2u(t+1)-2u(t-3)]\mathrm{e}^{-j\omega t}\mathrm{d}t$$

$$=2\int_{-1}^{3}\mathrm{e}^{-j\omega t}\mathrm{d}t=\dfrac{2}{-j\omega}\mathrm{e}^{-j\omega t}\Big|_{-1}^{3}=\dfrac{2j}{\omega}(\mathrm{e}^{-3j\omega}-\mathrm{e}^{j\omega})$$

3-9 已知信号的频谱函数为 $F(\omega)=\dfrac{1}{(j\omega)^2+5j\omega+4}$，求原信号 $f(t)$。

【知识点】 常用信号的傅里叶变换。

【方法点拨】 由于 $F(\omega)$ 的表达式比较复杂，利用傅里叶逆变换公式进行求解比较麻烦。通过观察 $F(\omega)$ 的表达式，将其分解，可以较为简单地得到原信号。

【解答过程】

$$F(\omega) = \frac{1}{(j\omega + 1)(j\omega + 4)} = \frac{1/3}{j\omega + 1} - \frac{1/3}{j\omega + 4}$$

结合常用信号的变换对 $E e^{-at} u(t) \leftrightarrow \dfrac{E}{a + j\omega}$,则有

$$f(t) = \frac{1}{3}(e^{-t} - e^{-4t})u(t)$$

3-10 已知 $f(t) \leftrightarrow F(\omega)$,利用性质求下列信号的傅里叶变换。

(1) $f_1(t) = f\left(\dfrac{1}{3}t\right)$;　　(2) $f_2(t) = f(t+3)$;

(3) $f_3(t) = f(3t-4)$;　　(4) $f_4(t) = f(2-2t)$;

(5) $f_5(t) = f(t)\cos t$;　　(6) $f_6(t) = f(t-1)e^{-j\omega_0 t}$;

(7) $f_7(t) = t\dfrac{\mathrm{d}}{\mathrm{d}t}f(t)$;　　(8) $f_8(t) = (t-3)f(t-3)$。

【知识点】 傅里叶变换性质。

【方法点拨】 通过观察待求信号表达式与 $f(t)$ 的关系,根据时域运算关系,结合不同的性质可计算得到各信号的傅里叶变换。

【解答过程】

(1) 由尺度变换性质可知,$F_1(\omega) = 3F(3\omega)$。

(2) 由时移性质可知,$F_2(\omega) = F(\omega)e^{3j\omega}$。

(3) 信号 $f_3(t)$ 可以看成由 $f(t)$ 先进行尺度变换得到 $f(3t)$,再时移,则有

$$f_3(t) = f\left[3\left(t - \frac{4}{3}\right)\right]$$

所以　　　　　　　　　　$$F_3(\omega) = \frac{1}{3}F\left(\frac{\omega}{3}\right)e^{-\frac{4}{3}j\omega}$$

(4) 与题(3)同理,$F_4(\omega) = \dfrac{1}{2}F\left(-\dfrac{\omega}{2}\right)e^{-j\omega}$。

(5) 由频移性质可得,$F_5(\omega) = \dfrac{1}{2}\left[F(\omega+1) + F(\omega-1)\right]$。

(6) 结合时移性质和频移性质,$F_6(\omega) = F(\omega+\omega_0)e^{-j(\omega+\omega_0)}$。

(7) 由时域微分性质可得 $F\left[\dfrac{\mathrm{d}}{\mathrm{d}t}f(t)\right] = j\omega F(\omega)$。

根据频域微分性质,有 $F_7(\omega) = j\dfrac{\mathrm{d}[j\omega F(\omega)]}{\mathrm{d}\omega} = -F(\omega) - \omega\dfrac{\mathrm{d}}{\mathrm{d}\omega}F(\omega)$。

(8) 信号 $f_8(t)$ 可以看成由 $tf(t)$ 右移 3 个单位得到,$F_8(\omega) = jF'(\omega)e^{-3j\omega}$。

3-11 求下列信号的傅里叶变换。

(1) $G_2(3t)$　　　　(2) e^{j2t}　　　　(3) $\dfrac{\sin 2t}{t}$

【知识点】 傅里叶变换性质。

【方法点拨】 通过观察待求信号与常用信号的关系，结合性质可计算得到待求信号的傅里叶变换。

【解答过程】

（1）由常用信号的变换对，可知 $G_2(t) \leftrightarrow 2\mathrm{Sa}(\omega)$

结合尺度变换性质，有 $F[G_2(3t)] = \dfrac{1}{3} \cdot 2\mathrm{Sa}\left(\dfrac{\omega}{3}\right) = \dfrac{2}{3}\mathrm{Sa}\left(\dfrac{\omega}{3}\right)$。

（2）$e^{j2t} = 1 \cdot e^{j2t}$，结合频移性质有
$$F(e^{j2t}) = 2\pi\delta(\omega - 2)$$

（3）$\dfrac{\sin 2t}{t} = 2\dfrac{\sin 2t}{2t} = 2\mathrm{Sa}(2t)$

根据常用信号变换对，可知 $\dfrac{1}{2}G_4(t) \leftrightarrow 2\mathrm{Sa}(2\omega)$

结合对称性，得
$$2\mathrm{Sa}(2t) \leftrightarrow 2\pi \cdot \dfrac{1}{2}G_4(\omega) = \pi G_4(\omega)$$

3-12 已知门函数 $EG_\tau(t)$ 的频谱函数为 $G(\omega) = E\tau\mathrm{Sa}\left(\dfrac{\omega\tau}{2}\right)$，求题 3-12 图所示信号 $f(t)$ 的频谱函数 $F(\omega)$。

【知识点】 常用信号的傅里叶变换，傅里叶变换的性质。

【方法点拨】 将待求信号 $f(t)$ 用常用信号表示，再结合傅里叶变换的相关性质进行计算。

【解答过程】 从图中可以看出
$$f(t) = 2G_6(t) + 2G_6(t-3)$$
$$F(\omega) = 12\mathrm{Sa}(3\omega) + 12\mathrm{Sa}(3\omega)e^{-3j\omega} = 12\mathrm{Sa}(3\omega)(1 + e^{-3j\omega})$$

3-13 求题 3-13 图所示信号 $f(t)$ 的傅里叶变换 $F(\omega)$，并画出频谱图。
$$f(t) = \begin{cases} \cos\omega_0 t, & |t| \leqslant T \\ 0, & |t| > T \end{cases}$$

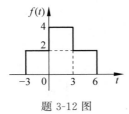

题 3-12 图

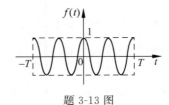

题 3-13 图

【知识点】 傅里叶变换的频移特性。

【方法点拨】 写出待求信号 $f(t)$ 的表达式，再结合傅里叶变换的性质进行计算。

【解答过程】
$$f(t) = \cos\omega_0 t[u(t+T) - u(t-T)] = G_{2T}(t)\cos\omega_0 t$$

$$G_{2T}(t) \leftrightarrow 2T\mathrm{Sa}(\omega T)$$

$$F(\omega) = T\mathrm{Sa}[T(\omega + \omega_0)] + T\mathrm{Sa}[T(\omega - \omega_0)]$$

频谱图如题解 3-13 图所示。

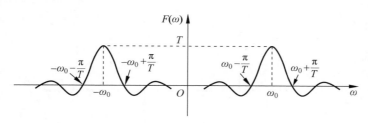

题解 3-13 图

3-14 已知信号 $f(t)$ 的波形如题 3-14 图所示,求其傅里叶变换 $F(\omega)$。

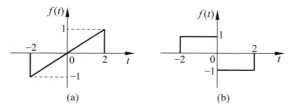

题 3-14 图

【知识点】 傅里叶变换的性质。

【方法点拨】 待求信号均为有限长信号,可以根据傅里叶变换的定义式求解;也可以将待求信号与常用信号联系起来,结合傅里叶变换的性质求解。

【解答过程】

(1) 方法一:

$$F(\omega) = \int_{-\infty}^{+\infty} f(t)\mathrm{e}^{-\mathrm{j}\omega t}\,\mathrm{d}t = \frac{1}{2}\int_{-2}^{2} t\mathrm{e}^{-\mathrm{j}\omega t}\,\mathrm{d}t$$

$$= \frac{1}{-2\mathrm{j}\omega}\int_{-2}^{2} t\,\mathrm{d}\mathrm{e}^{-\mathrm{j}\omega t} = \frac{1}{-2\mathrm{j}\omega}\left(t\mathrm{e}^{-\mathrm{j}\omega t}\,\big|_{-2}^{2} - \int_{-2}^{2} \mathrm{e}^{-\mathrm{j}\omega t}\,\mathrm{d}t\right)$$

$$= \frac{1}{\mathrm{j}\omega^2}\sin 2\omega - \frac{2}{\mathrm{j}\omega}\cos 2\omega = \frac{2}{\mathrm{j}\omega}\left[\mathrm{Sa}(2\omega) - \cos 2\omega\right]$$

方法二:

$$f'(t) = \frac{1}{2}G_4(t) - \delta(t+2) - \delta(t-2)$$

$$f'(t) \leftrightarrow F_1(\omega) = 2\mathrm{Sa}(2\omega) - \mathrm{e}^{2\mathrm{j}\omega} - \mathrm{e}^{-2\mathrm{j}\omega}$$

根据傅里叶变换的积分性质可得

$$f(t) \leftrightarrow F(\omega) = \frac{F_1(\omega)}{\mathrm{j}\omega} + \pi F_1(0)\delta(\omega) = \frac{2}{\mathrm{j}\omega}\left[\mathrm{Sa}(2\omega) - \cos 2\omega\right]$$

(2) $f(t) = G_2(t+1) - G_2(t-1)$

$$F(\omega) = 2\text{Sa}(\omega)(e^{j\omega} - e^{-j\omega}) = 4j\text{Sa}(\omega)\sin\omega$$

3-15 $f_1(t)$ 与 $f_2(t)$ 的波形如题 3-15 图所示,已知 $\mathscr{F}[f_1(t)] = F_1(\omega)$,求 $f_2(t)$ 的频谱函数 $F_2(\omega)$。

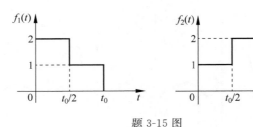

题 3-15 图

【知识点】 傅里叶变换的性质。

【方法点拨】 结合信号的基本运算,建立 $f_1(t)$ 与 $f_2(t)$ 的联系。

【解答过程】 根据 $f_1(t)$ 与 $f_2(t)$ 的波形可得

$$f_2(t) = f_1(-t + t_0)$$

$$F_2(\omega) = F_1(-\omega)e^{-j\omega t_0}$$

3-16 利用傅里叶变换的对称性,求下列信号的傅里叶逆变换。

(1) $F(\omega) = u(\omega + \omega_0) - u(\omega - \omega_0)$;

(2) $F(\omega) = \delta(\omega - \omega_0)$。

【知识点】 傅里叶变换的对称性。

【方法点拨】 建立待求信号频谱与常用信号时域波形之间的联系。

【解答过程】

(1) $F(\omega) = u(\omega + \omega_0) - u(\omega - \omega_0) = G_{2\omega_0}(\omega)$

当 $f_1(t) = G_{2\omega_0}(t)$ 时,其傅里叶变换 $F_1(\omega) = 2\omega_0\text{Sa}(\omega_0\omega)$

所以 $F(\omega) \leftrightarrow f(t) = \dfrac{1}{2\pi} \cdot 2\omega_0\text{Sa}(\omega_0 t) = \dfrac{\omega_0}{\pi}\text{Sa}(\omega_0 t)$

(2) $F(\omega) = \delta(\omega - \omega_0)$

当 $f_1(t) = \delta(t - \omega_0)$ 时,其傅里叶变换 $F_1(\omega) = e^{-j\omega_0\omega}$

所以 $F(\omega) \leftrightarrow f(t) = \dfrac{1}{2\pi}e^{j\omega_0 t}$

3-17 已知信号 $f(t)$ 的傅里叶变换 $F(\omega)$ 如题 3-17 图所示,求信号 $f(t)$。

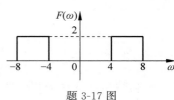

【知识点】 傅里叶变换的性质。

【方法点拨】 建立待求信号频谱与常用信号时域波形之间的联系。

题 3-17 图

【解答过程】

方法一:

$$F(\omega) = 2\big[G_{16}(\omega) - G_8(\omega)\big]$$

$$G_{16}(\omega) \leftrightarrow \frac{8}{\pi}\mathrm{Sa}(8t), \quad G_8(\omega) \leftrightarrow \frac{4}{\pi}\mathrm{Sa}(4t)$$

$$F(\omega) \leftrightarrow f(t) = \frac{16}{\pi}\mathrm{Sa}(8t) - \frac{8}{\pi}\mathrm{Sa}(4t)$$

方法二：$F(\omega) = 2\big[G_4(\omega+6) + G_6(\omega-6)\big]$

$$G_4(\omega) \leftrightarrow \frac{2}{\pi}\mathrm{Sa}(2t)$$

$$F(\omega) \leftrightarrow f(t) = \frac{4}{\pi}\mathrm{Sa}(2t)\mathrm{e}^{6\mathrm{j}\omega} + \frac{4}{\pi}\mathrm{Sa}(2t)\mathrm{e}^{-6\mathrm{j}\omega} = \frac{8}{\pi}\mathrm{Sa}(2t)\cos 6t$$

3-18 已知信号 $f_1(t)$ 与 $f_2(t)$ 的频谱分别如题 3-18 图所示，画出 $f_1(t)+f_2(t)$、$f_1(t) * f_2(t)$ 和 $f_1(t) \cdot f_2(t)$ 的频谱图。

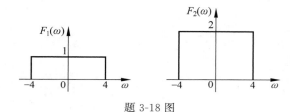

题 3-18 图

【知识点】 傅里叶变换的性质。

【方法点拨】 结合傅里叶变换的性质将信号的时域运算转换到频域，分别得到信号相加、卷积和相乘后的傅里叶变换。

【解答过程】

$f_1(t)+f_2(t) \leftrightarrow F_1(\omega)+F_2(\omega)$，信号时域相加，频域相加，其频谱如题解 3-18 图(a)所示。

$f_1(t) * f_2(t) \leftrightarrow F_1(\omega) \cdot F_2(\omega)$，信号时域卷积，频域相乘，其频谱如题解 3-18 图(b)所示。

$f_1(t) \cdot f_2(t) \leftrightarrow \dfrac{1}{2\pi}F_1(\omega) * F_2(\omega)$，信号时域相乘，频域卷积，其频谱如题解 3-18 图(c)所示。

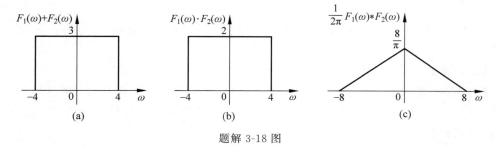

题解 3-18 图

3-19 求题 3-19 图所示周期信号的傅里叶变换。

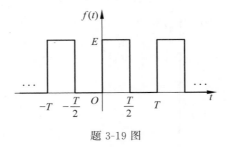

题 3-19 图

【知识点】 周期信号的傅里叶变换。

【方法点拨】 该题考查周期信号的傅里叶变换的求解,其关键在于谱系数 F_n 的计算。

【解答过程】

$$f(t) \leftrightarrow F(\omega) = 2\pi \sum_{n=-\infty}^{+\infty} F_n \delta(\omega - n\omega_1), \quad \omega_1 = \frac{2\pi}{T}$$

$$F_n = \frac{1}{T} \int_0^T f(t) e^{-jn\omega_1 t} dt = \frac{1}{T} \int_0^{\frac{T}{2}} E e^{-jn\omega_1 t} dt = \frac{jE}{2\pi n}(e^{-jn\pi} - 1)$$

$$F(\omega) = jE \sum_{n=-\infty}^{+\infty} \frac{1}{n}(e^{-jn\pi} - 1)\delta(\omega - n\omega_1)$$

3-20 已知 LTI 系统的微分方程如下,其中激励为 $e(t)$,响应为 $r(t)$,求系统频响函数 $H(\omega)$ 和单位冲激响应 $h(t)$。

$$\frac{d^2}{dt^2}r(t) + 6\frac{d}{dt}r(t) + 8r(t) = 2e(t)$$

【知识点】 系统的频响函数。

【方法点拨】 将微分方程变换到频域,从频响函数的定义出发求解。

【解答过程】 对方程两边作傅里叶变换,有

$$(j\omega)^2 R(\omega) + 6j\omega R(\omega) + 8R(\omega) = 2E(\omega)$$

$$H(\omega) = \frac{R(\omega)}{E(\omega)} = \frac{2}{(j\omega)^2 + 6j\omega + 8} = \frac{1}{j\omega + 2} - \frac{1}{j\omega + 4}$$

$$h(t) = (e^{-2t} - e^{-4t})u(t)$$

3-21 求题 3-21 图所示电路系统的频响函数 $H(\omega)$,其中 $u(t)$ 为输入,$u_1(t)$ 为输出。

【知识点】 系统的频响函数。

【方法点拨】 根据频响函数的定义,要计算输出的傅里叶变换与输入的傅里叶变换之比。为了方便地得到输入、输出之间的关系,可以从频域进行分析,结合元件的频域模型,将时域电路变换到频域。

【解答过程】 该电路系统的频域模型如题解 3-21 图所示。

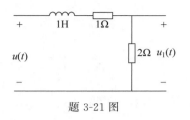

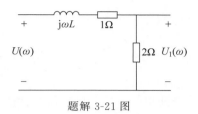

题 3-21 图   题解 3-21 图

根据串联电路的分压原理,可得

$$H(\omega) = \frac{U_1(\omega)}{U(\omega)} = \frac{2}{j\omega L + 1 + 2} = \frac{2}{j\omega + 3}$$

3-22 电路结构如题 3-22 图所示,激励信号为 $u(t)$,响应为 $u_R(t)$,求该电路系统的频响函数 $H(\omega)$。

【知识点】 系统的频响函数。

【方法点拨】 同题 3-21 的解题思路。

【解答过程】 该电路系统的频域模型如题解 3-22 图所示。

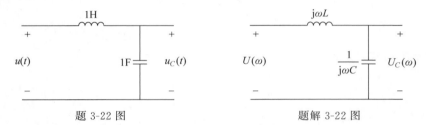

题 3-22 图   题解 3-22 图

$$H(\omega) = \frac{U_1(\omega)}{U(\omega)} = \frac{\dfrac{1}{j\omega C}}{j\omega L + \dfrac{1}{j\omega C}} = \frac{1}{(j\omega)^2 + 1}$$

3-23 题 3-23 图示电路系统中,激励为 $e(t)$,响应为 $v(t)$,求系统的频响函数 $H(\omega)$ 和单位冲激响应 $h(t)$。

【知识点】 系统的频响函数。

【方法点拨】 从频域进行分析,结合元件的频域模型,将时域电路变换到频域,根据频响函数的定义进行求解。单位冲激响应和频响函数是一对傅里叶变换对,根据频响函数的表达式,结合常用信号的变换对,即可求出单位冲激响应。

【解答过程】 该电路系统的频域模型如题解 3-23 图所示。

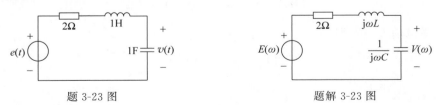

题 3-23 图   题解 3-23 图

$$H(\omega) = \frac{V(\omega)}{E(\omega)} = \frac{\dfrac{1}{j\omega C}}{2 + j\omega L + \dfrac{1}{j\omega C}} = \frac{1}{(j\omega)^2 + 2j\omega + 1} = \frac{1}{(j\omega + 1)^2}$$

结合傅里叶变换的频域微分性质和常用信号的傅里叶变换,可得

$$h(t) = t\,e^{-t}u(t)$$

3-24 某二阶系统的频响函数为 $H(\omega) = \dfrac{j\omega + 3}{(j\omega)^2 + 3j\omega + 2}$,写出该系统的微分方程,并求单位冲激响应 $h(t)$。

【知识点】 系统的频响函数。

【方法点拨】 从频响函数的定义出发建立输入、输出的频域表示之间的关系,然后结合傅里叶变换的时域微分性质,得到时域的微分方程。

【解答过程】

$$H(\omega) = \frac{j\omega + 3}{(j\omega)^2 + 3j\omega + 2} = \frac{R(\omega)}{E(\omega)}$$

$$\left[(j\omega)^2 + 3j\omega + 2\right]R(\omega) = (j\omega + 3)E(\omega)$$

二阶系统的微分方程为

$$\frac{d^2}{dt^2}r(t) + 3\frac{d}{dt}r(t) + 2r(t) = \frac{d}{dt}e(t) + 3e(t)$$

$$H(\omega) = \frac{j\omega + 3}{(j\omega)^2 + 3j\omega + 2} = \frac{2}{j\omega + 1} + \frac{-1}{j\omega + 2}$$

单位冲激响应为

$$h(t) = (2e^{-t} - e^{-2t})u(t)$$

3-25 某 LTI 系统的频响函数 $H(j\omega) = -2j\omega$,当激励为下列信号时,分别求响应 $y(t)$。

(1) $\sin t$ (2) $\cos\left(2t + \dfrac{\pi}{6}\right)$ (3) $2\sin 2t - \cos 3t$

【知识点】 系统响应的频域分析。

【方法点拨】 结合频响函数的物理意义,信号经过 LTI 系统后,每个频率分量的振幅和相位发生改变。

【解答过程】 由系统频响函数的表达式,可得

$$|H(\omega)| = 2|\omega| \qquad \varphi(\omega) = -\frac{\pi}{2}$$

(1) 当激励为 $\sin t$ 时,有

$$|H(1)| = 2 \qquad \varphi(1) = -\frac{\pi}{2}$$

所以响应 $y(t) = 2\sin\left(t - \dfrac{\pi}{2}\right)$。

（2）当激励为 $\cos\left(2t+\dfrac{\pi}{6}\right)$ 时，有

$$|H(2)|=4 \qquad \varphi(2)=-\frac{\pi}{2}$$

所以响应 $y(t)=4\cos\left(2t+\dfrac{\pi}{6}-\dfrac{\pi}{2}\right)=4\cos\left(2t-\dfrac{\pi}{3}\right)$。

（3）当激励为 $2\sin 2t-\cos 3t$ 时，有

$$|H(2)|=4 \qquad \varphi(2)=-\frac{\pi}{2}$$

$$|H(3)|=6 \qquad \varphi(3)=-\frac{\pi}{2}$$

所以响应 $y(t)=8\sin\left(2t-\dfrac{\pi}{2}\right)-6\cos\left(3t-\dfrac{\pi}{2}\right)$。

3-26 已知 LTI 系统的微分方程为

$$\frac{\mathrm{d}^2}{\mathrm{d}t^2}r(t)+7\frac{\mathrm{d}}{\mathrm{d}t}r(t)+10r(t)=e(t)+e'(t)$$

当激励 $e(t)=\mathrm{e}^{-t}u(t)$ 时，求系统的零状态响应 $r(t)$。

【知识点】 系统响应的频域分析。

【方法点拨】 非周期信号经过系统的响应求解，将微分方程变换到频域，求解出响应的傅里叶变换，再恢复到时域得到响应信号。

【解答过程】 对方程两边作傅里叶变换，有

$$(\mathrm{j}\omega)^2 R(\omega)+7\mathrm{j}\omega R(\omega)+10R(\omega)=E(\omega)+\mathrm{j}\omega E(\omega)$$

$$R(\omega)=\frac{1+\mathrm{j}\omega}{(\mathrm{j}\omega)^2+7\mathrm{j}\omega+10}E(\omega)=\frac{1+\mathrm{j}\omega}{(\mathrm{j}\omega)^2+7\mathrm{j}\omega+10}\cdot\frac{1}{1+\mathrm{j}\omega}$$

$$=\frac{1}{(\mathrm{j}\omega)^2+7\mathrm{j}\omega+10}=\frac{\dfrac{1}{3}}{\mathrm{j}\omega+2}+\frac{-\dfrac{1}{3}}{\mathrm{j}\omega+5}$$

$$r(t)=\frac{1}{3}(\mathrm{e}^{-2t}-\mathrm{e}^{-5t})u(t)$$

3-27 如题 3-27 图（a）所示系统中，已知 $e_1(t)=\cos 2t$，$e_2(t)=\cos 5t$，系统频响函数 $H(\omega)$ 如题 3-27 图（b）所示，试求 $r(t)$。

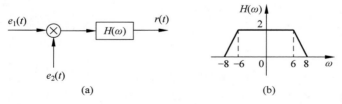

题 3-27 图

【知识点】 系统响应的频域分析。

【方法点拨】 结合频响函数的物理意义,信号经过 LTI 系统后,每个频率分量的振幅和相位发生改变。

【解答过程】 $e_1(t) \cdot e_2(t) = \cos 2t \cdot \cos 5t = \dfrac{1}{2}(\cos 3t + \cos 7t)$

激励中包含 3 和 7 两个频率分量,由系统频响函数的波形,可得

$$|H(3)| = 2 \quad \varphi(3) = 0$$
$$|H(7)| = 1 \quad \varphi(7) = 0$$

所以响应 $r(t) = \cos 3t + \dfrac{1}{2}\cos 7t$。

3-28 设系统频响函数 $H(\omega) = \dfrac{1-j\omega}{1+j\omega}$,求单位冲激响应 $h(t)$,并计算当激励 $e(t) = e^{-2t}u(t)$ 时的零状态响应 $r(t)$。

【知识点】 系统响应的频域分析。

【方法点拨】 非周期信号经过系统的响应求解,求解出响应的傅里叶变换,再恢复到时域得到响应信号。

【解答过程】

$$H(\omega) = \frac{1-j\omega}{1+j\omega} = \frac{2-(j\omega+1)}{1+j\omega} = \frac{2}{1+j\omega} - 1$$

所以单位冲激响应为

$$h(t) = 2e^{-t}u(t) - \delta(t)$$

由响应的频域分析,可知

$$R(\omega) = E(\omega)H(\omega) = \frac{1}{2+j\omega} \cdot \frac{1-j\omega}{1+j\omega} = \frac{2}{1+j\omega} + \frac{-3}{2+j\omega}$$

所以响应 $r(t) = (2e^{-t} - 3e^{-2t})u(t)$。

3-29 已知 LTI 系统激励为 $e(t) = \sin 2t + \cos 5t$,经过频响函数如题 3-29 图所示的系统,求输出 $r(t)$,并判断输出的失真情况。

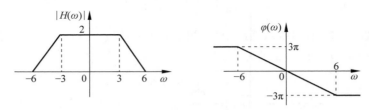

题 3-29 图

【知识点】 系统响应的频域分析、无失真传输。

【方法点拨】 结合系统频响函数的物理意义求解出信号经过系统的响应,根据无失真传输的定义和条件,从振幅和相位两个方面判断失真情况。

【解答过程】 激励中包含 2 和 5 两个频率分量,由系统频响函数的波形,可得

$$|H(2)| = 2 \quad \varphi(2) = -\pi$$

$$|H(5)| = \frac{2}{3} \quad \varphi(5) = -\frac{5\pi}{2}$$

所以响应 $r(t) = 2\sin(2t - \pi) + \frac{2}{3}\cos\left(5t - \frac{5\pi}{2}\right)$。

信号所包含的 2 和 5 两个频率分量放大倍数不同,但相位的改变量与频率成正比,因此输出信号发生失真,是振幅失真。

3-30 已知某 LTI 系统的频响函数为 $H(\omega) = \begin{cases} 2, & |\omega| < 4 \\ 0, & |\omega| > 4 \end{cases}$,当激励 $e(t) = \cos\omega_0 t$ 经过该系统时,画出响应 $r(t)$ 的频谱波形。

【知识点】 理想滤波器。

【方法点拨】 滤波器的作用是将需要的频率分量保留,将不需要的频率分量滤除。根据频响函数的表达式,可以确定其截止频率,确定保留的频率范围。

【解答过程】 系统的频响函数可以写为

$$H(\omega) = 2G_8(\omega)$$

其作用是将小于 4 的频率分量振幅放大 2 倍,将大于 4 的频率分量完全滤除。因此有当 $|\omega_0| < 4$ 时,$r(t) = 2\cos\omega_0 t$,其频谱波形如题解 3-30 图所示。而当 $|\omega_0| > 4$ 时,$r(t) = 0$。

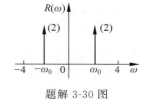

题解 3-30 图

3-31 设系统的频响函数为

$$H(\omega) = \begin{cases} e^{-2j\omega}, & |\omega| < 6 \\ 0, & |\omega| > 6 \end{cases}$$

若系统激励为 $e(t) = \frac{\sin 4t}{t}\cos 6t$,求系统响应 $r(t)$。

【知识点】 傅里叶变换的性质,理想滤波器。

【方法点拨】 从激励信号的频谱入手,经过系统作用后,观察响应的频谱,从而得到响应的时域表示。

【解答过程】 系统的频响函数可以写为

$$H(\omega) = G_{12}(\omega)e^{-2j\omega}$$

激励信号可以改写为 $e(t) = 4\mathrm{Sa}(4t)\cos 6t$,其傅里叶变换为

$$E(\omega) = \frac{\pi}{2}[G_8(\omega + 6) + G_8(\omega - 6)]$$

根据系统的作用,则响应 $r(t)$ 的傅里叶变换

$$R(\omega) = E(\omega) \cdot H(\omega) = \frac{\pi}{2}[G_8(\omega + 6) + G_8(\omega - 6)]G_{12}(\omega)e^{-2j\omega}$$

$$= \frac{\pi}{2}[G_4(\omega + 4) + G_4(\omega - 4)]e^{-2j\omega}$$

因为 $G_4(\omega) \leftrightarrow \frac{2}{\pi}\mathrm{Sa}(2t)$

所以 $G_4(\omega+4)+G_4(\omega-4)\leftrightarrow\dfrac{4}{\pi}\mathrm{Sa}(2t)\cos4t$

因此,系统响应为

$$r(t)=2\mathrm{Sa}[2(t-2)]\cos[4(t-2)]$$

3-32 已知某信号 $e(t)$ 的频谱如题 3-32 图(a)所示,信号经过题 3-22 图(b)所示系统,画出系统 A、B、C、D 各点信号的频谱图。

$$H_1(\omega)=\begin{cases}2, & |\omega|\leqslant100\\0, & |\omega|>100\end{cases}\qquad H_2(\omega)=\begin{cases}1, & |\omega|\leqslant50\\0, & |\omega|>50\end{cases}$$

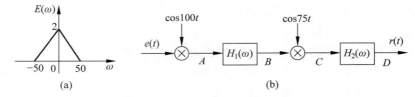

题 3-32 图

【知识点】 傅里叶变换的频移特性,理想滤波器。

【方法点拨】 利用频移特性可以获得信号与正弦信号相乘后的频谱,再结合滤波器的作用得到系统中各点处的频谱波形。

【解答过程】 由题 3-32 图(b)可知,$r_A(t)=e(t)\cos100t$

因此有 $R_A(\omega)=\dfrac{1}{2}[E(\omega+100)+E(\omega-100)]$,其频谱如题解 3-32 图(a)所示。

从频响函数 $H_1(\omega)$ 的表达式可以看出,其作用为低通滤波器,频率小于 100rad/s 的分量振幅放大 2 倍,频率大于 100rad/s 的分量完全滤除,所以 $r_B(t)$ 的频谱 $R_B(\omega)$ 如题解 3-32 图(b)所示。

$r_C(t)=r_B(t)\cos75t$,因此有 $R_C(\omega)=\dfrac{1}{2}[R_B(\omega+75)+R_B(\omega-75)]$,其频谱如题解 3-32 图(c)所示。

从频响函数 $H_2(\omega)$ 的表达式可以看出,其作用也是低通滤波器,频率小于 50rad/s 的分量振幅放大 1 倍,频率大于 50rad/s 的分量完全滤除,所以 $r_D(t)$ 的频谱 $R_D(\omega)$ 如题解 3-32 图(d)所示。

3-33 已知某系统如题 3-33 图(a)所示,其中信号 $e(t)$ 的频谱如题 3-33 图(b)所示,理想低通滤波器的频响函数如题 3-33 图(c)所示,分别画出 $x(t)$ 和 $r(t)$ 的频谱图。

【知识点】 傅里叶变换的频移特性,理想滤波器。

【方法点拨】 利用频移特性可以获得信号与正弦信号相乘后的频谱,再结合滤波器的作用可以得到系统中各点处的频谱波形。

【解答过程】 由题 3-33 图(a)可知,$x(t)=e(t)\cos20t$

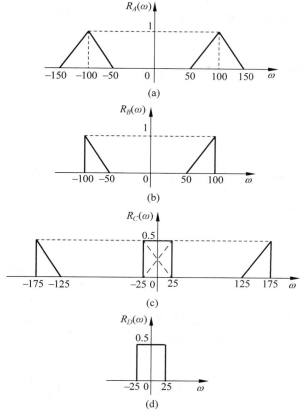

题解 3-32 图

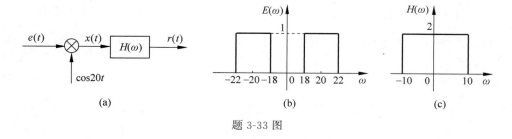

题 3-33 图

因此有 $X(\omega) = \dfrac{1}{2}[E(\omega+20)+E(\omega-20)]$，其频谱如题解 3-33 图(a)所示。

理想低通滤波器 $H(\omega)$ 的作用是将频率小于 10rad/s 的分量振幅放大 2 倍，将频率大于 10rad/s 的分量完全滤除，所以 $r(t)$ 的频谱 $R(\omega)$ 如题解 3-33 图(b)所示。

3-34 信号经过如题 3-34 图(a)所示系统，已知信号 $e(t)$ 的频谱如题 3-34 图(b)所示，$p(t) = \displaystyle\sum_{n=-\infty}^{+\infty} \delta(t-nT)$。

（1）当 $T=0.1$ s 时，画出 $r(t)$ 的频谱图；

（2）当 $T=1/3$ s 时，画出 $r(t)$ 的频谱图。

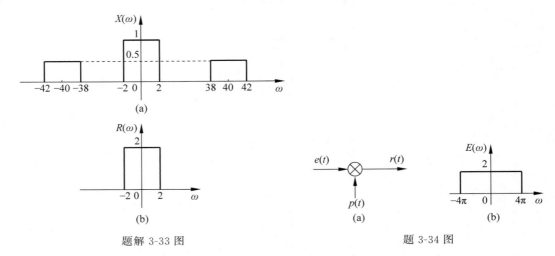

题解 3-33 图　　　　　　　　　　题解 3-34 图

【知识点】　信号的理想采样。

【方法点拨】　采样信号的频谱是原信号频谱的周期重复，重复周期为 ω_s。当采样频率发生变化时，采样信号的频谱间隔也随之改变。

【解答过程】

（1）当 $T=0.1$ s 时，$\omega_s=\dfrac{2\pi}{T}=20\pi$，即以 20π 为间隔将原信号频谱进行周期重复。因为信号最高频率 $\omega_m=4\pi$，所以 $\omega_s>2\omega_m$，此时频谱不会发生混叠，$r(t)$ 的频谱 $R(\omega)$ 如题解 3-34 图（a）所示。

（2）当 $T=1/3$ s 时，$\omega_s=\dfrac{2\pi}{T}=6\pi$，即以 6π 为间隔将原信号频谱进行周期重复。因为信号最高频率 $\omega_m=4\pi$，所以 $\omega_s<2\omega_m$，此时频谱发生混叠，$r(t)$ 的频谱 $R(\omega)$ 如题解 3-34 图（b）所示。

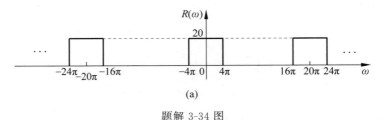

题解 3-34 图

3-35　已知信号 $f_1(t)$ 的最高频率为 $50\,\text{Hz}$，信号 $f_2(t)$ 的最高频率为 $80\,\text{Hz}$，若对下列信号进行时域采样，求最小采样频率 f_s。

（1）$f_1^2(t)$　　　　　　　　　　　　（2）$f_1(t)*f_2(t)$

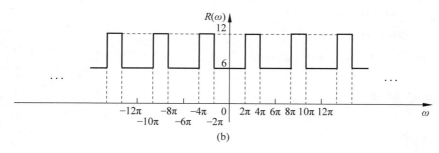

$$(b)$$

题解 3-34 图（续）

$(3)\ f_1(t)+f_1\left(\dfrac{t}{2}\right)$ $(4)\ f_1(t)\cdot f_2(t)$

【知识点】 时域采样定理。

【方法点拨】 采样定理指出采样后无失真恢复原信号的最小采样频率是信号最高频率的 2 倍。此题的关键点在于获得信号的最高频率。

【解答过程】

(1) $f_1^2(t)=f_1(t)\cdot f_1(t)\leftrightarrow\dfrac{1}{2\pi}F_1(\omega)*F_1(\omega)$

所以 $f_m=50+50=100\,\mathrm{Hz}$，$f_s=2f_m=200\,\mathrm{Hz}$

(2) $f_1(t)*f_2(t)\leftrightarrow F_1(\omega)\cdot F_2(\omega)$

所以 $f_m=\min(50,80)=50\,\mathrm{Hz}$，$f_s=2f_m=100\,\mathrm{Hz}$

(3) $f_1(t)+f_1\left(\dfrac{t}{2}\right)\leftrightarrow F_1(\omega)+2F_1(2\omega)$

所以 $f_m=\max\left(50,\dfrac{50}{2}\right)=50\,\mathrm{Hz}$，$f_s=2f_m=100\,\mathrm{Hz}$

(4) $f_1(t)\cdot f_2(t)\leftrightarrow\dfrac{1}{2\pi}F_1(\omega)*F_2(\omega)$

所以 $f_m=50+80=130\,\mathrm{Hz}$，$f_s=2f_m=260\,\mathrm{Hz}$

3-36 若对下列信号进行采样，求无失真恢复信号的最小采样频率 ω_s。

(1) $\mathrm{Sa}(50t)$ (2) $\mathrm{Sa}^2(50t)$ (3) $\mathrm{Sa}^5(50t)+\mathrm{Sa}^4(80t)$

【知识点】 时域采样定理，傅里叶变换的对称性。

【方法点拨】 同题 3-35。

【解答过程】

(1) $\mathrm{Sa}(50t)\leftrightarrow\dfrac{\pi}{50}G_{100}(\omega)$

$\omega_m=50\,\mathrm{rad/s}$，所以 $\omega_s=2\omega_m=100\,\mathrm{rad/s}$

(2) $\mathrm{Sa}^2(50t)\leftrightarrow\dfrac{1}{2\pi}\cdot\dfrac{\pi}{50}G_{100}(\omega)*\dfrac{\pi}{50}G_{100}(\omega)=\dfrac{\pi}{5000}G_{100}(\omega)*G_{100}(\omega)$

$\omega_{\mathrm{m}}=50+50=100\mathrm{rad/s}$，所以 $\omega_{\mathrm{s}}=2\omega_{\mathrm{m}}=200\mathrm{rad/s}$

（3） $\mathrm{Sa}^5(50t)+\mathrm{Sa}^4(80t)$

$\omega_{\mathrm{m}}=\max(50\times5,80\times4)=320\mathrm{rad/s}$，所以 $\omega_{\mathrm{s}}=2\omega_{\mathrm{m}}=640\mathrm{rad/s}$

3.4 阶段测试

1. 选择题

（1）信号 $\delta_T(t)=\sum\limits_{n=-\infty}^{+\infty}\delta(t-nT)$ 的傅里叶级数谱系数 $F_n=($ 　　）。

A. $\mathrm{e}^{-\mathrm{j}n\omega_0 T}$ 　　　　B. $\dfrac{1}{T}\mathrm{e}^{-\mathrm{j}n\omega_0 T}$ 　　　　C. $\dfrac{1}{T}$ 　　　　D. T

（2）若 $f(t)\leftrightarrow F(\omega)$，则 $F_1(\omega)=\dfrac{1}{2}F\left(\dfrac{\omega}{2}\right)\mathrm{e}^{-\mathrm{j}\frac{1}{2}\omega}$ 的原函数 $f_1(t)=($ 　　）。

A. $f(2t-1)$ 　　　　　　　　　　B. $f(2t+1)$

C. $f(-2t+1)$ 　　　　　　　　　D. $f(2t-2)$

（3）信号 $\mathrm{e}^{-\mathrm{j}2t}u(t)$ 的傅里叶变换等于（　　）。

A. $\dfrac{1}{2+\mathrm{j}\omega}$ 　　　　　　　　　　B. $\dfrac{\mathrm{j}\omega}{2+\mathrm{j}\omega}$

C. $\dfrac{4+\mathrm{j}\omega}{2+\mathrm{j}\omega}$ 　　　　　　　　　D. $\pi\delta(\omega+2)+\dfrac{1}{\mathrm{j}(2+\omega)}$

（4）周期性单位冲激函数 $\delta_T(t)=\sum\limits_{n=-\infty}^{+\infty}\delta(t-kT)$，其傅里叶变换 $F(\omega)=($ 　　）。

A. $\sum\limits_{n=-\infty}^{+\infty}\delta(\omega-n\omega_0),\omega_0=\dfrac{2\pi}{T}$ 　　　　B. $\sum\limits_{n=-\infty}^{+\infty}\mathrm{e}^{-\mathrm{j}n\omega_0 t}$

C. $\omega_0\sum\limits_{n=-\infty}^{+\infty}\delta(\omega-n\omega_0),\omega_0=\dfrac{2\pi}{T}$ 　　　　D. $\sum\limits_{n=-\infty}^{+\infty}\dfrac{1}{T}\mathrm{e}^{\mathrm{j}n\omega_0 t}$

（5）已知信号 $f(t)$ 的频带宽度为 $\Delta\omega$，则 $f(3t-2)$ 的频带宽度为（　　）。

A. $3\Delta\omega$ 　　　　B. $\dfrac{1}{3}\Delta\omega$ 　　　　C. $\dfrac{1}{3}\Delta\omega-2$ 　　　　D. $\dfrac{1}{3}(\Delta\omega-2)$

（6）周期信号 $f(t)=2+\cos2t+3\sin4t$ 的平均功率为（　　）。

A. 4 　　　　　B. 9 　　　　　C. 6 　　　　　D. 12

（7）已知某 LTI 系统的框图如图 3A-1 所示，输入为 $e(t)$，输出为 $r(t)$，则该系统的频响函数 $H(\omega)$ 为（　　）。

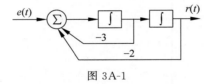

图 3A-1

A. $\dfrac{1}{(j\omega)^2+3j\omega+2}$ B. $\dfrac{j\omega}{(j\omega)^2+3j\omega+2}$

C. $\dfrac{1}{(j\omega)^2+2j\omega+3}$ D. $\dfrac{j\omega}{(j\omega)^2+2j\omega+3}$

(8) 某 LTI 系统的幅频特性和相频特性如图 3A-2 所示,则下列信号通过系统后,不产生失真的是( )。

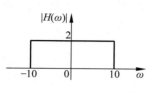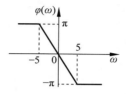

图 3A-2

A. $f(t)=\sin(2t)+\cos(8t)$ B. $f(t)=\cos(2t)+2\sin(4t)$

C. $f(t)=\sin(2t)\sin(4t)$ D. $f(t)=\cos^2(4t)$

(9) 已知某系统的频响函数 $H(\omega)=\dfrac{j\omega}{1+j\omega}$,则该系统具有( )特性。

A. 低通   B. 高通   C. 带通   D. 带阻

(10) 信号 $f(t)=\mathrm{Sa}(100t)$ 的奈奎斯特间隔 $T_s=($)s。

A. $\dfrac{1}{100}$ B. $\dfrac{1}{200}$ C. $\dfrac{\pi}{200}$ D. $\dfrac{\pi}{100}$

2. 填空题

(1) 周期信号 $f(t)$ 的时域波形如图 3A-3 所示,则基波频率 $\omega_0=$ _____ rad/s。

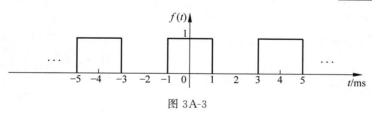

图 3A-3

(2) 已知某周期信号的傅里叶谱系数中 $F_2=2e^{-j\frac{\pi}{4}}$,则该信号三角形式的傅里叶展开式中系数 $C_2=$ _____,$\theta_2=$ _____。

(3) 已知信号 $f(t)$ 如图 3A-4 所示,其频谱函数 $F(\omega)=$ _____。

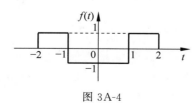

图 3A-4

（4）若 $f(t) \leftrightarrow F(\omega)$，则 $f\left(\dfrac{t}{2}-2\right) \leftrightarrow$ _____。

（5）信号 $\mathrm{e}^{-2t}u(t-3)$ 的傅里叶变换 $F(\omega)=$ _____。

（6）已知系统微分方程为 $y'(t)+3y(t)=2f(t)$，当输入为 $f(t)=\mathrm{e}^{-4t}u(t)$ 时，响应的频谱 $Y(\omega)=$ _____。

（7）信号通过系统后产生了新的频率分量，则该系统引起的信号失真为 _____。

（8）对信号 $f(t)=\dfrac{\sin 80\pi t}{t}+\dfrac{\sin 50\pi t}{t}$ 进行均匀采样，为使采样信号不产生混叠，采样频率 ω_{s} 应满足 _____。

3. 计算与画图题

（1）已知周期信号 $f(t)=3\cos t+\sin\left(2t+\dfrac{\pi}{6}\right)-2\cos\left(4t-\dfrac{2\pi}{3}\right)$，分别绘制该信号三角形式的频谱图和复指数形式的频谱图。

（2）激励信号 $f(t)$ 如图 3A-5（a）所示，系统如图 3A-5（b）所示，当 $p(t)=\cos 100\pi t$ 时，试写出响应 $y_1(t)$ 的频谱 $Y_1(\omega)$ 的表达式，并绘制频谱图。

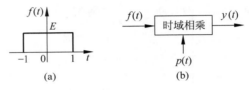

图 3A-5

（3）已知某因果 LTI 系统的频响函数 $H(\omega)=2[u(\omega+4)-u(\omega-4)]\mathrm{e}^{-2\mathrm{j}\omega}$，当激励信号 $f(t)=1+0.5\cos 3t+0.2\sin\left(5t-\dfrac{\pi}{3}\right)$ 时，求响应 $y(t)$。

（4）已知系统振幅、相位特性如图 3A-6 所示，输入为 $x(t)$，输出为 $y(t)$。若输入 $x_1(t)=2\cos 10\pi t+\sin 12\pi t$，$x_2(t)=2\cos 10\pi t+\sin 26\pi t$ 时，求输出 $y_1(t)$，$y_2(t)$；并判断 $y_1(t)$，$y_2(t)$ 有无失真？若有，指出为何种失真。

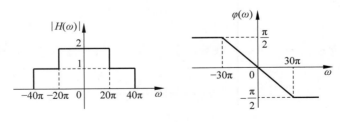

图 3A-6

（5）连续 LTI 系统如图 3A-7（a）所示，输入信号 $x(t)$ 和理想滤波器的频谱图分别如图 3A-7（b）、（c）、（d）所示，分别绘制 $r_1(t)$、$r_2(t)$、$r_3(t)$ 和 $y(t)$ 的频谱图。

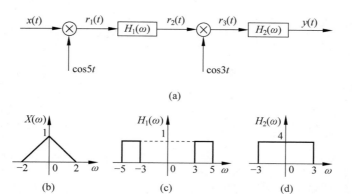

(a)

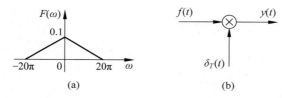

图 3A-7

(6) 已知 $f(t)$ 频谱 $F(\omega)$ 如图 3A-8(a)所示，$\delta_T(t) = \sum\limits_{n=-\infty}^{+\infty} \delta(t-nT)$，$T = 0.02\text{s}$。试绘制 $y(t)$ 的频谱图 $Y(\omega)$。

图 3A-8

第4章

连续时间信号与系统的复频域分析

4.1　本章学习目标

- 理解单边拉普拉斯变换的定义和收敛域；
- 掌握常用信号的拉普拉斯变换对；
- 掌握拉普拉斯变换的基本性质和定理；
- 掌握用部分分式法求拉普拉斯逆变换的方法；
- 掌握系统响应的复频域分析方法；
- 掌握系统函数的概念与求解方法；
- 理解稳定性的概念,掌握系统稳定性的判断方法；
- 理解系统函数的零极点分布与系统特性的关系；
- 理解系统模拟的框图描述。

4.2　知识要点

4.2.1　拉普拉斯变换

1. 定义

信号 $f(t)$ 的双边拉普拉斯变换为

$$F(s) = \int_{-\infty}^{+\infty} f(t) e^{-st} \, dt \tag{4-1}$$

$F(s)$ 称为象函数, $f(t)$ 称为原函数。由于 s 是实数 σ 和虚数 $j\omega$ 之和,故称为复频率。

$F(s)$ 的拉普拉斯逆变换为

$$f(t) = \frac{1}{2\pi j} \int_{\sigma-j\infty}^{\sigma+j\infty} F(s) e^{st} \, ds \tag{4-2}$$

象函数 $F(s)$ 与原函数 $f(t)$ 的关系可以描述为

$$\left. \begin{array}{l} f(t) \leftrightarrow F(s) \\ \mathcal{L}[f(t)] = F(s) \\ \mathcal{L}^{-1}[F(s)] = f(t) \end{array} \right\} \tag{4-3}$$

式中, $\mathcal{L}$ 表示求拉普拉斯变换, $\mathcal{L}^{-1}$ 表示求拉普拉斯逆变换。

单边拉普拉斯变换定义为

$$F(s) = \int_{0_-}^{+\infty} f(t) e^{-st} \, dt \tag{4-4}$$

积分下限从 0_- 开始的优点是把 $t=0$ 处的冲激函数的作用考虑在内,当利用拉普拉斯变换方法求解系统微分方程时,可以直接将初始条件 $f(0_-)$ 代入,进而求得全响应。

本书不做特殊说明时,所涉及的拉普拉斯变换均为单边拉普拉斯变换。

2. 拉普拉斯变换的收敛区

信号 $f(t)$ 存在拉普拉斯变换的条件是:存在一个实数 σ_0,当 $\sigma > \sigma_0$ 时,使得

$$\lim_{t \to \infty} f(t) e^{-\sigma t} = 0 \tag{4-5}$$

式中,σ_0 称为收敛坐标,$\sigma > \sigma_0$ 的区域称为收敛区。

收敛区和收敛坐标可以表示在复平面(也称为 s 平面)上,如图 4-1 所示。复平面的实轴为 σ,虚轴为 $j\omega$。收敛坐标 σ_0 是实轴上的一个点,穿过 σ_0 并与虚轴 $j\omega$ 平行的直线称为收敛轴,收敛轴的右边阴影区域即为收敛区。

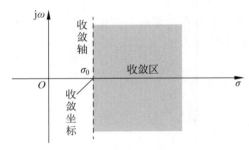

图 4-1　拉普拉斯变换的收敛区

3. 常用信号的拉普拉斯变换

常用信号主要包括单位冲激信号、单位阶跃信号、指数信号、t 的正幂函数和正余弦信号等,这些信号的单边拉普拉斯变换如表 4-1 所示。

表 4-1　常用信号的单边拉普拉斯变换

原 函 数	象 函 数	原 函 数	象 函 数
$\delta(t)$	1	$\sin\omega t$	$\dfrac{\omega}{s^2 + \omega^2}$
$u(t)$	$\dfrac{1}{s}$	$\cos\omega t$	$\dfrac{s}{s^2 + \omega^2}$
e^{at}	$\dfrac{1}{s-a}$	$e^{-at}\sin\omega t$	$\dfrac{\omega}{(s+a)^2 + \omega^2}$
t^n	$\dfrac{n!}{s^{n+1}}$	$e^{-at}\cos\omega t$	$\dfrac{s+a}{(s+a)^2 + \omega^2}$

4.2.2　拉普拉斯变换的性质与定理

拉普拉斯变换的主要性质和定理如表 4-2 所示。

表 4-2 拉普拉斯变换的主要性质和定理

名　称	时　域	复　频　域
线性	$af_1(t)+bf_2(t)$	$aF_1(s)+bF_2(s)$
延时	$f(t-t_0)u(t-t_0)$	$F(s)\mathrm{e}^{-st_0},t_0>0$
复频移	$f(t)\mathrm{e}^{\pm s_0 t}$	$F(s\mp s_0)$
尺度变换	$f(at)$	$\dfrac{1}{a}F(s),a>0$
时域微分	$\dfrac{\mathrm{d}^n f(t)}{\mathrm{d}t^n}$	$s^n F(s)-\displaystyle\sum_{r=0}^{n-1}s^{n-r-1}f^{(r)}(0_-)$
时域积分	$\displaystyle\int_{-\infty}^{t}f(\tau)\mathrm{d}\tau$	$\dfrac{f^{(-1)}(0_-)}{s}+\dfrac{F(s)}{s}$
复频域微分	$t^n f(t)$	$(-1)^n\dfrac{\mathrm{d}^n F(s)}{\mathrm{d}s^n}$
复频域积分	$\dfrac{1}{t}f(t)$	$\displaystyle\int_{s}^{+\infty}F(\lambda)\mathrm{d}\lambda$
时域卷积	$f_1(t)*f_2(t)$	$F_1(s)\times F_2(s)$
复频域卷积	$f_1(t)\times f_2(t)$	$\dfrac{1}{\mathrm{j}2\pi}F_1(s)*F_2(s)$

4.2.3　拉普拉斯逆变换

1. 部分分式展开法

部分分式展开就是将象函数展开成简单分式之和的形式。象函数 $F(s)$ 为有理函数时，可以表示为两个实系数的 s 的多项式之比，即

$$F(s)=\frac{B(s)}{A(s)}=\frac{b_m s^m+b_{m-1}s^{m-1}+\cdots+b_1 s+b_0}{a_n s^n+a_{n-1}s^{n-1}+\cdots+a_1 s+a_0} \tag{4-6}$$

式中，a_i,b_j 均为实常数，m,n 为正整数。求 $F(s)$ 的部分分式展开式，需对分母多项式 $A(s)$ 进行因式分解，可得

$$A(s)=(s-p_1)(s-p_2)\cdots(s-p_n)$$

式中，$p_1,p_2,\cdots,p_n$ 是 $A(s)=0$ 的根，也称为 $F(s)$ 的极点。按极点的不同情况，现分以下几种情况讨论。

1）$m<n$，$F(s)$ 的极点均为单极点

$F(s)$ 可改写为

$$F(s)=\frac{B(s)}{(s-p_1)(s-p_2)\cdots(s-p_n)} \tag{4-7}$$

式中，$p_1,p_2,\cdots,p_n$ 均为单极点，$F(s)$ 可以展开成部分分式之和，即

$$F(s)=\frac{K_1}{s-p_1}+\frac{K_2}{s-p_2}+\cdots+\frac{K_n}{s-p_n}=\sum_{i=1}^{n}\frac{K_i}{s-p_i} \tag{4-8}$$

式中，$K_1,K_2,\cdots,K_n$ 为待定系数。根据 $\dfrac{1}{s-a}\leftrightarrow e^{at}u(t)$，可得原函数为

$$f(t)=K_1e^{p_1t}u(t)+K_2e^{p_2t}u(t)+\cdots+K_ne^{p_nt}u(t)=\sum_{i=1}^{n}K_ie^{p_it}u(t) \qquad (4\text{-}9)$$

2）$m<n$，$F(s)$ 含有重极点

假设 $F(s)$ 在 $s=p_1$ 处有一个三阶极点，例如

$$F(s)=\frac{B(s)}{A(s)}=\frac{B(s)}{(s-p_1)^3} \qquad (4\text{-}10)$$

此时，$F(s)$ 可展开为

$$F(s)=\frac{K_{11}}{(s-p_1)^3}+\frac{K_{12}}{(s-p_1)^2}+\frac{K_{13}}{s-p_1} \qquad (4\text{-}11)$$

根据 $t^n\leftrightarrow\dfrac{n!}{s^{n+1}}$，$e^{at}\leftrightarrow\dfrac{1}{s-a}u(t)$，利用拉普拉斯变换的 s 域平移性质，可得原函数为

$$f(t)=\frac{K_{11}}{2}t^2e^{p_1t}u(t)+K_{12}te^{p_1t}u(t)+K_{13}e^{p_1t}u(t) \qquad (4\text{-}12)$$

3）$m\geqslant n$，$F(s)$ 为假分式

当 $m\geqslant n$ 时，即 $F(s)$ 为假分式，首先利用长除法对 $F(s)$ 进行分解，分解为多项式和真分式之和的形式，再对真分式进行部分分式展开。

$$F(s)=\frac{b_ms^m+b_{m-1}s^{m-1}+\cdots+b_1s+b_0}{a_ns^n+a_{n-1}s^{n-1}+\cdots+a_1s+a_0}=F_{真}(s)+F_{假}(s)$$

对于真分式 $F_{真}(s)$ 可以利用部分分式展开，然后求其对应的原函数。对假分式 $F_{假}(s)$，利用式（4-13）的变换对，即可求得其对应的原函数。

$$\left.\begin{array}{l}1\leftrightarrow\delta(t)\\[4pt]s\leftrightarrow\delta'(t)\\[4pt]s^2\leftrightarrow\delta''(t)\\[4pt]\vdots\end{array}\right\} \qquad (4\text{-}13)$$

2. 利用性质求逆变换

利用拉普拉斯变换的性质，可以简化求解拉普拉斯逆变换的运算，其中常用的性质有线性性质、时移性质和复频移性质等。

3. 信号初值的计算

若函数 $f(t)$ 及其导数 $\dfrac{\mathrm{d}f(t)}{\mathrm{d}t}$ 的拉普拉斯变换存在，且 $f(t)\leftrightarrow F(s)$，当 $F(s)$ 为真分式时，则

$$f(0_+)=\lim_{t\to0_+}f(t)=\lim_{s\to+\infty}sF(s) \qquad (4\text{-}14)$$

4. 信号终值的计算

若 $\lim\limits_{t \to \infty} f(t)$ 存在,并且函数 $f(t)$ 及其导数 $\dfrac{\mathrm{d}f(t)}{\mathrm{d}t}$ 的拉普拉斯变换存在,其中 $f(t) \leftrightarrow F(s)$,则

$$f(\infty) = \lim_{t \to \infty} f(t) = \lim_{s \to 0} sF(s) \tag{4-15}$$

4.2.4　系统响应的 s 域求解

利用拉普拉斯变换求解系统响应的方法,其好处在于:

(1) 拉普拉斯变换将描述系统的时域微积分方程变换为 s 域的代数方程,便于运算和求解;

(2) 变换自动代入 0_- 条件,既可求得系统的全响应,也可求得系统的零输入响应和零状态响应。

1. 微分方程的 s 域分析法

对于 n 阶系统,若激励信号为 $e(t)$,系统响应为 $r(t)$,则系统的数学模型为

$$a_n \frac{\mathrm{d}^n r(t)}{\mathrm{d}t^n} + a_{n-1} \frac{\mathrm{d}^{n-1} r(t)}{\mathrm{d}t^{n-1}} + \cdots + a_1 \frac{\mathrm{d}r(t)}{\mathrm{d}t} + a_0 r(t)$$

$$= b_m \frac{\mathrm{d}^m e(t)}{\mathrm{d}t^m} + b_{m-1} \frac{\mathrm{d}^{m-1} e(t)}{\mathrm{d}t^{m-1}} + \cdots + b_1 \frac{\mathrm{d}e(t)}{\mathrm{d}t} + b_0 e(t)$$

利用拉普拉斯变换的时域微分性质

$$\mathcal{L}\left[\frac{\mathrm{d}^n f(t)}{\mathrm{d}t^n}\right] = s^n F(s) - s^{n-1} f(0_-) - s^{n-2} f'(0_-) - \cdots - f^{(n-1)}(0_-)$$

可以将时域微分方程转换为 s 域的代数方程,简化系统响应的求解。

下面以二阶常系数线性微分方程为例,讨论用 s 域分析法求解响应的一般过程,高阶微分方程求解方法以此类推。

二阶常系数线性微分方程的一般形式为

$$\frac{\mathrm{d}^2}{\mathrm{d}t^2} r(t) + a_1 \frac{\mathrm{d}}{\mathrm{d}t} r(t) + a_0 r(t) = b_2 \frac{\mathrm{d}^2}{\mathrm{d}t^2} e(t) + b_1 \frac{\mathrm{d}}{\mathrm{d}t} e(t) + b_0 e(t) \tag{4-16}$$

设 $e(t)$ 是因果激励,$r(t)$ 为系统响应,且起始条件 $r(0_-)$、$r'(0_-)$ 已知,对上式两边同时求拉普拉斯变换,可得

$$\begin{aligned} &s^2 R(s) - s r(0_-) - r'(0_-) + a_1 [s R(s) - r(0_-)] + a_0 R(s) \\ &= b_2 s^2 E(s) + b_1 s E(s) + b_0 E(s) \end{aligned} \tag{4-17}$$

整理可得

$$(s^2 + a_1 s + a_0) R(s) = (b_2 s^2 + b_1 s + b_0) E(s) + s r(0_-) + r'(0_-) + a_1 r(0_-)$$

故 $R(s)$ 可写为

$$R(s) = \frac{b_2 s^2 + b_1 s + b_0}{s^2 + a_1 s + a_0} E(s) + \frac{sr(0_-) + r'(0_-) + a_1 r(0_-)}{s^2 + a_1 s + a_0} \tag{4-18}$$

式(4-18)第一部分只与激励和系统结构有关,所以它是系统零状态响应的拉普拉斯变换,即

$$R_{zs}(s) = \frac{b_2 s^2 + b_1 s + b_0}{s^2 + a_1 s + a_0} E(s) \tag{4-19}$$

式(4-18)第二部分只与系统的初始条件和系统结构有关,所以它是系统零输入响应的拉普拉斯变换,即

$$R_{zi}(s) = \frac{sr(0_-) + r'(0_-) + a_1 r(0_-)}{s^2 + a_1 s + a_0} \tag{4-20}$$

对式(4-18)求拉普拉斯逆变换,即可得到系统的全响应。类似地,分别对式(4-19)和式(4-20)求拉普拉斯逆变换,即可得到系统的零输入响应和零状态响应。

2. 电路的 s 域分析法

先对元件和支路进行变换,再把变换后的 s 域电压与电流用 KVL 和 KCL 联系起来,这样可使分析过程简化,此方法称为"电路的 s 域模型法"。

在关联参考方向下,电阻、电感和电容的 s 域模型如图 4-2 所示。

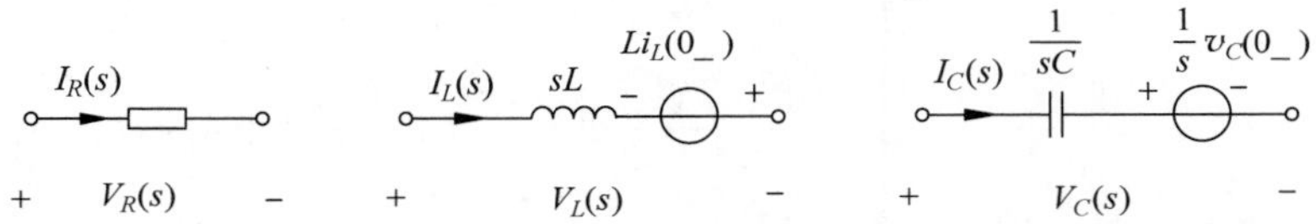

(a) 电阻的 s 域模型 (b) 电感的 s 域模型 (c) 电容的 s 域模型

图 4-2 元件的 s 域模型

对应的 s 域伏安关系为

$$\begin{cases} V_R(s) = R I_R(s) \\ V_L(s) = sL I_L(s) - L i_L(0_-) \\ V_C(s) = \dfrac{1}{sC} I_C(s) + \dfrac{v_C(0_-)}{s} \end{cases} \tag{4-21}$$

式中,sL 称为电感的 s 域阻抗,$\dfrac{1}{sC}$ 称为电容的 s 域阻抗。

式(4-21)可以改写为

$$\begin{cases} I_R(s) = \dfrac{1}{R} V_R(s) \\ I_L(s) = \dfrac{1}{sL} V_L(s) + \dfrac{1}{s} i_L(0_-) \\ I_C(s) = sC V_C(s) - C v_C(0_-) \end{cases} \tag{4-22}$$

对应的元件的 s 域模型的另一种形式如图 4-3 所示。

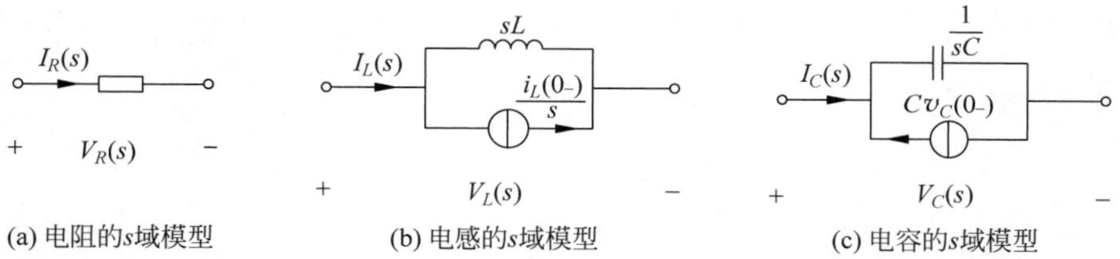

(a) 电阻的s域模型　　(b) 电感的s域模型　　(c) 电容的s域模型

图 4-3　元件的 s 域模型的另一种形式

4.2.5　系统函数与零、极点分析

时域体现系统特性的物理量是单位冲激响应 $h(t)$，频域体现系统自身特性的物理量是频响函数 $H(\omega)$。在复频域分析中，可以通过系统函数 $H(s)$ 表征系统特性，尤其是根据系统函数的零极点分布情况就可以对系统某些特性做出初步判断。

1. 系统函数

线性系统的系统函数定义为，系统零状态响应的拉普拉斯变换与激励的拉普拉斯变换之比，即

$$H(s) = \frac{R_{zs}(s)}{E(s)} \tag{4-23}$$

系统函数 $H(s)$ 是系统单位冲激响应 $h(t)$ 的拉普拉斯变换，即

$$h(t) \leftrightarrow H(s) \tag{4-24}$$

2. 系统函数的零点与极点

若系统函数 $H(s)$ 为有理分式，即

$$H(s) = \frac{b_m s^m + b_{m-1} s^{m-1} + \cdots + b_1 s + b_0}{a_n s^n + a_{n-1} s^{n-1} + \cdots + a_1 s + a_0} = \frac{N(s)}{D(s)} \tag{4-25}$$

系统函数的极点是指 $H(s)$ 分母多项式 $D(s)=0$ 的根，用 $p_i(i=1,2,\cdots,n)$ 表示；系统函数的零点是指 $H(s)$ 分子多项式 $N(s)=0$ 的根，用 $z_j(j=1,2,\cdots,m)$ 表示。

对 $H(s)$ 的分子和分母进行因式分解，则式(4-25)可改写为

$$H(s) = \frac{b_m s^m + b_{m-1} s^{m-1} + \cdots + b_1 s + b_0}{a_n s^n + a_{n-1} s^{n-1} + \cdots + a_1 s + a_0} = c_m \frac{\prod\limits_{j=1}^{m}(s - z_j)}{\prod\limits_{i=1}^{n}(s - p_i)} \tag{4-26}$$

式中，$c_m = b_m / a_n$。若 $H(s)$ 是实系数的有理分式，其零点和极点一定是实数或共轭成对的复数。

将 $H(s)$ 的零极点绘于 s 平面上,所得到的图称为 $H(s)$ 的零极点图。其中,零点用 "°" 表示,极点用 "×" 表示。若某系统的 $H(s) = \dfrac{s^2 - 2s + 2}{s^3 + 2s^2 + s} = \dfrac{(s-1)^2 + 1}{s(s+1)^2}$,则其零极点图如图 4-4 所示。

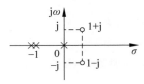

图 4-4　某系统零极点图

3. 零极点分布与时域特性的关系

$H(s)$ 与 $h(t)$ 是一对拉普拉斯变换对,两者存在一定的对应关系,可以从 $H(s)$ 的零极点分布情况知道 $h(t)$ 的时域变化规律。

以 $H(s)$ 仅有单阶极点为例,$H(s)$ 的极点位置与冲激响应形式间的对应关系,如表 4-3 所示,具体可描述如下:

（1）极点是位于原点的一阶极点,此时其对应的 $h(t)$ 为阶跃函数。

（2）极点是位于虚轴上的共轭极点,此时其对应的 $h(t)$ 为等幅振荡。

（3）极点位于 s 左半平面。若极点位于负实轴上,其对应的 $h(t)$ 为指数衰减信号;若极点是 s 左半平面的共轭极点,其对应的 $h(t)$ 为衰减振荡。

（4）极点位于 s 右半平面。若极点位于正实轴上,其对应的 $h(t)$ 为指数增长信号;若极点是 s 右半平面的共轭极点,其对应的 $h(t)$ 为增幅振荡。

表 4-3　$H(s)$ 一阶极点位置与 $h(t)$ 波形的对应关系

极 点 图	时 域 波 形

极 点 图	时 域 波 形
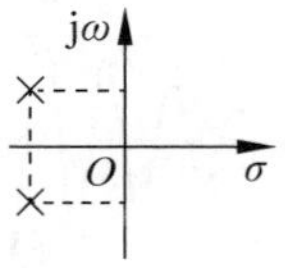	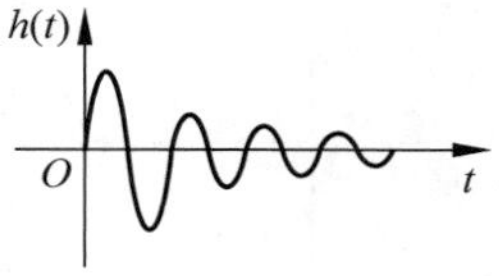
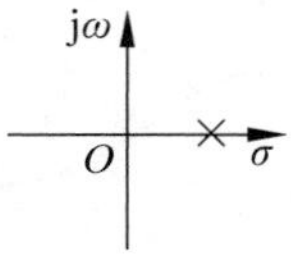	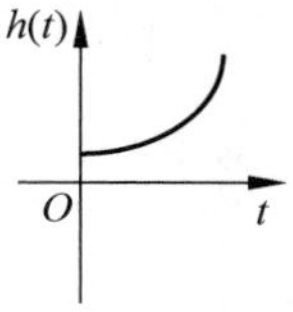
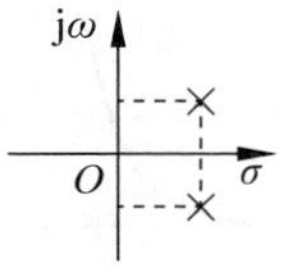	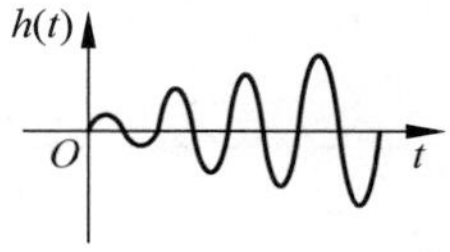

若 $H(s)$ 具有重极点，其对应的时域波形比单极点复杂，但仍存在一定规律。这里以二阶重极点为例，对应关系如表 4-4 所示，具体描述如下：

（1）极点位于原点，且为二阶极点。若 $H(s) = \dfrac{1}{s^2}$，其对应的单位冲激响应为 $h(t) = tu(t)$，波形幅度线性增长。

（2）极点是虚轴上的二阶共轭极点。若 $H(s) = \dfrac{2\omega s}{(s^2 + \omega^2)^2}$，其对应的单位冲激响应为 $h(t) = t\sin\omega t u(t)$，波形增幅振荡。

（3）极点是 s 左半平面的二阶极点。若 $H(s) = \dfrac{1}{(s+2)^2}$，其对应的单位冲激响应为 $h(t) = te^{-2t}u(t)$，波形幅度先增长，再衰减到零。

（4）极点是 s 右半平面的二阶极点。若 $H(s) = \dfrac{1}{(s-2)^2}$，其对应的单位冲激响应为 $h(t) = te^{2t}u(t)$，波形幅度增长到无穷大。

表 4-4 $H(s)$ 二阶极点位置与 $h(t)$ 波形的对应关系

极 点 图	时 域 波 形
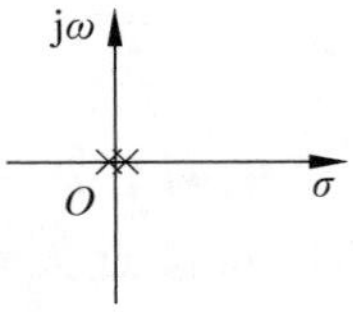	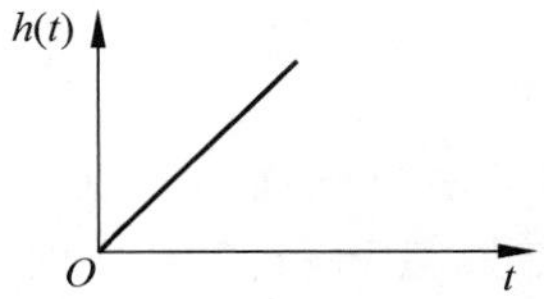

续表

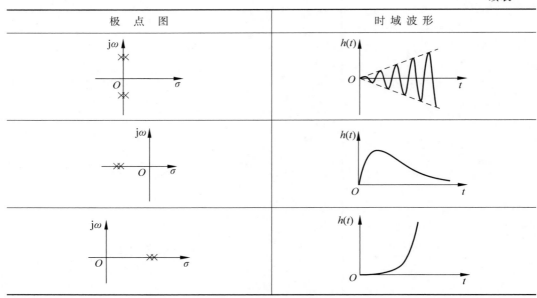

极　点　图	时　域　波　形

由以上分析可以看出,通过系统函数 $H(s)$ 的极点分布情况,可以大致了解单位冲激响应的时域特性。若系统函数 $H(s)$ 的极点全部位于左半平面,则其对应的 $h(t)$ 总体趋势为衰减;若有极点位于右半平面,则其对应的 $h(t)$ 总体趋势为增长;若某极点为虚轴上(或原点)的一阶极点,对应的 $h(t)$ 波形为等幅振荡(或阶跃);若为虚轴上(或原点)的二阶极点, $h(t)$ 将呈增长趋势。

4. 零极点分布与频域特性的关系

由系统函数的零极点分布也可以定性了解系统的频域特性。当 $H(s)$ 的收敛域包括虚轴时,频响函数 $H(\omega)$ 与系统函数 $H(s)$ 之间的关系为

$$H(\omega) = H(s)\big|_{s=\mathrm{j}\omega} \tag{4-27}$$

由式(4-27)可得

$$H(\omega) = H(s)\big|_{s=\mathrm{j}\omega} = c_m \frac{\prod\limits_{j=1}^{m}(\mathrm{j}\omega - z_j)}{\prod\limits_{i=1}^{n}(\mathrm{j}\omega - p_i)} \tag{4-28}$$

式中,分子复数因子和分母复数因子,可以用极坐标形式表示为

$$\mathrm{j}\omega - z_j = N_j \mathrm{e}^{\mathrm{j}\psi_j} \tag{4-29}$$

$$\mathrm{j}\omega - p_i = M_i \mathrm{e}^{\mathrm{j}\theta_i} \tag{4-30}$$

在图 4-5 示意画出由零点 z_j 和极点 p_i 与点 $\mathrm{j}\omega$ 连接构成的两个矢量,其中 N_j、M_i 分别是零点矢量和极点矢量的模; ψ_j、θ_i 分别是零点矢量和极点矢量与正实轴的夹角。

因此，可得

$$H(\omega) = c_m \frac{N_1 \mathrm{e}^{\mathrm{j}\psi_1} N_2 \mathrm{e}^{\mathrm{j}\psi_2} \cdots N_m \mathrm{e}^{\mathrm{j}\psi_m}}{M_1 \mathrm{e}^{\mathrm{j}\theta_1} M_2 \mathrm{e}^{\mathrm{j}\theta_2} \cdots M_n \mathrm{e}^{\mathrm{j}\theta_n}} = K \frac{N_1 N_2 \cdots N_m \mathrm{e}^{\mathrm{j}(\psi_1 + \psi_2 + \cdots + \psi_m)}}{M_1 M_2 \cdots M_n \mathrm{e}^{\mathrm{j}(\theta_1 + \theta_2 + \cdots + \theta_n)}} \tag{4-31}$$

故其幅频函数和相频函数分别为

$$|H(\omega)| = c_m \frac{N_1 N_2 \cdots N_m}{M_1 M_2 \cdots M_n} \tag{4-32}$$

$$\varphi(\omega) = (\psi_1 + \psi_2 + \cdots + \psi_m) - (\theta_1 + \theta_2 + \cdots + \theta_n) \tag{4-33}$$

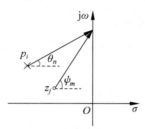

图 4-5　零极点矢量图

当 ω 沿虚轴移动时，各复数因子（矢量）的模和辐角都随之改变，于是可以得出幅频特性曲线和相频特性曲线。

4.2.6　系统的稳定性

从系统输入-输出关系来定义稳定系统：若对任意有界输入，系统的零状态响应也有界，则称该系统是有界输入有界输出（BIBO）稳定系统。若对有界输入，系统的零状态响应无界，系统就是不稳定的。下面分别从时域和 s 域给出系统稳定的条件。

1. 系统稳定的时域条件

LTI 系统 BIBO 稳定的充分必要条件是单位冲激响应绝对可积，即

$$\int_{-\infty}^{+\infty} |h(t)| \, \mathrm{d}t < \infty \tag{4-34}$$

对于 LTI 因果系统，上述条件可改写为

$$\int_{0}^{+\infty} |h(t)| \, \mathrm{d}t < \infty \tag{4-35}$$

2. 系统稳定的 s 域条件

LTI 系统稳定的 s 域条件为：系统函数 $H(s)$ 的收敛区包括虚轴（$\mathrm{j}\omega$ 轴）。

对于 LTI 因果系统，其系统函数 $H(s)$ 的收敛区是 s 平面上的某个右半平面，不包含极点。若系统稳定，收敛区包含虚轴，则要求其极点都在左半平面。故 LTI 因果系统稳定的 s 域条件也可以根据极点分布来判断，即系统函数 $H(s)$ 的全部极点都位于 s 平面

的左半平面,则系统稳定。

对于因果系统,从 BIBO 稳定性定义考虑与考察 $H(s)$ 的极点分布来判断稳定性具有统一的结果,具体如下:

(1) 若 $H(s)$ 的极点位于 s 左半平面,对应的 $h(t)$ 是逐渐衰减的,满足绝对可积,这样的系统称为稳定系统;

(2) 若 $H(s)$ 的极点位于 s 右半平面,或在虚轴上有二阶(或以上)的重极点,则其对应的 $h(t)$ 是单调增长的或增幅振荡,这样的系统称为不稳定系统;

(3) 若 $H(s)$ 在原点或 s 平面虚轴上有一阶共轭极点,其对应的 $h(t)$ 是阶跃函数或等幅振荡,这类系统有时称为临界稳定系统。

从 BIBO 稳定性划分来看,由于未规定临界稳定系统,因此本书将临界稳定系统归为不稳定系统。

3. 根据 $H(s)$ 分母多项式判断系统稳定性

LTI 因果系统的稳定性取决于系统函数 $H(s)$ 的极点位置,而极点是系统函数 $H(s)$ 分母多项式 $D(s)=0$ 的根,所以可以利用系统函数的分母多项式进行稳定性判断。

设系统函数 $H(s)$ 的分母多项式 $D(s)$ 为

$$D(s) = a^n s^n + a_{n-1} s^{n-1} + \cdots + a_1 s + a_0 \qquad (4\text{-}36)$$

稳定系统的系统函数分母多项式 $D(s)$ 要满足以下条件:

(1) $D(s)$ 从最高次方项到常数项无缺项;

(2) $D(s)$ 的系数 a_j 全部为正实数。

可以证明,当系统为一阶或二阶系统时,以上是系统稳定的充分必要条件。但是对于三阶以上系统,以上是系统稳定的必要条件而非充分条件,但是可以根据 $H(s)$ 分母多项式对系统稳定性作出初步判断。

4. 罗斯准则

当遇到三阶以及三阶以上系统函数的分母多项式 $D(s)$ 不缺项并且系数都是正实数时,需要进一步确定分母多项式 $D(s)=0$ 的根,才能判断系统的稳定性。1877 年罗斯提出一种不计算代数方程根的具体值,即可判别具有正实部根数目的方法,可以用来判断系统是否稳定。方法如下:

设系统函数的分母多项式为 $D(s)=a_n s^n + a_{n-1} s^{n-1} + \cdots + a_1 s + a_0$,按照如下方式排列与计算罗斯阵列:

第1行	a_n	a_{n-2}	a_{n-4}	a_{n-6}	a_{n-8}	a_{n-10} $\cdots$
第2行	a_{n-1}	a_{n-3}	a_{n-5}	a_{n-7}	a_{n-9}	$\cdots$
第3行	b_{n-1}	b_{n-3}	b_{n-5}	b_{n-7}	$\cdots$	
第4行	c_{n-1}	c_{n-3}	c_{n-5}	$\cdots$		
$\vdots$	$\vdots$	$\vdots$	$\vdots$	$\vdots$		

| 第 n 行 | x_{n-1} | 0 | 0 | 0 |
| 第 $n+1$ 行 | y_{n-1} | 0 | 0 | 0 |

阵列共有 $n+1$ 行,前两行元素直接由多项式的系数构成。第 3 行以后的阵列元素按以下规律计算:

$$b_{n-1} = -\frac{1}{a_{n-1}}\begin{vmatrix} a_n & a_{n-2} \\ a_{n-1} & a_{n-3} \end{vmatrix},\ b_{n-3} = -\frac{1}{a_{n-1}}\begin{vmatrix} a_n & a_{n-4} \\ a_{n-1} & a_{n-5} \end{vmatrix},\ b_{n-5} = -\frac{1}{a_{n-1}}\begin{vmatrix} a_n & a_{n-6} \\ a_{n-1} & a_{n-7} \end{vmatrix}, \cdots$$

$$c_{n-1} = -\frac{1}{b_{n-1}}\begin{vmatrix} a_{n-1} & a_{n-3} \\ b_{n-1} & b_{n-3} \end{vmatrix},\ c_{n-3} = -\frac{1}{b_{n-1}}\begin{vmatrix} a_{n-1} & a_{n-5} \\ b_{n-1} & b_{n-5} \end{vmatrix},\ c_{n-5} = -\frac{1}{b_{n-1}}\begin{vmatrix} a_{n-1} & a_{n-7} \\ b_{n-1} & b_{n-7} \end{vmatrix}, \cdots$$

以此类推,直至最后两行只剩下第 1 列元素不为零,再算下去第 1 列元素将会出现零为止。

若罗斯阵列的第一列所有元素的符号相同,则 $D(s)=0$ 的根全都位于 s 的左半平面,系统稳定。反之,若第一列出现符号变化,则系统不稳定,且符号变化的次数等于 $D(s)=0$ 在 s 的右半平面根的数目。

4.2.7 系统的方框图与系统模拟

1. 系统的方框图

包含多个子系统的复杂系统,可以用方框图描述系统模型,以直观地反映系统输入、输出间的传递关系。子系统间常见的互联形式有级联、并联和反馈等。

1) 级联形式

级联系统是指由多个子系统级联构成的系统,如图 4-6 所示,该系统函数 $H(s)$ 等于所有子系统系统函数的乘积,即

$$H(s) = H_1(s) \times H_2(s) \times \cdots \times H_n(s) \tag{4-37}$$

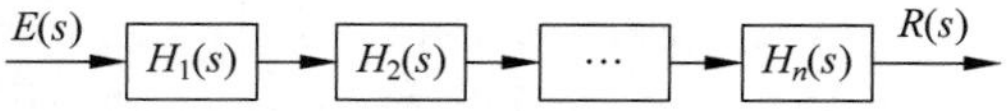

图 4-6 级联形式

2) 并联形式

并联系统是指由多个子系统并联构成的系统,如图 4-7 所示,该系统的系统函数 $H(s)$ 等于多个子系统系统函数的和,即

$$H(s) = H_1(s) + H_2(s) + \cdots + H_n(s) \tag{4-38}$$

3) 反馈形式

反馈形式如图 4-8 所示。由图 4-8 可见,反馈系统一般由两部分组成:开环系统 $H_1(s)$ 与反馈系统 $H_2(s)$。在反馈系统中,信号的流通构成闭合回路,即反馈系统的输出信号又被引入输入端。整个反馈系统的传递函数为

$$H(s) = \frac{H_1(s)}{1 \mp H_1(s)H_2(s)} \tag{4-39}$$

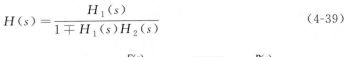

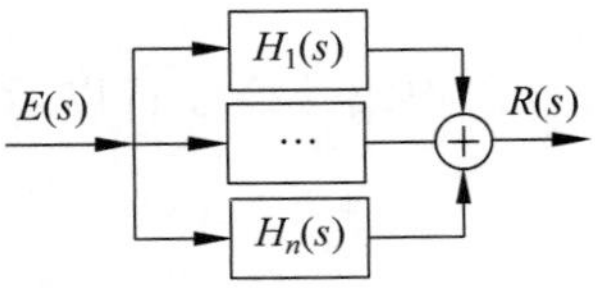

图 4-7 并联形式 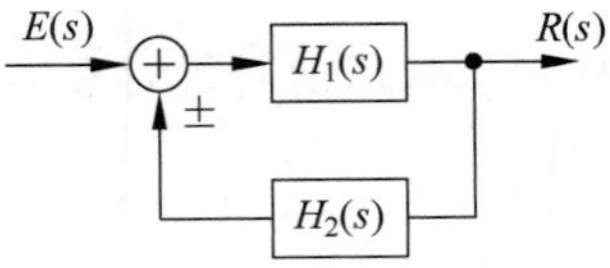   图 4-8 反馈形式

2. 系统模拟的基本单元

LTI 连续系统的模拟通常由三种功能单元组成,即加法器、标量乘法器以及积分器。

1)加法器

加法器可用于完成加法运算,即

$$\left.\begin{array}{l} r_1(t) = e_1(t) \pm e_2(t) \\ R(s) = E_1(s) \pm E_2(s) \end{array}\right\} \tag{4-40}$$

加法器的时域和 s 域符号如图 4-9 所示。图中箭头表示信号的传递方向,不能省略或遗忘。

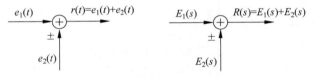

图 4-9 加法器

2)标量乘法器

标量乘法器可用于完成乘法运算,即

$$\left.\begin{array}{l} r(t) = ae(t) \\ R(s) = aE(s) \end{array}\right\} \tag{4-41}$$

式中,a 为实常数,故称为标量乘法。标量乘法器的时域和 s 域符号如图 4-10 所示。

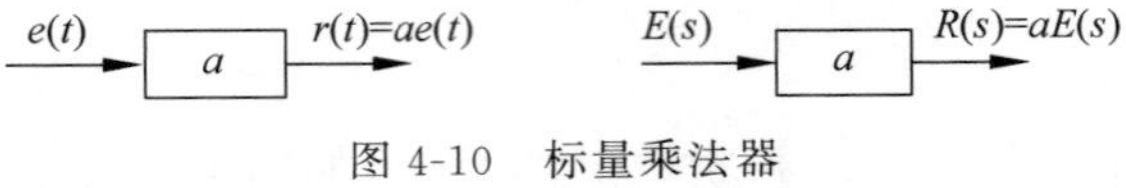

图 4-10 标量乘法器

3)积分器

积分器可用于完成积分运算,即

图 4-11 积分器

$$\left.\begin{array}{l} r(t) = \displaystyle\int_0^t e(\tau)\,\mathrm{d}\tau \\ R(s) = \dfrac{1}{s}E(s) \end{array}\right\} \tag{4-42}$$

积分器的时域和 s 域符号如图 4-11 所示。

3. 系统模拟的直接形式

一个系统存在多种模拟形式,不同模拟形式有着不同的结构。在进行直接形式模拟时,把待模拟系统视为一个不可分割的整体,直接对整个系统进行模拟。

1) 全极点一阶系统模拟

假设全极点一阶系统的系统函数为

$$H(s) = \frac{R(s)}{E(s)} = \frac{1}{s + a_0} \tag{4-43}$$

可利用基本运算单元组成一阶系统模拟图,如图 4-12 所示。

2) 全极点二阶系统模拟

全极点二阶系统的系统函数为

$$H(s) = \frac{R(s)}{E(s)} = \frac{1}{s^2 + a_1 s + a_0} \tag{4-44}$$

式(4-44)可改写为

$$H(s) = \frac{s^{-2}}{1 + a_1 s^{-1} + a_0 s^{-2}} \tag{4-45}$$

可利用基本运算单元组成二阶系统模拟图,如图 4-13 所示。

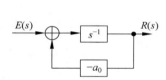

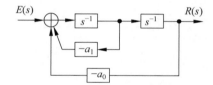

图 4-12　一阶系统模拟图　　　　图 4-13　二阶系统模拟图

3) 一般系统模拟的直接形式

以上模拟实现了系统的极点,实际系统除了极点之外,一般还有零点。例如一般二阶系统的系统函数为

$$H(s) = \frac{b_2 s^2 + b_1 s + b_0}{s^2 + a_1 s + a_0} \tag{4-46}$$

将式(4-46)改写为

$$H(s) = \frac{b_2 + b_1 s^{-1} + b_0 s^{-2}}{1 + a_1 s^{-1} + a_0 s^{-2}} \tag{4-47}$$

可利用基本运算单元组成其系统模拟图,如图 4-14 所示。

对于 n 阶系统 $(m \leqslant n)$,假设 $m = n$,此时系统函数为

$$\begin{aligned}
H(s) &= \frac{b_n s^n + b_{n-1} s^{n-1} + \cdots + b_1 s + b_0}{s^n + a_{n-1} s^{n-1} + \cdots + a_1 s + a_0} \\
&= \frac{b_n + b_{n-1} s^{-1} + \cdots + b_1 s^{-(n-1)} + b_0 s^{-n}}{1 + a_{n-1} s^{-1} + \cdots + a_1 s^{-(n-1)} + a_0 s^{-n}}
\end{aligned} \tag{4-48}$$

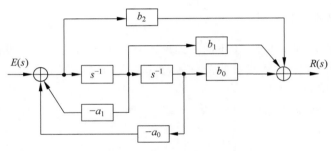

图 4-14　一般二阶系统模拟图

将二阶系统的系统函数与模拟图的对应规律,推广至 n 阶系统可构建模拟图,如图 4-15 所示。

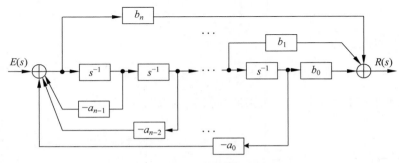

图 4-15　n 阶系统的直接型模拟图

4. 系统模拟的其他形式

在进行系统模拟时,还可以将复杂系统分解为若干子系统的组合,先绘出子系统的模拟图,再按一定的互联关系构成复杂系统的模拟图。

子系统的模拟可以用由单阶实极点构成的一阶节和由共轭极点构成的二阶节来实现,再将各子系统互联,即可得系统模拟图。

1) 级联模拟

级联模拟是将 n 阶系统的系统函数 $H(s)$ 分解为一系列子系统的系统函数 $H_i(s)$ 的乘积,即

$$H(s) = H_1(s) \times H_2(s) \times \cdots \times H_n(s) = \prod_{i=1}^{n} H_i(s) \tag{4-49}$$

2) 并联模拟

并联模拟是将 n 阶系统的系统函数 $H(s)$ 分解为一系列子系统的系统函数 $H_i(s)$ 的和,即

$$H(s) = H_1(s) + H_2(s) + \cdots + H_n(s) = \sum_{i=1}^{n} H_i(s) \tag{4-50}$$

4.3 习题详解

4-1 求下列信号的拉普拉斯变换。

(1) $f(t)=\cos\pi t u(t)$；

(2) $f(t)=\delta(t)+2e^{2t}u(t)$；

(3) $f(t)=u(t)-u(t-1)$；

(4) $f(t)=u(t+1)-u(t-1)$；

(5) $f(t)=1+6t+5e^{-4t}$；

(6) $f(t)=e^{-t}\cos\omega_0 t u(t)$；

(7) $f(t)=5te^{-3t}u(t)$；

(8) $tu(t-2)$；

(9) $f(t)=\int_{0_-}^{t}e^{-a\tau}\,d\tau$；

(10) $f(t)=e^{-2t}u(t)*e^{-3t}u(t)$。

【知识点】 常用信号的拉普拉斯变换和拉普拉斯变换的性质与定理。

【方法点拨】 利用常用信号的拉普拉斯变换，结合拉普拉斯变换的性质。

【解答过程】

(1) 余弦信号的拉普拉斯变换为

$$\cos\omega t \leftrightarrow \frac{s}{s^2+\omega^2}$$

可得

$$f(t)=\cos\pi t u(t) \leftrightarrow \frac{s}{s^2+\pi^2}$$

(2) 单位冲激信号和指数信号的拉普拉斯变换分别为

$$\delta(t) \leftrightarrow 1 \text{ 和 } e^{at} \leftrightarrow \frac{1}{s-a}$$

根据拉普拉斯变换的线性，可得

$$f(t)=\delta(t)+2e^{2t}u(t) \leftrightarrow 1+\frac{2}{s-2}$$

(3) 单位阶跃信号的拉普拉斯变换为

$$u(t) \leftrightarrow \frac{1}{s}$$

根据拉普拉斯变换的线性和延时性，可得

$$f(t)=u(t)-u(t-1) \leftrightarrow \frac{1}{s}(1-e^{-s})$$

(4) 因拉普拉斯变换默认为单边拉普拉斯变换，即不考虑信号的负半轴部分，所以，求 $f(t)=u(t+1)-u(t-1)$ 的拉普拉斯变换实际为求解 $f(t)=u(t)-u(t-1)$ 的拉普拉斯变换，得

$$f(t)=u(t+1)-u(t-1) \leftrightarrow \frac{1}{s}(1-e^{-s})$$

(5) 直流信号、幂函数和指数信号的拉普拉斯变换分别为

$$A \leftrightarrow \frac{A}{s} \text{、} t^n \leftrightarrow \frac{n!}{s^{n+1}} \text{ 和 } e^{at} \leftrightarrow \frac{1}{s-a}$$

根据拉普拉斯变换的线性,可得

$$f(t) = 1 + 6t + 5\mathrm{e}^{-4t} \leftrightarrow \frac{1}{s} + \frac{6}{s^2} + \frac{5}{s+4}$$

(6) 衰减余弦信号的拉普拉斯变换为

$$\mathrm{e}^{-at}\cos\omega t \leftrightarrow \frac{s+a}{(s+a)^2 + \omega^2}$$

可得

$$f(t) = \mathrm{e}^{-t}\cos\omega_0 t u(t) \leftrightarrow \frac{s+1}{(s+1)^2 + \omega_0^2}$$

(7) 幂函数的拉普拉斯变换为

$$t^n \leftrightarrow \frac{n!}{s^{n+1}}$$

根据 s 域平移特性和线性,可得

$$f(t) = 5t\mathrm{e}^{-3t}u(t) \leftrightarrow \frac{5}{(s+3)^2}$$

(8) $tu(t-2) = (t-2)u(t-2) + 2u(t-2)$

已知 $u(t) \leftrightarrow \dfrac{1}{s}$,$tu(t) \leftrightarrow \dfrac{1}{s^2}$,根据延时特性,可得

$$u(t-2) \leftrightarrow \frac{1}{s}\mathrm{e}^{-2s}, \quad (t-2)u(t-2) \leftrightarrow \frac{1}{s^2}\mathrm{e}^{-2s}$$

利用线性性质,可求得

$$tu(t-2) \leftrightarrow \left(\frac{1}{s^2} + \frac{2}{s}\right)\mathrm{e}^{-2s}$$

(9) 指数信号的拉普拉斯变换为

$$\mathrm{e}^{at} \leftrightarrow \frac{1}{s-a}$$

根据拉普拉斯变换的时域积分性,可得

$$f(t) = \int_{0_-}^{t} \mathrm{e}^{-a\tau}\mathrm{d}\tau \leftrightarrow \frac{\int_{0_-}^{0_-} \mathrm{e}^{-a\tau}\mathrm{d}\tau}{s} + \frac{1}{s(s+a)} = \frac{1}{s(s+a)}$$

(10) 指数信号的拉普拉斯变换为

$$\mathrm{e}^{at} \leftrightarrow \frac{1}{s-a}$$

根据拉普拉斯变换的时域卷积定理,可得

$$f(t) = \mathrm{e}^{-2t}u(t) * \mathrm{e}^{-3t}u(t) \leftrightarrow \frac{1}{(s+2)(s+3)}$$

4-2 求下列信号的拉普拉斯变换(注意延时性质的应用)。

(1) $f(t) = \mathrm{e}^{-t}u(t-3)$;　　　　　(2) $f(t) = \mathrm{e}^{-(t-3)}u(t)$;

（3）$f(t)=\sin\omega_0 t u(t-t_0)$；　　　　　（4）$f(t)=(t-2)\left[u(t-2)-u(t-3)\right]$；

（5）$f(t)=\cos 2t u(t-1)$；　　　　　（6）$f(t)=\mathrm{e}^{-t}\sin(t-2)u(t-2)$。

【知识点】　常用信号的拉普拉斯变换和拉普拉斯变换的延时性质。

【方法点拨】　利用常用信号的拉普拉斯变换,结合拉普拉斯变换的延时性质。

【解答过程】

（1）$f(t)$可写为

$$f(t)=\mathrm{e}^{-t}u(t-3)=\mathrm{e}^{-(t-3)}u(t-3)\mathrm{e}^{-3}$$

已知 $\mathrm{e}^{-t}u(t)\leftrightarrow\dfrac{1}{s+1}$,根据延时特性,可得

$$\mathrm{e}^{-(t-3)}u(t-3)\leftrightarrow\frac{1}{s+1}\mathrm{e}^{-3s}$$

利用线性性质,可得

$$f(t)=\mathrm{e}^{-t}u(t-3)\leftrightarrow\frac{1}{s+1}\mathrm{e}^{-3(s+1)}$$

（2）$f(t)$可写为

$$f(t)=\mathrm{e}^{-(t-3)}u(t)=\mathrm{e}^{-t}u(t)\mathrm{e}^{3}$$

已知 $\mathrm{e}^{-t}u(t)\leftrightarrow\dfrac{1}{s+1}$,根据线性,可得

$$f(t)=\mathrm{e}^{-(t-3)}u(t)\rightarrow\frac{\mathrm{e}^{3}}{s+1}$$

（3）$f(t)$可写为

$$f(t)=\sin\omega_0 t u(t-t_0)=\frac{\sin\omega_0(t-t_0)u(t-t_0)+\sin\omega_0 t_0\cos\omega_0 t u(t-t_0)}{\cos\omega_0 t_0}$$

又因

$$\cos\omega_0 t u(t-t_0)=\frac{\cos\omega_0(t-t_0)u(t-t_0)-\sin\omega_0 t_0\sin\omega_0 t u(t-t_0)}{\cos\omega_0 t_0}$$

代入 $f(t)$可得

$$f(t)=\sin\omega_0 t u(t-t_0)$$

$$=\frac{\sin\omega_0(t-t_0)u(t-t_0)+\sin\omega_0 t_0\left[\dfrac{\cos\omega_0(t-t_0)u(t-t_0)-\sin\omega_0 t_0\sin\omega_0 t u(t-t_0)}{\cos\omega_0 t_0}\right]}{\cos\omega_0 t_0}$$

整理后,得

$$f(t)=\sin\omega_0 t u(t-t_0)$$

$$=\cos\omega_0 t_0\sin\omega_0(t-t_0)u(t-t_0)+\sin\omega_0 t_0\cos\omega_0(t-t_0)u(t-t_0)$$

已知 $\sin\omega_0 t\leftrightarrow\dfrac{\omega_0}{s^2+\omega_0^2}$,$\cos\omega_0 t\leftrightarrow\dfrac{s}{s^2+\omega_0^2}$,根据延时特性,可得

$$\sin\omega_0(t-t_0)u(t-t_0)\leftrightarrow\frac{\omega_0}{s^2+\omega_0^2}e^{-st_0}, \quad \cos\omega_0(t-t_0)u(t-t_0)\leftrightarrow\frac{s}{s^2+\omega_0^2}e^{-st_0}$$

根据线性性质,可得

$$f(t)=\sin\omega_0 tu(t-t_0)\leftrightarrow\left(\frac{\omega_0\cos\omega_0 t_0+s\sin\omega_0 t_0}{s^2+\omega_0^2}\right)e^{-st_0}$$

(4) $f(t)$可写为

$$f(t)=(t-2)u(t-2)-(t-3)u(t-3)+u(t-3)$$

已知 $tu(t)\leftrightarrow\dfrac{1}{s^2}$,$u(t)\leftrightarrow\dfrac{1}{s}$,根据延时特性,可得

$$f(t)=(t-2)u(t-2)-(t-3)u(t-3)+u(t-3)\leftrightarrow\frac{e^{-2s}-e^{-3s}}{s^2}-\frac{e^{-3s}}{s}$$

(5) $f(t)$可写为

$$f(t)=\cos2tu(t-1)=\frac{\cos2(t-1)u(t-1)-\sin2\sin2tu(t-1)}{\cos2}$$

又因

$$\sin2tu(t-1)=\frac{\sin2(t-1)u(t-1)+\sin2\cos2tu(t-1)}{\cos2}$$

代入 $f(t)$可得

$$f(t)=\cos2tu(t-1)$$

$$=\frac{\cos2(t-1)u(t-1)-\sin2\left[\dfrac{\sin2(t-1)u(t-1)+\sin2\cos2tu(t-1)}{\cos2}\right]}{\cos2}$$

整理后,可得

$$f(t)=\cos2tu(t-1)=\cos2\cos2(t-1)u(t-1)-\sin2\sin2(t-1)u(t-1)$$

已知 $\cos\omega_0 t\leftrightarrow\dfrac{s}{s^2+\omega_0^2}$,根据延时特性,可得

$$\cos\omega_0(t-t_0)u(t-t_0)\leftrightarrow\frac{s}{s^2+\omega_0^2}e^{-st_0}, \quad \sin\omega_0(t-t_0)u(t-t_0)\leftrightarrow\frac{\omega_0}{s^2+\omega_0^2}e^{-st_0}$$

根据线性性质,可得

$$f(t)=\cos2tu(t-1)\leftrightarrow\frac{s\cos2e^{-2s}-2\sin2e^{-2s}}{s^2+4}$$

(6) $f(t)$可写为

$$f(t)=e^{-t}\sin(t-2)u(t-2)=e^{-(t-2)}\sin(t-2)u(t-2)e^{-2}$$

已知 $e^{-at}\sin\omega t\leftrightarrow\dfrac{\omega}{(s+a)^2+\omega^2}$,根据延时特性,可得

$$e^{-a(t-t_0)}\sin\omega(t-t_0)u(t-t_0)\leftrightarrow\frac{\omega e^{-st_0}}{(s+a)^2+\omega^2}$$

根据线性性质,可得

$$f(t) = e^{-t}\sin(t-2)u(t-2) \leftrightarrow \frac{e^{-2(s+1)}}{(s+1)^2+1}$$

4-3 已知 $f(t) = \begin{cases} 1, & |t| \leqslant 1 \\ 0, & |t| > 1 \end{cases}$，求函数 $3f(t) + 2\sin t$ 的拉普拉斯变换。

【知识点】 常用信号的拉普拉斯变换和拉普拉斯变换的线性性质与延迟特性。

【方法点拨】 利用常用信号的拉普拉斯变换,结合拉普拉斯变换的线性性质。

【解答过程】 由已知条件可得,$f(t) = u(t+1) - u(t-1)$

已知 $u(t) \leftrightarrow \dfrac{1}{s}$,根据延时特性,可得

$$u(t-1) \leftrightarrow \frac{e^{-s}}{s}$$

已知 $\sin\omega_0 t \leftrightarrow \dfrac{\omega_0}{s^2+\omega_0^2}$,根据线性性质,可得

$$3f(t) + 2\sin t = 3u(t+1) - 3u(t-1) + 2\sin t \leftrightarrow \frac{3}{s}(1 - e^{-s}) + \frac{2}{s^2+1}$$

4-4 信号 $f_1(t)$,$f_2(t)$ 的波形如题 4-4 图所示,已知 $F_1(s) = \dfrac{1}{1-e^{-sT}}$,求 $F_2(s)$。

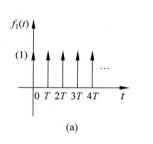 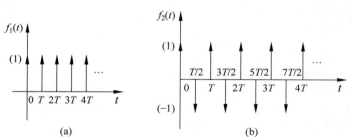

题 4-4 图

【知识点】 周期信号的拉普拉斯变换和拉普拉斯变换的线性性质。

【方法点拨】 利用周期信号的拉普拉斯变换,结合拉普拉斯变换的线性性质。

【解答过程】 由题图 4-4(a),可得

$$f_1(t) = \delta(t) + \delta(t-T) + \delta(t-2T) + \cdots$$

由题图 4-4(b),可得

$$f_2(t) = f_1(t) - f_1\left(t - \frac{T}{2}\right)$$

已知 $f_1(t) \leftrightarrow F_1(s) = \dfrac{1}{1-e^{-sT}}$,根据线性性质,可得

$$f_2(t) = f_1(t) - f_1\left(t - \frac{T}{2}\right) \leftrightarrow F_1(s) - F_1(s)e^{-\frac{sT}{2}}$$

$$= \frac{1-\mathrm{e}^{-\frac{sT}{2}}}{1-\mathrm{e}^{-sT}} = \frac{1-\mathrm{e}^{-\frac{sT}{2}}}{(1-\mathrm{e}^{-\frac{sT}{2}})(1+\mathrm{e}^{-\frac{sT}{2}})} = \frac{1}{1+\mathrm{e}^{-\frac{sT}{2}}}$$

4-5 求下列函数的拉普拉斯逆变换。

(1) $F(s) = \dfrac{1}{(s+2)(s+3)}$;　　　　(2) $F(s) = \dfrac{s+8}{s^2+7s+12}$;

(3) $F(s) = \dfrac{s+2}{s^2+4s+3}$;　　　　(4) $F(s) = \dfrac{3s}{s^2+6s+8}$;

(5) $F(s) = \dfrac{1}{s^2+4}$;　　　　(6) $F(s) = \dfrac{s}{s^2+8s+17}$;

(7) $F(s) = \dfrac{s+1}{s(s^2+4)}$;　　　　(8) $F(s) = \dfrac{1}{(s+1)^2}$;

(9) $F(s) = \dfrac{s+2}{s(s+1)^2(s+3)}$;　　　　(10) $F(s) = \dfrac{s^2+5s+5}{s^2+4s+3}$。

【知识点】　拉普拉斯逆变换。

【方法点拨】　利用部分分式展开法和拉普拉斯变换性质。

【解答过程】

(1) 根据部分分式展开法，$F(s)$可展开为

$$F(s) = \frac{1}{(s+2)(s+3)} = \frac{1}{s+2} + \frac{-1}{s+3}$$

已知 $\mathrm{e}^{at} \leftrightarrow \dfrac{1}{s-a}$，根据线性性质，可得原函数为

$$f(t) = (\mathrm{e}^{-2t} - \mathrm{e}^{-3t})u(t)$$

(2) 根据部分分式展开法，$F(s)$可展开为

$$F(s) = \frac{s+8}{s^2+7s+12} = \frac{5}{s+3} + \frac{-4}{s+4}$$

已知 $\mathrm{e}^{at} \leftrightarrow \dfrac{1}{s-a}$，根据线性性质，可得原函数为

$$f(t) = (5\mathrm{e}^{-3t} - 4\mathrm{e}^{-4t})u(t)$$

(3) 根据部分分式展开法，$F(s)$可展开为

$$F(s) = \frac{s+2}{s^2+4s+3} = \frac{\frac{1}{2}}{s+1} + \frac{\frac{1}{2}}{s+3}$$

已知 $\mathrm{e}^{at} \leftrightarrow \dfrac{1}{s-a}$，根据线性性质，可得原函数为

$$f(t) = \frac{1}{2}(\mathrm{e}^{-t} + \mathrm{e}^{-3t})u(t)$$

(4) 根据部分分式展开法，$F(s)$可展开为

$$F(s) = \frac{3s}{s^2+6s+8} = \frac{-3}{s+2} + \frac{6}{s+4}$$

已知 $e^{at} \leftrightarrow \dfrac{1}{s-a}$，根据线性性质，可得原函数为

$$f(t) = (-3e^{-2t} + 6e^{-4t})u(t)$$

（5）$F(s)$ 可改写为

$$F(s) = \frac{1}{s^2+4} = \frac{1}{2} \cdot \frac{2}{s^2+4}$$

已知 $\sin\omega_0 t \leftrightarrow \dfrac{\omega_0}{s^2+\omega_0^2}$，根据线性性质，可得原函数为

$$f(t) = \frac{1}{2}\sin 2t\, u(t)$$

（6）$F(s)$ 可改写为

$$F(s) = \frac{s}{s^2+8s+17} = \frac{s+4}{(s+4)^2+1}$$

已知 $e^{-at}\cos\omega_0 t \leftrightarrow \dfrac{s+a}{(s+a)^2+\omega_0^2}$，可得原函数为

$$f(t) = e^{-4t}\cos t\, u(t)$$

（7）$F(s)$ 可改写为

$$F(s) = \frac{s+1}{s(s^2+4)} = \frac{1}{4} \cdot \frac{1}{s} - \frac{1}{4} \cdot \frac{s}{s^2+4} + \frac{1}{2} \cdot \frac{4}{s^2+4}$$

已知 $\sin\omega_0 t \leftrightarrow \dfrac{\omega_0}{s^2+\omega_0^2}$，$\cos\omega_0 t \leftrightarrow \dfrac{s}{s^2+\omega_0^2}$ 和 $u(t) \leftrightarrow \dfrac{1}{s}$，根据线性性质，可得原函数为

$$f(t) = \frac{1}{4}u(t) - \frac{1}{4}\cos 2t\, u(t) + \frac{1}{2}\sin 2t\, u(t)$$

（8）已知 $e^{at} \leftrightarrow \dfrac{1}{s-a}$，根据复频域微分性质，可得原函数为

$$f(t) = te^{-t}u(t)$$

（9）$F(s)$ 可改写为

$$F(s) = \frac{s+2}{s(s+1)^2(s+3)} = \frac{1}{2} \cdot \frac{1}{(s+1)^2} + \frac{1}{12} \cdot \frac{1}{s+3} - \frac{3}{4} \cdot \frac{1}{s+1} + \frac{2}{3} \cdot \frac{1}{s}$$

已知 $e^{at} \leftrightarrow \dfrac{1}{s-a}$，根据复频域微分性和线性性质，可得原函数为

$$f(t) = \frac{1}{2}te^{-t}u(t) + \frac{1}{12}e^{-3t}u(t) - \frac{3}{4}e^{-t}u(t) + \frac{2}{3}u(t)$$

（10）$F(s)$ 可改写为

$$F(s) = \frac{s^2+5s+5}{s^2+4s+3} = 1 + \frac{1}{2}\left(\frac{1}{s+1} + \frac{1}{s+3}\right)$$

已知 $\delta(t) \leftrightarrow 1$ 和 $e^{at} \leftrightarrow \dfrac{1}{s-a}$，根据线性性质，可得原函数为

$$f(t) = \delta(t) + \frac{1}{2}(e^{-t} + e^{-3t})u(t)$$

4-6 求下列函数的拉普拉斯逆变换。

（1）$F(s) = \dfrac{e^{-5s+1}}{s}$；

（2）$F(s) = \dfrac{e^{-2s}}{s^2 - 4}$；

（3）$F(s) = \dfrac{s - se^{-s}}{s^2 + \pi^2}$；

（4）$F(s) = \dfrac{1}{1 + e^{-s}}$；

（5）$F(s) = \dfrac{1}{(s+1)(1 - e^{-2s})}$；

（6）$F(s) = \dfrac{1}{s(1 + e^{-s})}$。

【知识点】 拉普拉斯逆变换。

【方法点拨】 利用部分分式展开法和拉普拉斯变换性质。

【解答过程】

（1）$F(s)$可改写为

$$F(s) = \frac{e^{-5s+1}}{s} = \frac{e^{-5s}e}{s}$$

已知 $u(t) \leftrightarrow \dfrac{1}{s}$，根据时移和线性性质，可得原函数为

$$f(t) = eu(t-5)$$

（2）$F(s)$可改写为

$$F(s) = \frac{e^{-2s}}{s^2 - 4} = \frac{e^{-2s}}{4}\left(\frac{1}{s-2} - \frac{1}{s+2}\right)$$

已知 $e^{at} \leftrightarrow \dfrac{1}{s-a}$，根据时移性质，可得原函数为

$$f(t) = \frac{1}{4}\left[e^{2(t-2)} - e^{-2(t-2)}\right]u(t-2)$$

（3）$F(s)$可改写为

$$F(s) = \frac{s - se^{-s}}{s^2 + \pi^2} = \frac{s}{s^2 + \pi^2} + \frac{-se^{-s}}{s^2 + \pi^2}$$

已知 $\cos\omega t \leftrightarrow \dfrac{s}{s^2 + \omega^2}$，根据时移和线性性质，可得原函数为

$$f(t) = \cos\pi t\, u(t) - \cos\pi(t-1)u(t-1)$$

（4）$F(s)$可改写为

$$F(s) = \frac{1}{1 + e^{-s}} = \frac{1 - e^{-s}}{(1 - e^{-s})(1 + e^{-s})} = \frac{1}{1 - e^{-2s}} - \frac{e^{-s}}{1 - e^{-2s}}$$

已知周期信号的拉普拉斯变换为

$$f(t) \leftrightarrow F(s) = \frac{F_1(s)}{1 - e^{-sT}}$$

又 $\delta(t)\leftrightarrow 1$，根据线性性质，可得

$$f(t)=\sum_{k=0}^{+\infty}\delta(t-2k)-\sum_{k=0}^{+\infty}\delta(t-1-2k)$$

（5）已知周期信号的拉普拉斯变换为

$$f(t)\leftrightarrow F(s)=\frac{F_1(s)}{1-e^{-sT}}$$

又 $e^{at}\leftrightarrow\dfrac{1}{s-a}$，$F(s)=\dfrac{1}{(s+1)(1-e^{-2s})}$，可得

$$F_1(s)=\frac{1}{s+1}$$

进而可得，周期 $T=2$，第一个周期的信号为

$$f_1(t)=e^{-t}u(t)$$

最终可得原函数为

$$f(t)=\sum_{n=0}^{+\infty}e^{-(t-2n)}u(t-2n)$$

（6）$F(s)$ 可改写为

$$F(s)=\frac{1}{s(1+e^{-s})}=\frac{1-e^{-s}}{s(1+e^{-s})(1-e^{-s})}=\frac{1-e^{-s}}{s(1-e^{-2s})}=\frac{\dfrac{1}{s}}{1-e^{-2s}}-\frac{\dfrac{1}{s}e^{-s}}{1-e^{-2s}}$$

已知周期信号的拉普拉斯变换为

$$f_T(t)\leftrightarrow F(s)=\frac{F_1(s)}{1-e^{-sT}}$$

又 $u(t)\leftrightarrow\dfrac{1}{s}$，根据线性和延时性质，可得

$$f(t)=\sum_{n=0}^{+\infty}\big[u(t-2k)-u(t-2k-1)\big]$$

4-7　求下列函数的逆变换的初值与终值。

（1）$F(s)=\dfrac{s+1}{(s+2)(s+3)}$

（2）$F(s)=\dfrac{s+3}{(s+1)^2(s+2)}$

（3）$F(s)=\dfrac{s+5}{s^2+2s+5}$

（4）$F(s)=\dfrac{s^3+6s^2+6s}{s^2+6s+8}$

（5）$F(s)=\dfrac{s^2+2s+3}{(s+1)(s^2+4)}$

【知识点】　信号初值和终值的计算。

【方法点拨】 利用拉普拉斯变换的初终值定理。

【解答过程】

（1）$F(s)$ 为真分式，因此利用初值定理可得

$$f(0_+) = \lim_{s \to \infty} sF(s) = \lim_{s \to \infty} s\frac{s+1}{(s+2)(s+3)} = 1$$

由于 $F(s)$ 的极点 $p_1 = -2, p_2 = -3$ 均在 s 左半平面，故有终值。利用终值定理可得

$$f(\infty) = \lim_{s \to 0} sF(s) = \lim_{s \to 0} s\frac{s+1}{(s+2)(s+3)} = 0$$

（2）$F(s)$ 为真分式，因此利用初值定理可得

$$f(0_+) = \lim_{s \to \infty} sF(s) = \lim_{s \to \infty} s\frac{s+3}{(s+1)^2(s+2)} = 0$$

由于 $F(s)$ 的极点 $p_1 = -2, p_2 = p_3 = -1$（二重极点）均在 s 左半平面，故有终值。利用终值定理可得

$$f(\infty) = \lim_{s \to 0} sF(s) = \lim_{s \to 0} s\frac{s+3}{(s+1)^2(s+2)} = 0$$

（3）$F(s)$ 为真分式，因此利用初值定理可得

$$f(0_+) = \lim_{s \to \infty} sF(s) = \lim_{s \to \infty} s\frac{s+5}{s^2+2s+5} = 1$$

由于 $F(s)$ 的极点 $p_1 = -1+2j, p_2 = -1-2j$ 均在 s 左半平面，故有终值。利用终值定理可得

$$f(\infty) = \lim_{s \to 0} sF(s) = \lim_{s \to 0} s\frac{s+5}{s^2+2s+5} = 0$$

（4）$F(s)$ 为假分式，首先利用长除法将 $F(s)$ 展开为多项式与真分式之和的形式

$$F(s) = \frac{s^3+6s^2+6s}{s^2+6s+8} = s + \frac{-2s}{s^2+6s+8}$$

可得

$$f(0_+) = \lim_{s \to \infty} sF_{真}(s) = \lim_{s \to \infty} s\frac{-2s}{s^2+6s+8} = -2$$

由于 $F(s)$ 的极点 $p_1 = -2, p_2 = -4$ 均在 s 左半平面，故有终值。利用终值定理可得

$$f(\infty) = \lim_{s \to 0} sF(s) = \lim_{s \to 0} s\frac{s^3+6s^2+6s}{s^2+6s+8} = 0$$

（5）$F(s)$ 为真分式，因此利用初值定理可得

$$f(0_+) = \lim_{s \to \infty} sF(s) = \lim_{s \to \infty} s\frac{s^2+2s+3}{(s+1)(s^2+4)} = 1$$

由于 $F(s)$ 的极点 $p_1 = -1, p_2 = +2j, p_3 = -2j$，又 P_2 和 P_3 不在 s 左半平面，故终值 $f(\infty)$ 不存在。

4-8 用拉普拉斯变换求解下列微分方程：

(1) $y''(t) + 3y'(t) + 2y(t) = 2e^{-3t}u(t), y(0_-) = 0, y'(0_-) = 1$。

(2) $y''(t) + 2y'(t) + y(t) = 2e^{-t}u(t), y(0_-) = 0, y'(0_-) = 1$。

【知识点】 微分方程的 s 域分析法。

【方法点拨】 利用拉普拉斯变换的时域微分性。

【解答过程】

(1) 对微分方程两边同时求拉普拉斯变换，可得

$$[s^2Y(s) - sy(0_-) - y'(0_-)] + 3[sY(s) - y(0_-)] + 2Y(s) = \frac{2}{s+3}$$

整理可得

$$(s^2 + 3s + 2)Y(s) - [sy(0_-) + 3y(0_-) + y'(0_-)] = \frac{2}{s+3}$$

$$Y(s) = \frac{s+5}{(s^2 + 3s + 2)(s+3)}$$

求拉普拉斯逆变换，可得

$$y(t) = (2e^{-t} - 3e^{-2t} + e^{-3t})u(t)$$

(2) 对微分方程两边同时求拉普拉斯变换，可得 $y''(t) + 2y'(t) + y(t) = 2e^{-t}u(t)$

$$[s^2Y(s) - sy(0_-) - y'(0_-)] + 2[sY(s) - y(0_-)] + Y(s) = \frac{2}{s+1}$$

整理可得

$$(s^2 + 2s + 1)Y(s) - [sy(0_-) + 3y(0_-) + y'(0_-)] = \frac{2}{s+1}$$

$$Y(s) = \frac{\dfrac{2}{s+1} + 1}{s^2 + 3s + 2} = \frac{s+3}{(s+1)^3} = \frac{s+1+2}{(s+1)^3} = \frac{1}{(s+1)^2} + \frac{2}{(s+1)^3}$$

求拉普拉斯逆变换，可得

$$y(t) = (t^2 + t)u(t)$$

4-9 某 LTI 系统的微分方程为

$$y''(t) + 3y'(t) + 2y(t) = f'(t) + 3f(t)$$

已知 $y(0_-) = 1, y'(0_-) = 2, f(t) = u(t)$，试求其零输入响应、零状态响应和全响应。

【知识点】 微分方程的 s 域分析法求解零输入响应、零状态响应和全响应。

【方法点拨】 利用拉普拉斯变换的时域微分性。

【解答过程】 对微分方程两边同时求拉普拉斯变换，可得

$$[s^2Y(s) - sy(0_-) - y'(0_-)] + 3[sY(s) - y(0_-)] + 2Y(s) = sF(s) + 3F(s)$$

整理可得

$$(s^2 + 3s + 2)Y(s) - [sy(0_-) + 3y(0_-) + y'(0_-)] = (s+3)F(s)$$

$$Y(s) = \frac{s+3}{s^2 + 3s + 2} \times F(s) + \frac{sy(0_-) + 3y(0_-) + y'(0_-)}{s^2 + 3s + 2}$$

由上式可知,零状态响应的象函数为

$$Y_{zs}(s) = \frac{s+3}{s^2+3s+2} \times F(s) = \frac{s+3}{s^2+3s+2} \times \frac{1}{s} = \frac{-2}{s+1} + \frac{\frac{1}{2}}{s+2} + \frac{\frac{3}{2}}{s}$$

求拉普拉斯逆变换,可得零状态响应为

$$y_{zs}(t) = \left(-2e^{-t} + \frac{1}{2}e^{-2t} + \frac{3}{2}\right)u(t)$$

零输入响应的象函数为

$$Y_{zi}(s) = \frac{sy(0_-)+3y(0_-)+y'(0_-)}{s^2+3s+2} = \frac{s+5}{s^2+3s+2} = \frac{4}{s+1} - \frac{3}{s+2}$$

求拉普拉斯逆变换,可得零输入响应为

$$y_{zi}(t) = (4e^{-t} - 3e^{-2t})u(t)$$

故系统的全响应为

$$y(t) = y_{zi}(t) + y_{zs}(t) = \left(\frac{3}{2} + 2e^{-t} - \frac{5}{2}e^{-2t}\right)u(t)$$

4-10 某 LTI 系统的微分方程为

$$y''(t) + 5y'(t) + 6y(t) = 2f'(t) + 8f(t)$$

试求其系统函数 $H(s)$ 和单位冲激响应 $h(t)$。

【知识点】 系统函数。

【方法点拨】 根据系统函数定义,利用拉普拉斯变换求解。

【解答过程】 在零状态条件下,对方程两边同时进行拉普拉斯变换,可得

$$s^2Y(s) + 5sY(s) + 6Y(s) = 2sF(s) + 8F(s)$$

故系统函数为

$$H(s) = \frac{Y(s)}{F(s)} = \frac{2s+8}{s^2+5s+6}$$

进一步部分分式展开得

$$H(s) = \frac{2s+8}{s^2+5s+6} = \frac{4}{s+2} + \frac{-2}{s+3}$$

故系统单位冲激响应为

$$h(t) = (4e^{-2t} - 2e^{-3t})u(t)$$

4-11 已知某 LTI 系统,当激励为 $e^{-t}u(t)$ 时,系统的零状态响应为

$$y_{zs}(t) = (e^{-t} - e^{-2t} + e^{-3t})u(t)$$

试求该系统的系统函数 $H(s)$ 和单位冲激响应 $h(t)$。

【知识点】 系统函数。

【方法点拨】 根据系统函数定义,利用拉普拉斯变换求解。

【解答过程】

根据 $e^{at} \leftrightarrow \frac{1}{s-a}$,得激励和零状态响应的拉普拉斯变换分别为

$$e(t) = e^{-t}u(t) \leftrightarrow E(s) = \frac{1}{s+1}$$

$$r_{zs}(t) = (e^{-t} - e^{-2t} + e^{-3t})u(t) \leftrightarrow R_{zs}(s) = \frac{1}{s+1} - \frac{1}{s+2} + \frac{1}{s+3}$$

根据系统函数定义,得

$$H(s) = \frac{R_{zs}(s)}{E(s)} = 1 - \frac{s+1}{s+2} + \frac{s+1}{s+3} = \frac{s^2+4s+5}{s^2+5s+6}$$

进一步可展开为

$$H(s) = \frac{s^2+4s+5}{s^2+5s+6} = 1 + \frac{1}{s+2} - \frac{2}{s+3}$$

故系统单位冲激响应为

$$h(t) = \delta(t) + e^{-2t}u(t) - 2e^{-3t}u(t)$$

4-12 某 LTI 系统的微分方程为

$$y''(t) + 5y'(t) + 6y(t) = f''(t) + 3'f(t) + 2f(t)$$

当 $f(t) = (1-e^{-t})u(t)$ 时,全响应为 $y(t) = \left(4e^{-2t} - \frac{4}{3}e^{-3t} + \frac{1}{3}\right)u(t)$,试求系统的初

始条件 $y(0_-)$、$y'(0_-)$,并指出系统的零输入响应和零状态响应。

【知识点】 微分方程的 s 域分析法。

【方法点拨】 利用拉普拉斯变换的时域微分性求解零输入响应、零状态响应。

【解答过程】

对微分方程两边同时求拉普拉斯变换,可得

$$[s^2Y(s) - sy(0_-) - y'(0_-)] + 5[sY(s) - y(0_-)] + 6Y(s)$$

$$= s^2F(s) + 3sF(s) + 2F(s)$$

整理可得

$$(s^2 + 5s + 6)Y(s) - [sy(0_-) + 5y(0_-) + y'(0_-)] = (s^2 + 3s + 2)F(s)$$

$$Y(s) = \frac{s^2+3s+2}{s^2+5s+6} \times F(s) + \frac{sy(0_-) + 5y(0_-) + y'(0_-)}{s^2+5s+6}$$

由上式可知,零状态响应的象函数为

$$Y_{zs}(s) = \frac{s^2+3s+2}{s^2+5s+6} \times F(s)$$

已知 $f(t) = (1-e^{-t})u(t) \leftrightarrow F(s) = \frac{1}{s} - \frac{1}{s+1} = \frac{1}{s(s+1)}$,可得

$$Y_{zs}(s) = \frac{s^2+3s+2}{s^2+5s+6} \times F(s) = \frac{(s+1)(s+2)}{(s+3)(s+2)} \times \frac{1}{s(s+1)} = \frac{\frac{1}{3}}{s} - \frac{\frac{1}{3}}{s+3}$$

求拉普拉斯逆变换,可得零状态响应为

$$y_{zs}(t) = \frac{1}{3}(1 - e^{-3t})u(t)$$

已知全响应为 $y(t) = \left(4e^{-2t} - \dfrac{4}{3}e^{-3t} + \dfrac{1}{3}\right)u(t)$，则零输入响应为

$$y_{zi}(t) = y(t) - y_{zs}(t) = (4e^{-2t} - e^{-3t})u(t)$$

可得零输入响应的象函数

$$Y_{zi}(s) = \frac{4}{s+2} - \frac{1}{s+3} = \frac{3s+10}{s^2+5s+6} = \frac{sy(0_-) + 5y(0_-) + y'(0_-)}{s^2+5s+6}$$

可得

$$\begin{cases} y(0_-) = 3 \\ 5y(0_-) + y'(0_-) = 10 \end{cases}$$

解得

$$y(0) = 3, \quad y(0') = -5$$

4-13 某 LTI 系统在相同的初始条件下，输入为 $f_1(t) = \delta(t)$ 时，完全响应为 $y_1(t) = \delta(t) + e^{-t}u(t)$；输入为 $f_2(t) = u(t)$ 时，完全响应 $y_2(t) = 3e^{-t}u(t)$；求在相同的初始条件下，输入为下列信号时的完全响应。

(1) $f_3(t) = e^{-2t}u(t)$；

(2) $f_4(t) = tu(t-1)$。

【知识点】 LTI 系统的性质、系统函数与单位冲激响应。

【方法点拨】 利用 LTI 系统的线性和时不变性求解。

【解答过程】

设初始条件产生的零输入响应为 $y_{zi}(t)$，$\delta(t)$ 产生的零状态响应为 $h(t)$，则 $u(t)$ 产生的零状态响应为 $\displaystyle\int_{-\infty}^{t} h(\tau)d\tau$ 。

根据题中已知条件，可得

$$y_1(t) = y_{zi}(t) + h(t) = \delta(t) + e^{-t}u(t)$$

$$y_2(t) = y_{zi}(t) + \int_{-\infty}^{t} h(\tau)d\tau = 3e^{-t}u(t)$$

上述两式相减，可得

$$h(t) - \int_{-\infty}^{t} h(\tau)d\tau = \delta(t) - 2e^{-t}u(t)$$

对上式两边求拉普拉斯变换，得

$$H(s) - \frac{H(s)}{s} = 1 - \frac{2}{s+1}$$

经整理，得

$$H(s) = \frac{s}{s+1}$$

求拉普拉斯逆变换，得

$$h(t) = \delta(t) - e^{-t}u(t)$$

利用全响应 $y_1(t)$，得

$$y_{zi}(t) = y_1(t) - h(t) = 2e^{-t}u(t)$$

（1）已知 $f_3(t) = e^{-2t}u(t)$，得 $F_3(s) = \dfrac{1}{s+2}$

可得其零状态响应的象函数为

$$Y_{3zs}(s) = F_3(s)H(s) = \frac{1}{s+2} \times \frac{s}{s+1} = \frac{2}{s+2} + \frac{-1}{s+1}$$

求拉普拉斯逆变换，得

$$y_{3zs}(t) = (2e^{-2t} - e^{-t})u(t)$$

最终，得全响应

$$y_3(t) = y_{3zs}(t) + y_{zi}(t) = (2e^{-2t} + e^{-t})u(t)$$

（2）已知 $f_4(t) = tu(t-1)$，得 $F_4(s) = \dfrac{e^{-s}}{s^2} + \dfrac{e^{-s}}{s}$

可得其零状态响应的象函数为

$$Y_{4zs}(s) = F_4(s)H(s) = \left(\frac{e^{-s}}{s^2} + \frac{e^{-s}}{s}\right) \times \frac{s}{s+1} = e^{-s}\frac{1}{s}$$

求拉普拉斯逆变换，得

$$y_{4zs}(t) = u(t-1)$$

最终，得全响应

$$y_4(t) = y_{4zs}(t) + y_{zi}(t) = u(t-1) + 2e^{-t}u(t)$$

4-14　如题 4-14 图所示电路中，电路参数为 $R = 1\Omega, L = 1\text{H}, C = 1\text{F}$，初始状态为 $i_L(0_-) = 0, v_C(0_-) = 1\text{V}$，求零输入响应 $i_L(t)$。

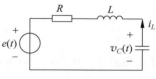

题 4-14 图

【知识点】　电路的 s 域分析法。

【方法点拨】　利用 s 域电路模型求解。

【解答过程】

由于 $i_L(0_-) = 0\text{A}, v_C(0_-) = 1\text{V}$，可画出题解 4-14 图（a）所示电路的 s 域电路模型。将电压源置零后，电路如题解 4-14 图（b）所示，根据 KVL，得关于零输入响应 $i_L(t)$ 象函数的方程

$$I_L(s)\left(R + sL + \frac{1}{sC}\right) + Li_L(0_-) - \frac{v_C(0_-)}{s} = 0$$

代入 $i_L(0_-) = 0, v_C(0_-) = 1\text{V}$，解方程可得

$$I_L(s) = \frac{\dfrac{v_C(0_-)}{s} - Li_L(0_-)}{R + sL + \dfrac{1}{sC}} = \frac{1}{1 + s + \dfrac{1}{s}} = \frac{s}{s^2 + s + 1}$$

可进一步变形为

$$I_L(s) = \frac{s}{s^2+s+1} = \frac{s+\dfrac{1}{2}}{\left(s+\dfrac{1}{2}\right)^2 + \left(\dfrac{\sqrt{3}}{2}\right)^2} - \frac{1}{\sqrt{3}} \frac{\dfrac{\sqrt{3}}{2}}{\left(s+\dfrac{1}{2}\right)^2 + \left(\dfrac{\sqrt{3}}{2}\right)^2}$$

求拉普拉斯逆变换,可得

$$i_L(t) = \mathrm{e}^{-\frac{t}{2}}\left(\cos\frac{\sqrt{3}}{2}t - \frac{1}{\sqrt{3}}\sin\frac{\sqrt{3}}{2}t\right)u(t)$$

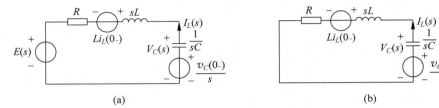

(a)   (b)

题解 4-14 图

4-15 如题 4-15 图所示电路,电路原已处于稳定状态,$t=0$ 时开关由"1"到"2",试求 $t>0$ 时,电容两端的电压 $v_C(t)$。

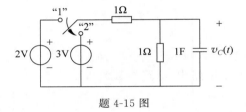

题 4-15 图

【**知识点**】 电路的 s 域分析法。

【**方法点拨**】 利用 s 域电路模型求解。

【**解答过程**】

(1) 先求 $v_C(0_-)$。

电路原已处于稳定状态,$t=0$ 时开关由"1"到"2",可得 $t=0_-$ 时的等效电路,如题解 4-15 图(a)所示,根据电阻串联分压,可得

$$v_C(0_-) = \frac{1}{1+1} \times 2 = 1\mathrm{V}$$

(2) 画 s 域电路模型。

$t=0$ 时开关由"1"到"2",$t>0$ 时,s 域电路图如题解 4-15 图(b)所示。

设左右网孔的网孔电流分别为 $I_1(s)$ 和 $I_2(s)$,参考方向均为顺时针,可得

$$\begin{cases} 2I_1(s) - I_2(s) = \dfrac{3}{s} \\ \left(\dfrac{1}{s}+1\right)I_2(s) - I_1(s) = -\dfrac{1}{s} \end{cases}$$

解方程组,可得

$$I_1(s) = \frac{3}{2s} + \frac{1}{2(s+2)}, \quad I_2(s) = \frac{1}{s+2}$$

根据电容的 s 域伏安关系,可得

$$V_C(s) = I_2(s)\frac{1}{s} = \frac{1}{s}\frac{1}{s+2} = \frac{1/2}{s} - \frac{1/2}{s+2}$$

求拉普拉斯逆变换,可得

$$v_C(t) = \frac{1}{2}(1 - \mathrm{e}^{-2t})u(t)$$

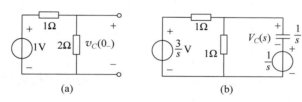

题解 4-15 图

4-16　如题 4-16 图所示电路,电路原已处于稳定状态,$t=0$ 时开关闭合,试求 $t>0$ 时,电容两端的电压 $v_C(t)$。

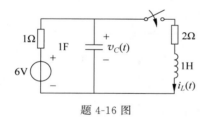

题 4-16 图

【知识点】　电路的 s 域分析法。

【方法点拨】　利用 s 域电路模型求解。

【解答过程】

(1) 先求 $v_C(0_-)$。

电路原已处于稳定状态,$t=0$ 时开关闭合,可得 $t=0_-$ 时的等效电路,如题解 4-16 图(a)所示,根据电阻串联分压,可得

$$v_C(0_-) = 6\mathrm{V}$$
$$i_L(0_-) = 0$$

(2) 画 s 域电路模型。

$t=0$ 时开关闭合,得 s 域电路图,如题解 4-16 图(b)所示。

列 KVL 方程,得

$$V_C(s) = \left[1 \parallel \frac{1}{s} \parallel (2+s)\right] \cdot \left(6 + \frac{6}{s}\right)$$

解得

$$V_C(s) = \frac{6(s+1)(s+2)}{s(s^2+3s+3)} = \frac{4}{s} + \frac{2s+6}{s^2+3s+3}$$

求拉普拉斯逆变换,可得

$$v_C(t) = 4u(t) + 2e^{-\frac{3}{2}t}\left(\cos\frac{\sqrt{3}}{2}t + \sqrt{3}\sin\frac{\sqrt{3}}{2}t\right)u(t)$$

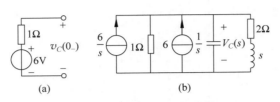

题解 4-16 图

4-17 如题 4-17 图所示电路,已知开关断开前电路已处于稳定状态,$t=0$ 时开关 K 打开,输出为电容两端电压 $v_C(t)$。

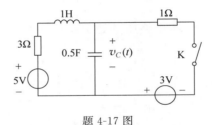

题 4-17 图

(1) 试求 $i_L(0_-)$ 和 $v_C(0_-)$;

(2) 求 $t>0$ 时,电容两端电压 $v_C(t)$。

【知识点】 电路的 s 域分析法。

【方法点拨】 利用 s 域电路模型求解。

【解答过程】

(1) 先求 $i_L(0_-)$,$v_C(0_-)$。

画出电路 0_- 时刻的等效电路,如题解 4-17 图(a)所示。

由 0_- 时刻的等效电路,可得

$$i_L(0_-) = \frac{5+3}{3+1} \times 1 = 2\text{A}$$

$$v_C(0_-) = \frac{5+3}{3+1} \times 1 - 3 = -1\text{V}$$

(2) 画 s 域电路模型。

$t=0$ 时刻,开关 K 打开,根据 $i_L(0_-)=2\text{A}$,$v_C(0_-)=-1\text{V}$,可得 s 域电路如题解 4-17 图(b)所示。

$$V_C(s) = \frac{\frac{5}{s} + 2 + \frac{1}{s}}{3 + s + \frac{2}{s}} \cdot \frac{2}{s} - \frac{1}{s} = \frac{-s^2 + s + 10}{s(s+2)(s+1)} = \frac{5}{s} + \frac{-8}{s+1} + \frac{2}{s+2}$$

求拉普拉斯逆变换，可得

$$v_C(t) = 5u(t) - 8e^{-t}u(t) + 2e^{-2t}u(t)$$

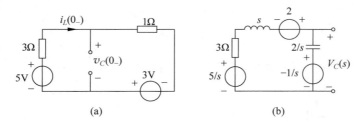
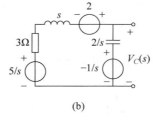

(a)　　　　　　　　(b)

题解 4-17 图

4-18　写出题 4-18 图所示电路的系统函数 $H(s)$。

【知识点】　系统函数。

【方法点拨】　利用 s 域电路模型求解。

【解答过程】

在零状态条件下，画出电路的 s 域电路模型，如题解 4-18 图所示。

利用分压公式，可得系统函数为

$$H(s) = \frac{V_2(s)}{V_1(s)} = \frac{R \parallel \dfrac{1}{sC}}{R + \dfrac{1}{sC} + R \parallel \dfrac{1}{sC}} = \frac{RCs}{(RCs)^2 + 3RCs + 1}$$

题 4-18 图　　　　　　题解 4-18 图

4-19　写出如题 4-19 图所示电路的系统函数 $H(s) = \dfrac{V_2(s)}{V_1(s)}$。

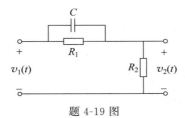

题 4-19 图

【知识点】 系统函数。

【方法点拨】 利用 s 域电路模型求解。

【解答过程】

在零状态条件下,画出电路的 s 域电路模型,如题解 4-19 图所示。

利用分压公式,可得系统函数为

$$H(s)=\frac{V_2(s)}{V_1(s)}=\frac{R_2}{R_2+R_1 \bigg/\!\!\bigg/ \dfrac{1}{sC}}=\frac{R_1R_2Cs+R_2}{R_1+R_2+R_1R_2Cs}$$

4-20 如题 4-20 图所示电路,试求其系统函数 $H(s)=\dfrac{V_2(s)}{V_1(s)}$。

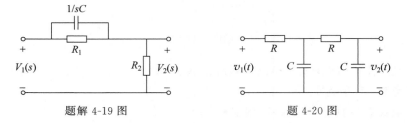

题解 4-19 图   题 4-20 图

【知识点】 系统函数。

【方法点拨】 利用 s 域电路模型求解。

【解答过程】

在零状态条件下,画出电路的 s 域电路模型,如题解 4-20 图所示。

利用分压公式,可得系统函数为

$$H(s)=\frac{V_2(s)}{V_1(s)}=\frac{\dfrac{1}{sC}\bigg/\!\!\bigg/\left(R+\dfrac{1}{sC}\right)}{R+\dfrac{1}{sC}\bigg/\!\!\bigg/\left(R+\dfrac{1}{sC}\right)}\cdot\frac{\dfrac{1}{sC}}{R+\dfrac{1}{sC}}=\frac{1}{R^2C^2s^2+3RCs+1}$$

4-21 已知某系统的零极点分布如题 4-21 图所示,且 $H(0)=5$,求系统函数 $H(s)$。

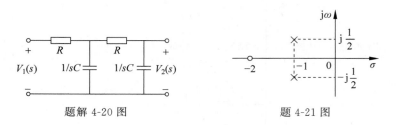

题解 4-20 图   题 4-21 图

【知识点】 系统函数的零点与极点。

【方法点拨】 利用零点与极点定义求解。

【解答过程】

由题 4-21 所示的零极点图,得极点为 $p_1 = -1 + \frac{1}{2}\text{j}$, $p_2 = -1 - \frac{1}{2}\text{j}$;

零点为 $z_1 = -2$。

根据零极点,可得系统函数

$$H(s) = \frac{k(s+2)}{(s+1)^2 + \frac{1}{4}}$$

已知 $H(0) = 5$,解得 $k = 25/8$,所以,系统函数为

$$H(s) = \frac{\frac{25}{8}(s+2)}{(s+1)^2 + \frac{1}{4}}$$

4-22 已知某 LTI 连续系统的系统函数 $H(s)$ 的零极点分布如题 4-22 图所示,又知该系统的冲激响应 $h(t)$ 满足 $h(0_+) = 2$,求 $H(s)$。

【知识点】 系统函数的零点与极点。

【方法点拨】 利用零点与极点定义求解。

【解答过程】

由题 4-22 所示的零极点图,得极点为 $p_1 = 2\text{j}$, $p_2 = -2\text{j}$, $p_3 = p_4 = -1$;

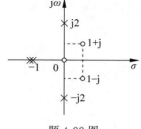

题 4-22 图

零点为 $z_1 = 0$, $z_2 = 1 + \text{j}$, $z_3 = 1 - \text{j}$。

根据零极点,可得系统函数

$$H(s) = \frac{ks[(s-1)^2 + 1]}{(s^2 + 4)(s+1)^2}$$

已知冲激响应 $h(t)$ 满足 $h(0_+) = 2$,根据初值定理,可得

$$h(0_+) = \lim_{s \to \infty} sH(s) = \frac{ks^2[(s-1)^2 + 1]}{(s^2 + 4)(s+1)^2} = 2$$

解得 $k = 2$,所以系统函数

$$H(s) = \frac{2s[(s-1)^2 + 1]}{(s^2 + 4)(s+1)^2}$$

4-23 已知如题 4-23 图所示电路,求系统函数 $H(s) = \dfrac{V_2(s)}{V_1(s)}$,及其零极点,并画出零极点图。

【知识点】 系统函数的零点与极点。

【方法点拨】 利用 s 域电路模型求系统函数,再利用零点与极点定义求解。

【解答过程】

在零状态条件下,画出电路的 s 域电路模型,如题解 4-23 图(a)所示。

利用分流公式,可得系统函数为

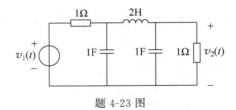

题 4-23 图

$$H(s)=\frac{V_2(s)}{V_1(s)}=\frac{\dfrac{1}{s}\ //\ \left(2s+1\ //\ \dfrac{1}{s}\right)}{1+\dfrac{1}{s}\ //\ \left(2s+1\ //\ \dfrac{1}{s}\right)}\cdot\frac{1\ //\ \dfrac{1}{s}}{2s+1\ //\ \dfrac{1}{s}}=\frac{1/2}{(s+1)(s^2+s+1)}$$

因无零点,极点为 $p_1=-1,p_{2,3}=-\dfrac{1}{2}\pm\dfrac{\sqrt{3}}{2}\mathrm{j}$

零极点图如题解 4-23 图(b)所示。

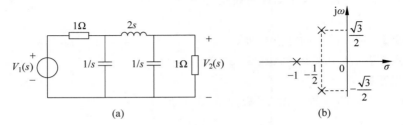

题解 4-23 图

4-24 试判断下列系统的稳定性。

(1) $H(s)=\dfrac{s+1}{s^2+8s+6}$

(2) $H(s)=\dfrac{s+1}{s^2+2s+3}$

(3) $H(s)=\dfrac{2s+1}{s^3+3s^2-4s+3}$

(4) $H(s)=\dfrac{5s^2+10s+15}{s^3+5s^2+16s+30}$

(5) $H(s)=\dfrac{2s^3+s^2+5}{s^4+2s^3+4s+2}$

(6) $H(s)=\dfrac{5s^3+s^2+3s+2}{s^4+s^3+s^2+10s+10}$

【知识点】 系统的稳定性。

【方法点拨】 利用时域和 s 域系统稳定的条件判断。

【解答过程】

(1) $D(s)$ 满足稳定系统的必要条件,对 $D(s)$ 进行因式分解,得

$$D(s)=s^2+8s+6=(s+4)^2-10$$

$D(s)=0$ 的两个根分别为 $-4+\sqrt{10}\,\mathrm{j}$ 和 $-4-\sqrt{10}\,\mathrm{j}$，均在 s 左半平面，所以系统稳定。

（2）$D(s)$ 满足稳定系统的必要条件，对 $D(s)$ 进行因式分解，得

$$D(s)=s^2+2s+3=(s+1)^2+2$$

$D(s)=0$ 的两个根分别为 $-1+\sqrt{2}\,\mathrm{j}$ 和 $-1-\sqrt{2}\,\mathrm{j}$，均在 s 左半平面，所以系统稳定。

（3）分母多项式 $D(s)$ 中有负系数，所以为不稳定系统。

（4）由题意可知，系统函数分母多项式全部系数为正实数，且无缺项。罗斯阵列为

第 1 行 $\qquad\qquad$ 1 $\qquad\qquad$ 16

第 2 行 $\qquad\qquad\qquad$ 5 $\qquad\qquad$ 30

第 3 行 $\quad -5\begin{vmatrix} 1 & 16 \\ 5 & 30 \end{vmatrix}=250 \qquad$ 0

第 4 行 $\quad -\dfrac{1}{250}\begin{vmatrix} 5 & 30 \\ 250 & 0 \end{vmatrix}=30$

在第 1 列中所有元素的符号相同，则 $D(s)=0$ 的根全都位于 s 左半平面，系统稳定。

（5）$D(s)$ 缺项，所以为不稳定系统。

（6）由题意可知，系统函数分母多项式全部系数为正实数，且无缺项。罗斯阵列为

第 1 行 $\qquad\qquad\qquad$ 1 $\qquad\qquad\qquad$ 1 $\qquad\qquad\qquad$ 10

第 2 行 $\qquad\qquad\qquad$ 1 $\qquad\qquad\qquad$ 10 $\qquad\qquad\qquad$ 0

第 3 行 $\quad -\begin{vmatrix} 1 & 1 \\ 1 & 10 \end{vmatrix}=-9 \qquad -\begin{vmatrix} 1 & 10 \\ 1 & 0 \end{vmatrix}=10 \qquad$ 0

第 4 行 $\quad -\dfrac{1}{-9}\begin{vmatrix} 1 & 10 \\ -9 & 10 \end{vmatrix}=\dfrac{100}{9} \qquad$ 0 $\qquad\qquad$ 0

第 5 行 $\quad -\dfrac{9}{100}\begin{vmatrix} -9 & 10 \\ \frac{100}{9} & 0 \end{vmatrix}=10 \qquad$ 0

在第 1 列中出现符号变化 2 次，$D(s)=0$ 在 s 右半平面有 2 个根，则系统不稳定。

4-25 电路如题 4-25 图（a）所示，试求：

（1）写出系统函数；

（2）求系统的零极点，并画出零极点图；

（3）求系统的冲激响应；

（4）当激励为题 4-25 图（b）所示的信号时，系统的响应。

【知识点】 系统函数与系统的稳定性。

【方法点拨】 利用 s 域电路模型求解系统函数，通过 s 域系统稳定的条件判断稳定性。

【解答过程】

（1）在零状态条件下，画出电路的 s 域电路模型，如题解 4-25 图（a）所示。

利用分流和分压公式，可得系统函数为

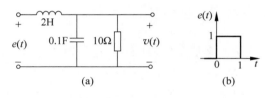

题 4-25 图

$$H(s) = \frac{V(s)}{E(s)} = \frac{\dfrac{10}{s} \,/\!/\, 10}{2s + \dfrac{10}{s} \,/\!/\, 10} = \frac{5}{s^2 + s + 5}$$

（2）由系统函数，可得

无零点，极点为 $p_1 = -\dfrac{1}{2} + \dfrac{\sqrt{19}}{2}\mathrm{j}$，$p_2 = -\dfrac{1}{2} - \dfrac{\sqrt{19}}{2}\mathrm{j}$。

画出零极点图如题解 4-25 图（b）所示。

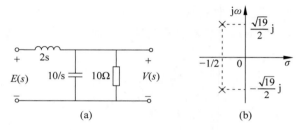

题解 4-25 图

（3）系统函数可整理为

$$H(s) = \frac{5}{s^2 + s + 5} = \frac{10}{\sqrt{19}} \frac{\sqrt{19}/2}{\left(s + \dfrac{1}{2}\right)^2 + \left(\dfrac{\sqrt{19}}{2}\right)^2}$$

求拉普拉斯逆变换，可得系统的单位冲激响应

$$h(t) = \frac{10}{\sqrt{19}} \mathrm{e}^{-\frac{t}{2}} \sin\left(\frac{\sqrt{19}}{2} t\right) u(t)$$

（4）由题 4-25 图（b）所示信号，可得

$$e(t) = u(t) - u(t-1)$$

求拉普拉斯变换，可得

$$E(s) = \frac{1}{s} - \frac{\mathrm{e}^{-s}}{s}$$

进而系统响应的象函数为

$$V(s) = E(s)H(s) = \frac{1 - \mathrm{e}^{-s}}{s} \cdot \frac{5}{s^2 + s + 5}$$

求拉普拉斯逆变换，可得

$$v(t) = -e^{-\frac{t}{2}}\left[\cos\left(\frac{\sqrt{19}}{2}t\right) + \frac{1}{\sqrt{19}}\sin\left(\frac{\sqrt{19}}{2}t\right)\right]u(t) +$$

$$e^{-\frac{(t-1)}{2}}\left[\cos\left(\frac{\sqrt{19}}{2}(t-1)\right) + \frac{1}{\sqrt{19}}\left(\sin\frac{\sqrt{19}}{2}(t-1)\right)\right]u(t-1)$$

4-26 电路如题 4-26 图所示，电路已处于稳定状态，$t=0$ 时开关由"1"到"2"。

(1) 求系统的系统函数 $H(s)$，单位冲激响应 $h(t)$；

(2) 当 $f(t) = e^{-t}u(t)$ 时，求系统的全响应 $y(t)$；

(3) 判断系统是否稳定，并说明理由。

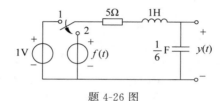

题 4-26 图

【知识点】 系统函数、系统响应的 s 域求解与系统的稳定性。

【方法点拨】 利用 s 域电路模型求解系统函数和系统响应，进而判断系统稳定性。

【解答过程】

(1) 在零状态条件下，画出电路的 s 域电路模型，如题解 4-26 图(a)所示。

利用分流和分压公式，可得系统函数为

$$H(s) = \frac{Y(s)}{F(s)} = \frac{\dfrac{6}{s}}{5 + s + \dfrac{6}{s}} = \frac{6}{s^2 + 5s + 6}$$

将系统函数部分分式展开为

$$H(s) = \frac{6}{s^2 + 5s + 6} = \frac{6}{s+2} - \frac{6}{s+3}$$

求拉普拉斯逆变换，可得系统的单位冲激响应

$$h(t) = (6e^{-2t} - 6e^{-3t})u(t)$$

(2) ① 求 $i_L(0_-)$，$v_C(0_-)$。

画出电路 0_- 时刻的等效电路，如题解 4-26 图(b)所示。

由 0_- 时刻的等效电路，可得

$$i_L(0_-) = 0$$

$$v_C(0_-) = 1V$$

② 画 s 域电路模型

$t=0$ 开关由"1"到"2"，根据 $i_L(0_-) = 0$，$v_C(0_-) = 1$，可得 s 域电路如题解 4-26 图(c)所示。

$$Y(s) = \frac{F(s) - \dfrac{1}{s}}{5 + s + \dfrac{6}{s}} \cdot \frac{6}{s}$$

已知 $f(t) = e^{-t}u(t)$，得

$$F(s) = \frac{1}{s+1}$$

代入 $Y(s)$，可得

$$Y(s) = \frac{\dfrac{1}{s+1} - \dfrac{1}{s}}{5 + s + \dfrac{6}{s}} \cdot \frac{6}{s} = \frac{-6}{s(s+1)(s+2)(s+3)}$$

求拉普拉斯逆变换，可得

$$y(t) = 3e^{-t}u(t) - 3e^{-2t}u(t) + e^{-3t}u(t)$$

（3）因为极点 $p_1 = -2$，$p_2 = -3$ 均在 s 左半平面，所以系统稳定。

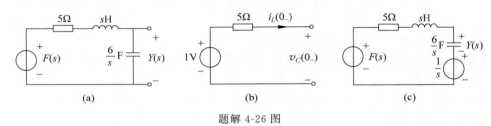

题解 4-26 图

4-27 电路如题 4-27 图所示，已知在 $t < 0$ 时电路已处于稳态，开关在 $t = 0$ 时断开。

（1）画出换路后的等效电路；

（2）求电感电压。

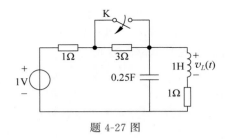

题 4-27 图

【知识点】 系统响应的 s 域求解。

【方法点拨】 利用 s 域电路模型求解。

【解答过程】

（1）①求 $v_C(0_-)$。

画出电路 0_- 时刻的等效电路，如题解 4-27 图（a）所示，可得

$$i_L(0_-) = \frac{1}{1+1} = \frac{1}{2}\,\text{A}$$

$$v_C(0_-) = \frac{1 \times 1}{1+1} = \frac{1}{2}\,\text{V}$$

② 画 s 域电路模型。

开关在 $t=0$ 时断开，根据 $i_L(0_-) = 0.5\text{A}, v_C(0_-) = 0.5\text{V}$，可得 s 域等效电路如题解 4-27 图(b)所示。

(2) 设网孔电流如题解 4-27 图(b)所示，可得

$$\begin{cases} I_1(s)\left(4 + \dfrac{4}{s}\right) - I_2(s)\dfrac{4}{s} = -\dfrac{1}{2s} + \dfrac{1}{s} = \dfrac{1}{2s} \\[2mm] I_2(s)\left(\dfrac{4}{s} + s + 1\right) - I_1(s)\dfrac{4}{s} = \dfrac{1}{2} + \dfrac{1}{2s} \end{cases}$$

解得

$$I_2(s) = \frac{s^2 + 2s + 2}{2s(s^2 + 2s + 5)}$$

可得

$$V_L(s) = I_2(s)s = \frac{s^2 + 2s + 2}{2(s^2 + 2s + 5)}$$

可进一步整理，得

$$V_L(s) = \frac{s^2 + 2s + 2}{2(s^2 + 2s + 5)} = \frac{1}{2} + \frac{-\dfrac{3}{2}}{s^2 + 2s + 5} = \frac{1}{2} - \frac{3}{4}\frac{2}{(s+1)^2 + 4}$$

求拉普拉斯逆变换，可得

$$v_L(t) = \frac{1}{2} - \frac{3}{4}\mathrm{e}^{-t}\sin 2t\, u(t)$$

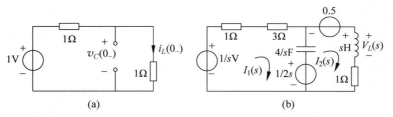

(a)　　　　　　　　(b)

题解 4-27 图

4-28 电路如题 4-28 图所示，$kv(t)$ 是受控源。试求：

(1) 系统函数 $H(s) = \dfrac{R(s)}{E(s)}$；

(2) 确定使系统稳定的 k 的取值范围；

(3) 当 $k=2$ 时，系统的单位冲激响应。

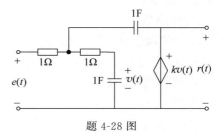

题 4-28 图

【知识点】 系统函数与系统的稳定性。

【方法点拨】 利用 s 域电路模型求解系统函数,进而判断系统稳定性。

【解答过程】

(1) 在零状态条件下,画出电路的 s 域电路模型,如题解 4-28 图所示。

题解 4-28 图

利用 KVL 和伏安关系,可得
$$[s^2 + (3-k)s + 1]V(s) = E(s)$$

可得系统函数为
$$H(s) = \frac{R(s)}{E(s)} = \frac{kV(s)}{E(s)} = \frac{k}{s^2 + (3-k)s + 1}$$

(2) 因系统函数分母为二阶多项式,若系统稳定,需各项系数为非零正实数,得
$$3 - k > 0$$

解得
$$k < 3$$

(3) 当 $k=2$ 时,系统函数为
$$H(s) = \frac{2}{s^2 + s + 1} = \frac{4}{\sqrt{3}} \frac{\sqrt{3}/2}{\left(s + \frac{1}{2}\right)^2 + \left(\frac{\sqrt{3}}{2}\right)^2}$$

由拉普拉斯逆变换,可得系统的单位冲激响应
$$h(t) = \frac{4}{\sqrt{3}} e^{-\frac{1}{2}t} \sin\left(\frac{\sqrt{3}}{2}t\right) u(t)$$

4-29 请画出以下系统的模拟图。

(1) $y''(t) + 2y'(t) + 5y(t) = f'(t) + f(t)$

(2) $y'''(t) + 5y''(t) + 6y(t) = 2f''(t) + 3f'(t) + 5f(t)$

(3) $H(s) = \dfrac{4s+5}{s^2 + 3s + 2}$

(4) $H(s) = \dfrac{5s^2 + s + 2}{s^3 + s^2 + 3s}$

【知识点】 系统的模拟图。

【方法点拨】 利用系统函数和一般系统模拟的直接形式求解。

【解答过程】

(1) 在零状态条件下,对方程两边进行拉普拉斯变换,可得
$$s^2 Y(s) + 2sY(s) + 5Y(s) = sF(s) + F(s)$$

进而可得系统函数为
$$H(s) = \frac{s+1}{s^2 + 2s + 5} = \frac{s^{-1} + s^{-2}}{1 + 2s^{-1} + 5s^{-2}}$$

根据系统函数,可得系统的模拟图如题解 4-29 图(a)所示。

（2）在零状态条件下,对方程两边进行拉普拉斯变换,可得

$$s^2 Y(s) + 5sY(s) + 6Y(s) = 2s^2 F(s) + 3sF(s) + 5F(s)$$

进而可得系统函数为

$$H(s) = \frac{2s^2 + 3s + 5}{s^2 + 5s + 6} = \frac{2 + 3s^{-1} + 5s^{-2}}{1 + 5s^{-1} + 6s^{-2}}$$

根据系统函数,可得系统的模拟图如题解 4-29 图(b)所示。

（3）已知的系统函数可改写为

$$H(s) = \frac{4s + 5}{s^2 + 3s + 2} = \frac{4s^{-1} + 5s^{-2}}{1 + 3s^{-1} + 2s^{-2}}$$

根据系统函数,可得系统的模拟图如题解 4-29 图(c)所示。

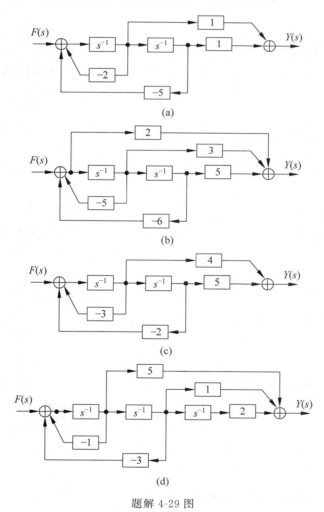

题解 4-29 图

（4）已知的系统函数可改写为

$$H(s) = \frac{5s^2 + s + 2}{s^3 + s^2 + 3s} = \frac{5s^{-1} + s^{-2} + 2s^{-3}}{1 + s^{-1} + 3s^{-2}}$$

根据系统函数，可得系统的模拟图如题解 4-29 图（d）所示。

4-30 系统如题 4-30 图所示，试求：

（1）系统函数 $H(s) = \dfrac{Y(s)}{F(s)}$；

（2）欲使系统稳定，求 k 的取值范围。

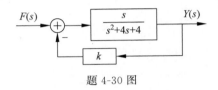

题 4-30 图

【知识点】 系统的模拟图和系统的稳定性。

【方法点拨】 利用系统函数和一般系统模拟的直接形式画模拟图。利用 s 域条件判断系统稳定性。

【解答过程】

（1）根据题 4-30 图的系统框图，可得系统函数

$$H(s) = \frac{\dfrac{s}{s^2 + 4s + 4}}{1 + \dfrac{ks}{s^2 + 4s + 4}} = \frac{s}{s^2 + (4 + k)s + 4}$$

（2）因系统函数分母为二阶多项式，若系统稳定，需各项系数为非零正实数，得

$$4 + k > 0$$

解得

$$k > -4$$

4-31 系统如题 4-31 图所示，试求：

（1）系统函数 $H(s) = \dfrac{Y(s)}{F(s)}$；

（2）欲使系统稳定，求 k 的取值范围。

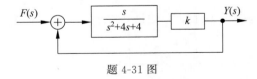

题 4-31 图

【知识点】 系统的模拟图和系统的稳定性。

【方法点拨】 利用系统函数和一般系统模拟的直接形式画模拟图。利用 s 域条件

判断系统稳定性。

【解答过程】

（1）根据题 4-31 图的系统框图，可得系统函数

$$H(s)=\frac{\dfrac{ks}{s^2+4s+4}}{1-\dfrac{ks}{s^2+4s+4}}=\frac{ks}{s^2+(4-k)s+4}$$

（2）因系统函数分母为二阶多项式，若系统稳定，需各项系数为非零正实数，得

$$4-k>0$$

解得

$$k<4$$

4-32 系统如题 4-32 图所示，试求：

（1）系统函数 $H(s)=\dfrac{Y(s)}{F(s)}$；

（2）欲使系统稳定，求 β 的取值范围。

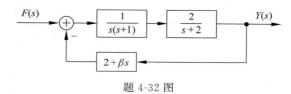

题 4-32 图

【知识点】 系统的模拟图和系统的稳定性。

【方法点拨】 利用系统函数和一般系统模拟的直接形式画模拟图。利用 s 域条件判断系统稳定性。

【解答过程】

（1）根据题 4-32 图的系统框图，可得系统函数

$$H(s)=\frac{\dfrac{1}{s(s+1)}\dfrac{2}{s+2}}{1+(2+\beta s)\dfrac{1}{s(s+1)}\dfrac{2}{s+2}}=\frac{2}{s^3+3s^2+(2+2\beta)s+4}$$

（2）由题意可知，系统函数分母多项式全部系数为正实数，且无缺项。罗斯阵列为

第 1 行　　　　　1　　　　　　　　　$2+2\beta$

第 2 行　　　　　3　　　　　　　　　4

第 3 行　　$-\dfrac{1}{2}\begin{vmatrix}1 & 2+2\beta\\ 3 & 4\end{vmatrix}=1+3\beta$　　　0

第 4 行　　$-\dfrac{1}{1+3\beta}\begin{vmatrix}3 & 4\\ 1+3\beta & 0\end{vmatrix}=4$

若系统稳定，要求在第 1 列中所有元素的符号相同，可得

$$1 + 3\beta > 0$$

解得

$$\beta > \frac{-1}{3}$$

4-33 在长途电话通信中,接收端在接收到正常信号 $e(t)$ 的同时可能还会反射信号。反射信号经线路传回到发射端后会再次被反射,又送至接收端,我们把它称为"回波",用 $ae(t-t_0)$ 表示;其中参数 a 代表传输中的幅度衰减,t_0 表示回波传输产生的延时。假定只接收到一个回波,接收信号可用下式表示:

$$r(t) = e(t) + ae(t - t_0)$$

(1) 求该回波系统的系统函数 $H(s)$;

(2) 令 $H(s)H_1(s) = 1$,$H_1(s)$ 表示一个逆系统,求 $H_1(s)$ 的表达式。

【知识点】 系统函数。

【方法点拨】 利用拉普拉斯变换求得系统函数。

【解答过程】

(1) 对接收信号的表达式进行拉普拉斯变换,可得

$$R(s) = E(s) + aE(s)e^{-st_0}$$

根据系统函数定义,得该回波系统的系统函数

$$H(s) = \frac{R(s)}{E(s)} = 1 + ae^{-st_0}$$

(2) 已知 令 $H(s)H_1(s) = 1$,可得

$$H_1(s) = \frac{1}{H(s)} = \frac{1}{1 + ae^{-st_0}}$$

4.4 阶段测试

1. 选择题

(1) 已知信号的拉普拉斯变换 $F(s) = \left(\dfrac{1}{s^2} + \dfrac{t_0}{s} \right) e^{-st_0}$,则其原函数 $f(t)$ 的波形为(   )。

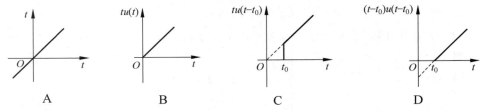

(2) 图 4A-1 所示 LTI 系统的零极点图,其描述的系统幅频特性为(   )。

A. 带阻系统　　　B. 带通系统　　　C. 低通系统　　　D. 高通系统

(3) $H(s) = \dfrac{2s(s-1)}{(s+1)(s-2)}$,属于其零点的是(   )。

图 4A-1

A. −1   B. 1   C. 2   D. −2

(4) $H(s) = \dfrac{(s+3)(s+1)}{(s-1)(s-2)}$,属于其极点的是( )。

A. −1   B. −3   C. 2   D. −2

(5) 下列说法不正确的是( )。

A. 极点是位于原点的一阶极点。此时其对应的 $h(t)$ 为阶跃函数

B. 极点是位于虚轴上的共轭极点,此时其对应的 $h(t)$ 为增幅振荡

C. 极点位于 s 左半平面。若极点位于负实轴上,其对应的 $h(t)$ 为指数衰减信号;若极点是 s 左半平面的共轭极点,其对应的 $h(t)$ 为衰减振荡

D. 极点位于 s 右半平面。若极点位于正实轴上,其对应的 $h(t)$ 为指数增长信号;若极点是 s 右半平面的共轭极点,其对应的 $h(t)$ 为增幅振荡

(6) 下列因果系统的 $H(s)$ 可能稳定的是( )。

A. $H(s) = \dfrac{2}{s^3 - 5s^2 + 6s + 1}$ B. $H(s) = \dfrac{2}{s^3 + 5s^2 + 6s}$

C. $H(s) = \dfrac{2}{s^3 - 5s^2 - 6s + 1}$ D. $H(s) = \dfrac{2}{s^3 + 5s^2 + 6s + 1}$

(7) 已知某系统方框图如图 4A-2 所示,则其系统函数 $H(s)$ 为( )。

A. $H(s) = \dfrac{H_1(s)H_2(s)}{1 - H_1(s)H_2(s)}$ B. $H(s) = \dfrac{H_1(s)H_2(s)}{1 + H_1(s)H_2(s)}$

C. $H(s) = \dfrac{H_1(s)}{1 - H_1(s)H_2(s)}$ D. $H(s) = \dfrac{H_1(s)}{1 + H_1(s)H_2(s)}$

2. 填空题

(1) 已知信号 $f(t)$ 的波形如图 4A-3 所示,则其拉普拉斯变换为_____。

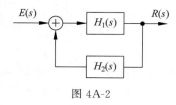

图 4A-2

图 4A-3

(2) 已知连续 LTI 系统的单位冲激响应的波形如图 4A-4(a)~(f)所示,其后为 6 个零极点分布图如图 4A-4①~⑥所示,请按照图 4A-4(a)~(f)的单位冲激响应波形,对应写出系统零极点分布图顺序:_____。

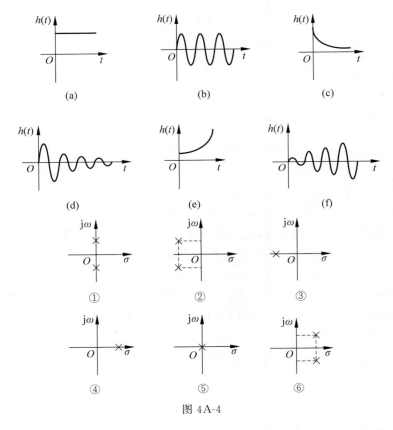

图 4A-4

（3）某 LTI 系统的输入和输出分别为 $f(t)$ 和 $y(t)$，它们的关系满足下面的微分方程：

$$\begin{cases} \dfrac{\mathrm{d}x(t)}{\mathrm{d}t} = y(t) + 2f(t) \\ \dfrac{\mathrm{d}y(t)}{\mathrm{d}t} = -x(t) + f(t) \end{cases}$$

其中 $x(t)$ 为中间变量，则系统的系统函数为_____。

（4）信号 $f(t)$ 的拉普拉斯变换为 $F(s) = \dfrac{2s^2 + s + 1}{(s+2)(s+1)}$，则 $f(t)$ 的初值等于_____，终值等于_____。

（5）已知某因果连续 LTI 系统 $H(s)$ 全部极点均位于 s 左半平面，则 $\lim\limits_{t \to \infty} h(t)$ 的值为_____。

（6）已知某因果连续 LTI 系统 $F(s) = \dfrac{s}{s - 2(k-1)}$，则若此系统稳定，$k$ 需满足的条件为_____。

3．计算与画图题

（1）图 4A-5(a)所示的信号 $f(t)$ 的拉普拉斯变换为 $F(s)=\dfrac{1}{s^2}(1-e^{-s})$，试写出图 4A-5(b)所示信号 $y(t)$ 与 $f(t)$ 的关系，并求 $y(t)$ 的拉普拉斯变换。

（2）已知 $F(s)=\dfrac{s^3+7s^3+5s+10}{s^2+4s+3}$，求其拉普拉斯逆变换。

（3）已知某 LTI 连续系统的系统函数 $H(s)$ 的零极点分布如图 4A-6 所示，又知该系统的冲激响应 $h(t)$ 满足 $h(0_+)=2$，求 $H(s)$。

图 4A-5

图 4A-6

（4）已知某 LTI 系统框图如图 4A-7 所示，求系统方程和系统的单位冲激响应。

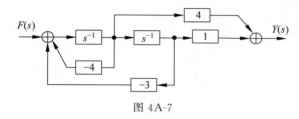

图 4A-7

（5）某 LTI 系统的微分方程为

$$y''(t)+4y'(t)+3y(t)=f(t)$$

已知 $y(0_-)=2$，$y'(0_-)=-1$，$f(t)=2e^{-2t}u(t)$，试求其零输入响应、零状态响应和全响应。

（6）如图 4A-8 所示电路已达稳态，$t=0$ 时开关打开，求 $t>0$ 时电容电压 $u_C(t)$。

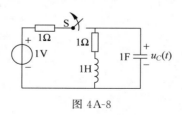

图 4A-8

第

5章

离散时间信号与系统的时域分析

5.1 本章学习目标

- 掌握序列的描述方法及常用序列的描述与特性；
- 掌握序列的基本运算；
- 掌握离散时间系统的描述方法；
- 理解离散时间系统的时域模拟；
- 掌握零输入响应的求解方法；
- 掌握单位样值响应的求解方法；
- 掌握卷积和的计算方法；
- 掌握利用卷积和求解零状态响应的方法。

5.2 知识要点

5.2.1 离散时间信号

1. 定义

离散时间信号是只在一系列离散的时间点上有定义，而在其他时间上无定义的信号。注意将离散时间信号与模拟信号、数字信号进行对比，理清模拟信号经过抽样、量化后转变为数字信号的转换关系。

2. 表示方法

常用的方法有：解析式、波形和数组。要求能够灵活实现各种表示方法之间的转换。

3. 典型序列

1）单位样值序列

$$\delta(n) = \begin{cases} 1, & n = 0 \\ 0 & n \neq 0 \end{cases} \tag{5-1}$$

$\delta(n)$ 的波形如图 5-1 所示。

2）单位阶跃序列

$$u(n) = \begin{cases} 1, & n \geq 0 \\ 0 & n < 0 \end{cases} \tag{5-2}$$

$u(n)$ 的波形如图 5-2 所示。

观察 $u(n)$ 和 $\delta(n)$ 的波形，两者存在如下关系：

$$u(n) = \sum_{m=0}^{+\infty} \delta(n-m) \tag{5-3}$$

$$\delta(n) = u(n) - u(n-1) \tag{5-4}$$

图 5-1 单位样值序列

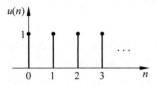

图 5-2 单位阶跃序列

3）单位矩形序列

$$R_N(n) = \begin{cases} 1, & 0 \leqslant n \leqslant N-1 \\ 0, & 其他 \end{cases} \tag{5-5}$$

该序列可通过单位样值序列和单位阶跃序列来描述，即

$$R_N(n) = \sum_{m=0}^{N-1} \delta(n-m) = u(n) - u(n-N) \tag{5-6}$$

4）单边实指数序列

$$f(n) = a^n u(n) \tag{5-7}$$

指数序列的变化规律由底数 a 决定。波形分别如图 5-3(a)～图 5-3(d)所示。

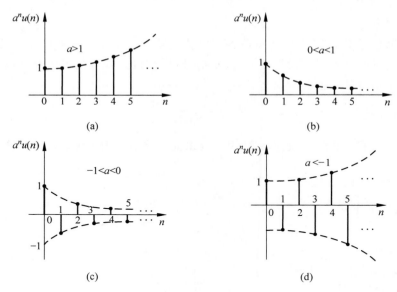

图 5-3 单边实指数序列

5）正弦序列

$$f(n) = A\sin(\Omega_0 n + \theta) \tag{5-8}$$

正弦序列的包络是连续的正弦信号，而连续的正弦信号是典型的周期信号。但正弦序列不一定为周期序列，若正弦序列为周期序列，则满足

$$\sin(\Omega_0 n) = \sin[\Omega_0(n+N)] = \sin(\Omega_0 n + \Omega_0 N) \tag{5-9}$$

判断正弦序列是否为周期序列的条件为

（1）若 $\dfrac{2\pi}{\Omega_0}$ 为有理数，则可写为 $\dfrac{2\pi}{\Omega_0}=\dfrac{N}{k}$，此时以 Ω_0 为角频率的正弦序列为周期序列，周期为 $N=\dfrac{2\pi}{\Omega_0}k$。

（2）若 $\dfrac{2\pi}{\Omega_0}$ 为无理数，则无法找到一个合适的 k 使得 $\dfrac{2\pi}{\Omega_0}k$ 为整数，故正弦序列为非周期序列。

6）任意序列

任意序列可以表示为

$$e(n)=\sum_{m=-\infty}^{+\infty}e(m)\delta(n-m) \tag{5-10}$$

对于典型序列，重点掌握单位样值序列、单位阶跃序列和指数序列的描述与特性。单位样值序列与单位冲激信号类似，可作为任意信号在时域分解的基本单元。单位阶跃序列与连续的阶跃信号类似，具有描述任意信号存在范围的作用。指数序列在经济学、统计学及生物学等各领域具有广泛的应用。离散时间信号可参照连续时间信号来学习。

4．序列的运算与变换

1）相加

$$y(n)=f_1(n)+f_2(n) \tag{5-11}$$

2）相乘

$$y(n)=f_1(n) \cdot f_2(n) \tag{5-12}$$

3）反褶

$$y(n)=f(-n) \tag{5-13}$$

4）移位

序列移位有左移和右移两种情况。设 $m>0$，则序列右移 m 个单位可表示为

$$y(n)=f(n-m) \tag{5-14}$$

类似地，序列左移 m 个单位可表示为

$$y(n)=f(n+m) \tag{5-15}$$

5）尺度变换

序列的尺度变换包含压缩或扩展两种形式。序列压缩可表示为

$$y(n)=f(an) \tag{5-16}$$

此时将原序列每隔 $a-1$ 个点取值并将取出的值重新排列。

序列扩展表示为

$$y(n)=f(n/a) \tag{5-17}$$

扩展序列是将原序列相邻两点间插入 $a-1$ 个零点值并重新排列得到。

6）差分

差分运算包含前向差分和后向差分两种形式。

前向差分记为

$$\Delta x(n) = x(n+1) - x(n) \tag{5-18}$$

后向差分记为

$$\nabla x(n) = x(n) - x(n-1) \tag{5-19}$$

序列的运算与变换是序列时域分析中的难点问题。特别是针对自变量的移位、反褶和尺度变换。当涉及多种运算和变换的组合时,需要按照运算方法分步骤地实现每种运算和变换,运算次序不会影响最终的运算结果。同时也要注意离散时间信号的自变量运算与连续时间信号的自变量运算存在两点差异:一是离散时间信号的位移量和尺度变换的系数都必须是整数,这就影响了自变量复合运算时的运算次序。如已知原序列 $f(n)$,要绘制 $f(2n+1)$ 的波形时,此时的运算次序必须是先左移再压缩,若要先压缩再左移,则无法保证位移量为正整数。二是离散时间信号的尺度变换方法与连续时间信号的尺度变换方法不同,离散时间信号的尺度变换是通过内插和抽取实现序列的扩展与压缩。

在连续时间信号的运算中,微分和积分运算是重难点问题。而在离散时间信号的运算中不存在微分和积分运算,取而代之的是差分运算。差分运算的作用和地位与连续时间信号运算中的微分和积分是一致的。

5.2.2　离散时间系统

1. 定义

输入、输出信号均为离散时间信号的系统为离散时间系统。

2. 模型

系统模型包括数学模型和系统模拟图两种形式。

1)数学模型——差分方程

差分方程是由未知序列及其移位序列和激励及其移位序列所组成的方程。差分方程分为前向差分方程和后向差分方程两种,当方程左侧的移位序列是左移序列时,方程为前向方程,当方程左侧的移位序列是右移序列时,方程为后向方程。不论是前向方程还是后向方程,方程的阶次都由未知序列以及移位序列中序号最大值与最小值的差决定。

2)系统模拟图

用加法器、数乘器及移位器这三种运算单元的组合表示系统模拟图。

(1)基本运算单元。

① 加法器。加法器如图5-4(a)和图5-4(b)所示,用表达式描述为 $r(n) = e_1(n) \pm e_2(n)$。

② 数乘器。数乘器如图5-5(a)和图5-5(b)所示,用表达式描述为 $r(n) = ae(n)$。

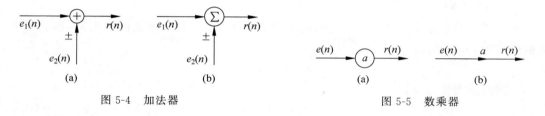

图 5-4　加法器　　　　　　　　　　　图 5-5　数乘器

③ 移位器。移位器如图 5-6(a)和图 5-6(b)所示。

图 5-6　移位器

（2）系统模拟图。

根据差分方程可以画出系统模拟图。若已知系统差分方程为

$$r(n) + 2r(n-1) + r(n-2) = e(n) + 3e(n-1) \tag{5-20}$$

将该方程改写为

$$r(n) = -2r(n-1) - r(n-2) + e(n) + 3e(n-1) \tag{5-21}$$

根据式(5-21)，可将 $-2r(n-1)$、$-r(n-2)$、$e(n)$ 和 $3e(n-1)$ 相加得到输出 $r(n)$，故该系统模拟图如图 5-7 所示。

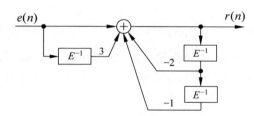

图 5-7　系统模拟图

反之，若已知系统模拟图如图 5-7 所示，则可以围绕加法器列写系统差分方程。系统模拟图与差分方程这两种模型可以相互转换。系统差分方程是进行系统分析的基础，系统模拟图则可以为系统设计与实现提供基础。

3．线性时不变系统特性

系统线性、时不变性的描述方法从输入、输出关系来描述。

1）线性

线性特性包括叠加性和齐次性（或比例性）。满足线性的系统称为线性系统，否则称为非线性系统。线性可描述为

$$k_1 e_1(n) + k_2 e_2(n) \rightarrow k_1 r_1(n) + k_2 r_2(n) \tag{5-22}$$

2) 时不变性

时不变性是指系统特性不随时间的变化而变化。若已知某系统的输入为 $e(n)$, 产生的响应为 $r(n)$, 即

$$e(n) \rightarrow r(n)$$

则时不变性可描述为

$$e(n-m) \rightarrow r(n-m) \tag{5-23}$$

线性、时不变性的判断关键是要抓住输入、输出的关系以及系统的作用, 再利用线性、时不变性的定义进行判断。该方法与连续时间系统线性、时不变性的判断方法类似。本课程中分析的对象为线性时不变系统。利用系统的线性时不变性可以简化系统的分析过程。

5.2.3 系统响应的时域求解

线性时不变离散时间系统的数学模型一般可写为

$$\sum_{k=0}^{N} a_k r(n-k) = \sum_{m=0}^{M} b_m e(n-m) \tag{5-24}$$

该差分方程的求解方法有以下几种方法。

1. 迭代法

将系统差分方程改写为

$$r(n) = \frac{1}{a_0} \left[\sum_{m=0}^{M} b_m e(n-m) - \sum_{k=1}^{N} a_k r(n-k) \right] \tag{5-25}$$

从式(5-25)可以看出, 输出 $r(n)$ 由输入及之前的输出 $r(n-1), r(n-2), \cdots, r(n-N)$ 迭代求出。迭代法是差分方程最原始的求解方法, 适合于计算机求解, 简单有效, 但不易得到解析解。

2. 时域经典法

$$r(n) = r_h(n) + r_p(n)$$

式中, $r_h(n)$ 为齐次解又称为自由响应, $r_p(n)$ 为特解, 又称为强迫响应。

齐次解的求解首先列写齐次差分方程的特征方程, 求出特征根表示为 $\lambda_1, \lambda_2, \cdots, \lambda_n$。

(1) 当特征根为单根, 齐次解的形式为

$$r_h(n) = c_1 \lambda_1^n + c_2 \lambda_2^n + \cdots + c_{N-1} \lambda_{N-1}^n + c_N \lambda_N^n \tag{5-26}$$

(2) 当特征根为重根, 且 λ_1 为 K 次重根, 其余 $N-K$ 个均为实数单根, 齐次解的形式为

$$r_h(n) = (c_1 + c_2 n + \cdots + c_K n^{K-1}) \lambda_1^n + \sum_{i=K+1}^{N} c_i \lambda_i^n \tag{5-27}$$

式(5-26)和式(5-27)中的 $c_1, c_2, \cdots, c_{N-1}, c_N$ 为待定系数, 均由边界条件 $r(0)$, $r(1), r(2), \cdots, r(N)$ 决定。

特解是满足非齐次差分方程的一个解, 求解过程是先将输入序列 $e(n)$ 代入方程右

侧,化为最简形式的自由项,根据方程右侧自由项的具体形式在表 5-1 中选择含有待定系数的特解形式,再将此特解代入非齐次方程,通过匹配方程左右两侧求出待定系数,最终求得方程的特解 $r_{\mathrm{p}}(n)$。

表 5-1   自由项与特解形式的对应关系

自　由　项	特　解　形　式
K(常数)	C(常数)
n	$C_1 + C_2 n$
n^m	$C_1 n^m + C_2 n^{m-1} + \cdots + C_m n + C_{m+1}$
$\sin \Omega n$(或 $\cos \Omega n$)	$C_1 \sin \Omega n + C_2 \cos \Omega n$
a^n	Ca^n(a 不是特征根)
a^n	$(C_1 n + C_2)a^n$(a 是特征根的单根形式)
a^n	$(C_1 n^r + C_2 n^{r-1} + \cdots + C_r n + C_{r+1})a^n$($a$ 是特征根的 r 重根形式)

3. 零输入响应和零状态响应

$$r(n) = r_{\mathrm{zi}}(n) + r_{\mathrm{zs}}(n)$$

式中,$r_{\mathrm{zi}}(n)$ 为零输入响应,$r_{\mathrm{zs}}(n)$ 为零状态响应。

零输入响应是指当输入为零时,仅由系统起始状态 $r(-1), r(-2), \cdots, r(-N)$ 所产生的响应。

$$r_{\mathrm{zi}}(n) = \sum_{k=1}^{n} c_{\mathrm{zik}} \lambda_k^n \tag{5-28}$$

式中,c_{zik} 为待定系数,由 $r_{\mathrm{zi}}(0), r_{\mathrm{zi}}(1), r_{\mathrm{zi}}(2), \cdots, r_{\mathrm{zi}}(N-1)$ 确定。

零状态响应是指当系统的起始状态 $r(-1) = r(-2) = \cdots = r(-N) = 0$ 时,仅由输入信号 $e(n)$ 所产生的响应。零状态响应包含齐次解和特解,求解相对复杂,重点需要掌握卷积和的方法求解零状态响应,即先求出系统的单位样值响应,再利用激励和单位样值响应的卷积和求一般激励作用下的零状态响应。

5.2.4   单位样值响应

1. 定义

单位样值响应是单位样值序列 $\delta(n)$ 作用于系统所引起的零状态响应。单位样值响应的求解方法包括初始条件等效法及传输算子法等。

2. 求解方法

1) 初始条件等效法

由于单位样值序列 $\delta(n)$ 只在 $n=0$ 时取值为 1,因而当 $n>0$ 时,$\delta(n)$ 的函数值为 0,单位样值响应的数学模型简化为齐次差分方程,求解过程与零输入响应的求解类似,最后利用初始条件 $h(0), h(1), \cdots, h(N-1)$ 确定齐次解的系数。

2）传输算子法

利用移位算子描述差分方程，当激励为 $\delta(n)$ 时，系统模型为

$$\sum_{k=0}^{N} a_k E^{-k} h(n) = \sum_{m=0}^{M} b_m E^{-m} \delta(n)$$

故单位样值响应为

$$h(n) = \frac{b_0 + b_1 E^{-1} + \cdots + b_M E^{-M}}{a_0 + a_1 E^{-1} + \cdots + a_N E^{-N}} \delta(n) = H(E) \delta(n) \tag{5-29}$$

式中，$H(E) = \dfrac{b_0 + b_1 E^{-1} + \cdots + b_M E^{-M}}{a_0 + a_1 E^{-1} + \cdots + a_N E^{-N}}$ 称为传输算子。将传输算子进行部分分式展开后，再利用表 5-2 中一阶或二阶等常见传输算子与单位样值响应的对应关系，可直接根据传输算子的形式写出单位样值响应，再对一阶或二阶单位样值响应进行简单相加便可以求出高阶系统的单位样值响应。

表 5-2　传输算子 $H(E)$ 与 $h(n)$ 对照表

传输算子 $H(E)$	$h(n)$
K	$K\delta(n)$
KE^{-m}	$K\delta(n-m)$
$\dfrac{E^{-1}}{1-aE^{-1}} = \dfrac{1}{E-a}$	$a^{n-1} u(n-1)$
$\dfrac{1}{1-aE^{-1}} = \dfrac{E}{E-a}$	$a^n u(n)$
$\dfrac{1}{(1-aE^{-1})^2} = \dfrac{E^2}{(E-a)^2}$	$(n+1)a^n u(n)$

在利用初始条件等效法求单位样值响应的过程中关键是根据系统的零状态条件递推出单位样值序列作用在系统上的等效初始条件。在初始条件等效法的基础上，还可以利用传输算子总结算子与单位样值响应的对应关系，从而简化单位样值响应的求解过程。单位样值响应是求解任意激励作用下零状态响应的基础。

3. 系统因果性、稳定性

由于在系统模型已知的情况下就可以求出唯一对应的单位样值响应，因而可以借助单位样值响应对系统的因果性和稳定性进行描述。

1）因果性

若系统在任意时刻 $n=n_0$ 所产生的输出，仅取决于 $n \leqslant n_0$ 时的输入，而与 $n > n_0$ 时刻的输入无关，该系统称为因果系统，不满足则为非因果系统。

离散时间系统满足因果性的充分必要条件是

$$h(n) = 0, \quad n < 0 \tag{5-30}$$

2）稳定性

有界的输入产生有界的输出的系统是稳定系统，不满足则为不稳定系统。

对于离散时间系统,稳定性的充分必要条件是系统的单位样值响应满足绝对可和,即

$$\sum_{n=-\infty}^{+\infty} |h(n)| \leqslant M, \quad M \text{ 为有界正值} \tag{5-31}$$

系统的特性分析是系统分析的重要任务,在时域中是利用了单位样值响应对特性进行判断。后续还可以将单位样值响应变换到 z 域,得到系统因果性、稳定性更简便的判断方法。

5.2.5 零状态响应的卷积法

在典型序列的分析中可知任意序列可分解为不同时刻、不同幅度的单位样值序列之和。因而求任意序列通过系统所产生的零状态响应,可以先求出各单位样值序列所产生的响应,然后利用系统的线性时不变特性,求出最终的零状态响应,即激励 $e(n)$ 作用于系统时,产生的零状态响应为

$$e(n) \rightarrow r_{zs}(n) = \sum_{m=-\infty}^{+\infty} e(m)h(n-m) \tag{5-32}$$

式中,激励与单位样值响应之间的运算称为卷积和。

1. 卷积和的定义

任意序列 $f_1(n)$ 和 $f_2(n)$ 的卷积和定义为

$$y(n) = f_1(n) * f_2(n) = \sum_{m=-\infty}^{+\infty} f_1(m)f_2(n-m) \tag{5-33}$$

利用卷积定义,可得零状态响应的卷积法为

$$r_{zs}(n) = e(n) * h(n) \tag{5-34}$$

2. 卷积和的计算方法

1) 图解法

图解过程包含反褶、时移、相乘与求和四步,这与卷积积分的图解过程类似,区别仅仅是最后一步求和与积分不同。掌握了卷积的图解法可以更深刻地理解卷积的过程。图解法形象直观易于理解,但操作过程相对复杂。

2) 解析式法

在已知两序列解析式的情况下,可直接将序列的解析式代入卷积的定义进行计算。该方法适用于序列方便用解析式表示的情况。

3) 对位相乘法

对位相乘法巧妙地将图解法中的反褶与移位表示为对位排列,采用不进位相乘、相加运算,可以较快求出卷积结果。该方法适用于两个有限长序列的卷积计算。

3. 卷积和的性质

1) 移序

若有 $f(n) = f_1(n) * f_2(n)$，则有

$$f(n) = f_1(n-m) * f_2(n+m) \tag{5-35}$$

$$f(n+m) = f_1(n) * f_2(n+m) = f_1(n+m) * f_2(n) \tag{5-36}$$

$$f(n-m) = f_1(n) * f_2(n-m) = f_1(n-m) * f_2(n) \tag{5-37}$$

2) 交换律

$$f_1(n) * f_2(n) = f_2(n) * f_1(n) \tag{5-38}$$

在计算卷积时可利用交换律将复杂的序列自变量替换为 m，形式相对简单的序列自变量替换为 $n-m$，如此可以一定程度地减少运算量和计算复杂度。

3) 结合律

$$f_1(n) * f_2(n) * f_3(n) = f_1(n) * [f_2(n) * f_3(n)] \tag{5-39}$$

结合律的物理意义在于对若干级联系统组成的复合系统，可将其等效为一个系统，该系统的单位样值响应等于所有级联子系统单位样值响应的卷积，如图 5-8 所示。

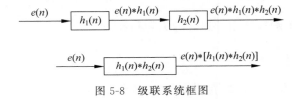

图 5-8　级联系统框图

4) 分配律

$$f_1(n) * [f_2(n) + f_3(n)] = f_1(n) * f_2(n) + f_1(n) * f_3(n) \tag{5-40}$$

分配律的物理意义在于，由若干 LTI 系统并联构成的复合系统，可以等价为一个系统，该系统的单位样值响应等于所有并联子系统单位样值响应之和，如图 5-9 所示。

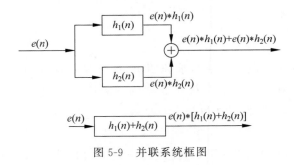

图 5-9　并联系统框图

系统分析的任务之一就是在已知系统模型的条件下求解系统的响应。系统模型的建立是分析系统的首要任务，也是系统分析中的重点内容。离散时间系统的数学模型为差分方程，差分方程的建立需根据实际系统的具体物理特性进行列写。在建立系统模型后，重点掌握双零法求解响应，其中零状态响应的求解是离散时间系统响应求解中的最

核心任务,也是本章的重难点内容。卷积是求解系统零状态响应的重要工具,要实现卷积的计算,需熟练掌握卷积的定义及性质,根据被卷积序列的特点灵活选择计算方法进行求解。

5.3 习题详解

5-1 试画出下列序列的图形。

(1) $f_1(n) = n + 1, -3 < n < 2$

(2) $f_2(n) = (-1)^n, -2 < n < 4$

(3) $f_3(n) = \begin{cases} 0, & n > 0 \\ \left(-\dfrac{1}{2}\right)^n, & n \leqslant 0 \end{cases}$

(4) $f_4(n) = \{3, 1, \underset{\uparrow}{2}, -5, 4\}$,

【知识点】 序列的表示方法。

【方法点拨】 根据表达式及典型序列的波形进行逐点绘制。

【解答过程】 各序列的图形如题解 5-1 图所示。

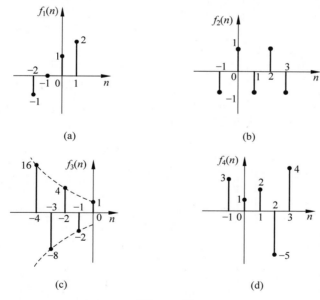

(a)　　　　　　　　(b)

(c)　　　　　　　　(d)

题解 5-1 图

5-2 试画出下列序列的图形。

(1) $f_1(n) = \left(\dfrac{1}{2}\right)^{n-1} u(n)$

(2) $f_2(n) = \left(\dfrac{1}{2}\right)^n [\delta(n+1) - \delta(n) + \delta(n-1)]$

(3) $f_3(n) = \left(-\dfrac{1}{2}\right)^{n-1}\left[u(n) - u(n-3)\right]$

(4) $f_4(n) = (-2)^n u(-n)$

(5) $f_5(n) = 2^{n-1} u(n-1)$

【知识点】 序列的表示方法。

【方法点拨】 利用典型序列的波形,结合序列运算的方法进行图形绘制。

【解答过程】 各序列的图形如题解 5-2 图所示。

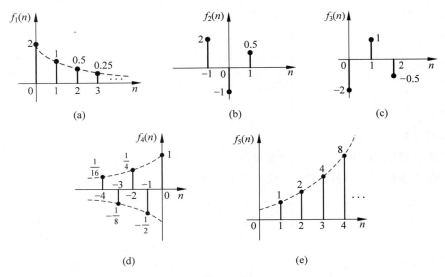

题解 5-2 图

5-3 写出题 5-3 图所示各序列的表达式。

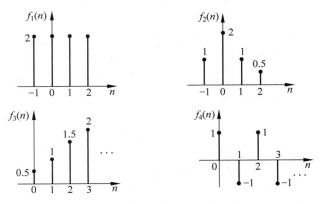

题 5-3 图

【知识点】 序列的表示方法。

【方法点拨】 利用典型序列的表达式及任意序列分解为单位样值序列的方法列写各序列的表达式。

【解答过程】 由 $f_1(n)$ 的波形可知该序列的存在范围是 -1 到 2 点,函数值均为 2,利用单位阶跃序列可写出该序列的表达式为 $f_1(n)=2[u(n+1)-u(n-3)]$。

若将 $f_1(n)$ 中的各点单独表示,又可将该序列写为

$$f_1(n)=2[\delta(n+1)+\delta(n)+\delta(n-1)+\delta(n-2)]$$

同理,$f_2(n)=\delta(n+1)+2\delta(n)+\delta(n-1)+0.5\delta(n-2)$。

观察 $f_3(n)$ 的取值范围及函数值的变化规律可以写出 $f_3(n)=0.5(n+1)u(n)$。

根据 $f_4(n)$ 函数的变化规律可以写出 $f_4(n)=(-1)^n u(n)$。

5-4 设序列 $f(n)=\{2,5,3,1,-1\}$,请画出下列各序列的波形图。

(1) $f_1(n)=f(n+2)$

(2) $f_2(n)=f(-n+1)$

(3) $f_3(n)=f(n+2)+f(n-2)$

(4) $f_4(n)=f(1-n)+f(n+1)$

(5) $f_5(n)=f(n) \cdot f(1-n)$

(6) $f_6(n)=f(2n)$

(7) $f_7(n)=f\left(\dfrac{n}{2}\right)$

(8) $f_8(n)=f(2n) \cdot f(1-n)$

【知识点】 序列的运算与变换。

【方法点拨】 绘制出原序列的波形,根据序列运算和变换的方法绘制运算或变换后的波形。

【解答过程】 根据原序列的数组表示,可绘制出原序列的波形如题解 5-4 图(a)所示。

(1) 将原序列左移 2 个单位,可得 $f_1(n)$ 的波形如题解 5-4 图(b)所示。

(2) 将原序列反褶再右移 1 个单位可得 $f_2(n)$ 的波形如题解 5-4 图(c)所示。或者将原序列先左移 1 个单位再反褶,可同样得到如题解 5-4 图(c)所示结果。

(3) 将原序列分别向左、向右移 2 个单位,再进行对位相加,可得 $f_3(n)$ 波形如题解 5-4 图(d)所示。

(4) 将原序列向左移 1 个单位,再与 $f_2(n)$ 进行对位相加,可得 $f_4(n)$ 波形如题解 5-4 图(e)所示。

(5) 将原序列与 $f_2(n)$ 进行对位相乘,可得 $f_5(n)$ 波形如题解 5-4 图(f)所示。

(6) 将原序列从原点开始每隔 1 点取 1 个值再进行重新排序,可得 $f_6(n)$ 波形如题解 5-4 图(g)所示。

(7) 将原序列从原点开始每相邻两点间插入 1 个零点值再进行重新排序,可得 $f_7(n)$ 波形如题解 5-4 图(h)所示。

(8) 将 $f_6(n)$ 与 $f_2(n)$ 进行对位相乘,可得 $f_8(n)$ 波形如题解 5-4 图(i)所示。

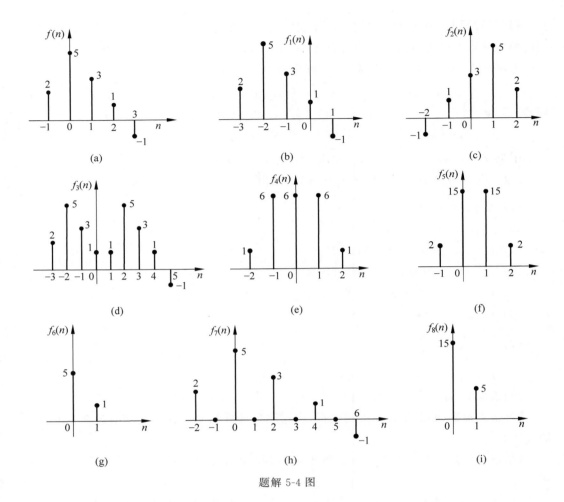

题解 5-4 图

5-5 请绘出下列序列的图形。

(1) $f_1(n) = \cos\dfrac{n\pi}{2}[u(n) - u(n-8)]$

(2) $f_2(n) = (-1)^n u(2n)$

(3) $f_3(n) = (n-1)u(n)$

(4) $f_4(n) = nu(n-1)$

(5) $f_5(n) = n[\delta(n+1) + \delta(n) + \delta(n-3)]$

(6) $f_6(n) = R_4(n+3)$

(7) $f_7(n) = u(-n+5) - u(-n-2)$

(8) $f_8(n) = nR_4(n+1)$

【知识点】 典型序列的波形表示及序列的运算。

【方法点拨】 利用典型序列的波形,结合序列运算的方法进行图形绘制。

【解答过程】 各序列的图形如题解 5-5 图(a)~题解 5-5 图(h)所示。

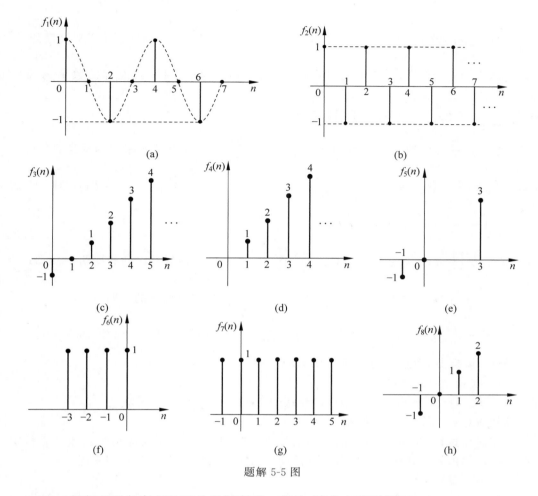

题解 5-5 图

5-6　判断下列各序列是否是周期序列。若是，请求出其周期 N。

（1）$f_1(n) = \sin\left(\dfrac{n\pi}{2} + \dfrac{\pi}{6}\right)$

（2）$f_2(n) = \cos n$

（3）$f_3(n) = e^{j\left(\frac{\pi}{4}n + \frac{\pi}{3}\right)}$

（4）$f_4(n) = \cos\left(\dfrac{4}{3}\pi n\right) + \cos\left(\dfrac{1}{7}n\right)$

（5）$f_4(n) = \cos\left(\dfrac{4}{3}\pi n\right) - \sin\left(\dfrac{4}{5}\pi n\right)$

【知识点】　周期序列的判断。

【方法点拨】　从周期序列的定义出发，总结周期序列数字角频率满足的条件。只有当数字角频率为有理数时，序列为周期序列。

【解答过程】

（1）序列的数字角频率 $\Omega_0 = \dfrac{\pi}{2}$，$\dfrac{2\pi}{\Omega_0} = \dfrac{2\pi}{\pi/2} = 4$，所以该序列的周期 $N = 4$。

（2）序列的数字角频率 $\Omega_0 = 1$，$\dfrac{2\pi}{\Omega_0} = \dfrac{2\pi}{1} = 2\pi$ 为无理数，所以该序列不是周期序列。

（3）$f_3(n) = e^{j\left(\frac{\pi}{4}n + \frac{\pi}{3}\right)} = \cos\left(\dfrac{\pi}{4}n + \dfrac{\pi}{3}\right) + j\sin\left(\dfrac{\pi}{4}n + \dfrac{\pi}{3}\right)$，实、虚部的数字角频率 $\Omega_0 = \dfrac{\pi}{4}$，$\dfrac{2\pi}{\Omega_0} = \dfrac{2\pi}{\pi/4} = 8$，所以该序列的周期 $N = 8$。

（4）$\cos\dfrac{4\pi}{3}n$ 的数字角频率 $\Omega_0 = \dfrac{4\pi}{3}$，$\dfrac{2\pi}{\Omega_0} = \dfrac{2\pi}{4\pi/3} = \dfrac{3}{2}$，所以该序列的周期 $N_1 = 3$。

$\cos\left(\dfrac{1}{7}n\right)$ 的数字角频率 $\Omega_0 = \dfrac{1}{7}$，$\dfrac{2\pi}{\Omega_0} = \dfrac{2\pi}{1/7} = 14\pi$，所以该序列不是周期序列。因而 $\cos\left(\dfrac{4\pi}{3}n\right) + \cos\left(\dfrac{1}{7}n\right)$ 不是周期序列。

（5）$\cos\left(\dfrac{4\pi}{3}n\right)$ 的数字角频率 $\Omega_0 = \dfrac{4\pi}{3}$，$\dfrac{2\pi}{\Omega_0} = \dfrac{2\pi}{4\pi/3} = \dfrac{3}{2}$，所以该序列的周期 $N_1 = 3$；

$\sin\left(\dfrac{4\pi}{5}n\right)$ 的数字角频率 $\Omega_0 = \dfrac{4\pi}{5}$，$\dfrac{2\pi}{\Omega_0} = \dfrac{2\pi}{4\pi/5} = \dfrac{5}{2}$，所以该序列的周期 $N_2 = 5$；

因而 $\cos\left(\dfrac{4\pi}{3}n\right) - \sin\left(\dfrac{4\pi}{5}n\right)$ 的周期为上述两个序列周期的最小公倍数，即 $N = 15$。

5-7 试绘出下列离散时间系统的系统框图。

（1）$r(n) = e(n) + e(n-2)$；

（2）$r(n) + 3r(n-1) + 2r(n-2) = e(n) + e(n-1)$。

【知识点】 系统框图的绘制。

【方法点拨】 在输入、输出已知的情况下，利用数乘器和延时器描绘出差分方程中除了输入、输出外的其他各信号，最后利用加法器将各信号有效地连接在一起。

【解答过程】

（1）由差分方程可知，输出 $r(n)$ 等于输入 $e(n)$ 和 $e(n-2)$ 相加。$e(n-2)$ 可由 $e(n)$ 经过两次延时器得到。因而系统框图如题解 5-7 图（a）所示。

（2）将差分方程改写为

$$r(n) = -3r(n-1) - 2r(n-2) + e(n) + e(n-1)$$

由上式可得，输出 $r(n)$ 是由 $-3r(n-1)$、$-2r(n-2)$、$e(n)$ 和 $e(n-1)$ 相加得到。其中 $-3r(n-1)$ 可由 $r(n)$ 右移一位再乘以 -3 得到，该过程可以利用数乘器和延时器实现。$-2r(n-2)$ 可在 $r(n-1)$ 的基础上再右移一位得到。故该系统框图如题解 5-7 图（b）所示。

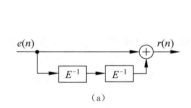

（a）

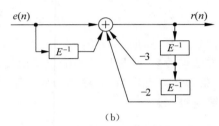

（b）

题解 5-7 图

5-8 试写出题 5-8 图所示各系统的差分方程,并指出系统的阶次。

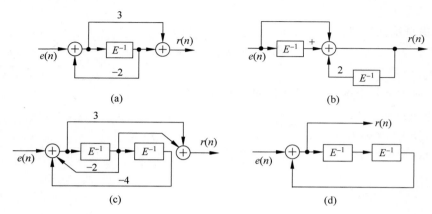

题 5-8 图

【**知识点**】 系统数学模型的列写。

【**方法点拨**】 围绕加法器,分别表示出各输入及输出序列的表达式,对输入进行相加等于输出便可以得出系统数学方程。

【**解答过程**】

(a) 设系统框图中左边加法器的输出为 $x(n)$,由左边加法器可得

$$x(n) = e(n) - 2E^{-1}x(n) \qquad ①$$

由右边加法器可得

$$r(n) = 3x(n) + E^{-1}x(n) \qquad ②$$

将式①、式②联立,消去 $x(n)$ 得

$$r(n) = \frac{3 + E^{-1}}{1 + 2E^{-1}} e(n)$$

整理可得 $\qquad (1 + 2E^{-1})r(n) = (3 + E^{-1})e(n)$

即 $\qquad r(n) + 2r(n-1) = 3e(n) + e(n-1)$

该方程为一阶方程。

(b) 由系统框图中加法器可得 $\qquad r(n) = e(n) + E^{-1}e(n) + 2E^{-1}r(n)$

整理可得 $\qquad r(n) - 2r(n-1) = e(n) + e(n-1)$

该方程为一阶差分方程。

(c) 设系统框图中左边加法器的输出为 $x(n)$,由左边加法器可得

$$x(n) = e(n) - 2E^{-1}x(n) - 4E^{-2}x(n) \qquad ①$$

由右边加法器可得

$$r(n) = 3x(n) + E^{-1}x(n) \qquad ②$$

将式①、式②联立,消去 $x(n)$ 得 $r(n) = \dfrac{3 + E^{-1}}{1 + 2E^{-1} + 4E^{-2}} e(n)$

整理可得 $\qquad (1 + 2E^{-1} + 4E^{-2})r(n) = (3 + E^{-1})e(n)$

即 $\qquad r(n)+2r(n-1)+4r(n-2)=3e(n)+e(n-1)$

该方程为二阶方程。

(d) 由系统框图中加法器可得 $\quad r(n)=e(n)+E^{-2}r(n)$

整理可得 $\qquad\qquad\qquad r(n)-r(n-2)=e(n)$

该方程为二阶差分方程。

5-9 对于下列系统,试判断系统是否具有线性和时不变性。

(1) $r(n)=e(n-n_0)$

(2) $r(n)=2e(n)+1$

(3) $r(n)=[e(n)]^2$

(4) $r(n)=\displaystyle\sum_{m=-\infty}^{n}e(m)$

(5) $r(n)=e^{e(n)}$

(6) $r(n)=e(n)\sin\left(\dfrac{\pi}{3}n+\dfrac{\pi}{6}\right)$

【知识点】 系统线性、时不变性的判断。

【方法点拨】 抓住系统的输入、输出关系,得到系统作用,利用线性时不变的定义,依次判断系统是否满足叠加性和齐次性,以及当激励延时 m 个单位,响应是否也对应延时 m 个单位。

【解答过程】

(1) 设 $e_1(n)\to r_1(n)$,即 $r_1(n)=e_1(n-n_0)$

$e_2(n)\to r_2(n)$,即 $r_2(n)=e_2(n-n_0)$

当 $e(n)=k_1e_1(n)+k_2e_2(n)$ 时,有

$$r(n)=k_1e_1(n-n_0)+k_2e_2(n-n_0)=k_1r_1(n)+k_2r_2(n)$$

故该系统具有线性。

当 $e(n-m)$ 输入该系统时,有 $e(n-m)\to e(n-m-n_0)$

而 $r(n-m)=e(n-n_0-m)$

即 $e(n-m)\to r(n-m)$

所以该系统具有时不变性。

(2) 设 $e_1(n)\to r_1(n)$,即 $r_1(n)=2e_1(n)+1$

$e_2(n)\to r_2(n)$,即 $r_2(n)=2e_2(n)+1$

当 $e(n)=k_1e_1(n)+k_2e_2(n)$ 时,有

$$r(n)=2[k_1e_1(n)+k_2e_2(n)]+1\neq k_1r_1(n)+k_2r_2(n)$$

故该系统具有非线性。

当 $e(n-m)$ 输入该系统时,有 $e(n-m)\to 2e(n-m)+1$

而 $r(n-m)=2e(n-m)+1$

即 $e(n-m)\to r(n-m)$

所以该系统具有时不变性。

（3）设 $e_1(n) \rightarrow r_1(n)$，即 $r_1(n) = [e_1(n)]^2$

$e_2(n) \rightarrow r_2(n)$，即 $r_2(n) = [e_2(n)]^2$

当 $e(n) = k_1 e_1(n) + k_2 e_2(n)$ 时，有

$$r(n) = [k_1 e_1(n) + k_2 e_2(n)]^2 \neq k_1 r_1(n) + k_2 r_2(n) = k_1 [e_1(n)]^2 + k_2 [e_2(n)]^2$$

故该系统具有非线性。

当 $e(n-m)$ 输入该系统时，有 $e(n-m) \rightarrow [e(n-m)]^2$

而 $r(n-m) = [e(n-m)]^2$

即 $e(n-m) \rightarrow r(n-m)$

所以该系统具有时不变性。

（4）设 $e_1(n) \rightarrow r_1(n)$，即 $r_1(n) = \sum_{m=-\infty}^{n} e_1(m)$

$e_2(n) \rightarrow r_2(n)$，即 $r_2(n) = \sum_{m=-\infty}^{n} e_2(m)$

当 $e(n) = k_1 e_1(n) + k_2 e_2(n)$ 时，有

$$r(n) = \sum_{m=-\infty}^{n} [k_1 e_1(m) + k_2 e_2(m)]$$

$$= k_1 \sum_{m=-\infty}^{n} e_1(m) + k_2 \sum_{m=-\infty}^{n} e_2(m) = k_1 r_1(n) + k_2 r_2(n)$$

故该系统具有线性。

当 $e(n-n_0)$ 输入该系统时，有

$$e(n-n_0) \rightarrow \sum_{m=-\infty}^{n} e(m-n_0) \xrightarrow{m-n_0=k} \sum_{k=-\infty}^{n-n_0} e(k)$$

而 $r(n-n_0) = \sum_{m=-\infty}^{n-n_0} e(m)$

即 $e(n-m) \rightarrow r(n-m)$

所以该系统具有时不变性。

（5）设 $e_1(n) \rightarrow r_1(n)$，即 $r_1(n) = \mathrm{e}^{e_1(n)}$

$e_2(n) \rightarrow r_2(n)$，即 $r_2(n) = \mathrm{e}^{e_2(n)}$

当 $e(n) = k_1 e_1(n) + k_2 e_2(n)$ 时，有

$$r(n) = \mathrm{e}^{k_1 e_1(n) + k_2 e_2(n)} = \mathrm{e}^{k_1 e_1(n)} \cdot \mathrm{e}^{k_2 e_2(n)} \neq k_1 r_1(n) + k_2 r_2(n) = k_1 \mathrm{e}^{e_1(n)} + k_2 \mathrm{e}^{e_2(n)}$$

故该系统具有非线性。

当 $e(n-m)$ 输入该系统时，有 $e(n-m) \rightarrow \mathrm{e}^{e(n-m)}$

而 $r(n-m) = \mathrm{e}^{e(n-m)}$

即 $e(n-m) \rightarrow r(n-m)$

所以该系统具有时不变性。

（6）设 $e_1(n) \rightarrow r_1(n)$，即 $r_1(n) = e_1(n) \sin\left(\dfrac{\pi}{3} n + \dfrac{\pi}{6}\right)$

$e_2(n) \rightarrow r_2(n)$，即 $r_2(n) = e_2(n)\sin\left(\dfrac{\pi}{3}n + \dfrac{\pi}{6}\right)$

当 $e(n) = k_1 e_1(n) + k_2 e_2(n)$ 时，有

$$r(n) = \left[k_1 e_1(n) + k_2 e_2(n)\right]\sin\left(\frac{\pi}{3}n + \frac{\pi}{6}\right)$$

$$= k_1 e_1(n)\sin\left(\frac{\pi}{3}n + \frac{\pi}{6}\right) + k_2 e_2(n)\sin\left(\frac{\pi}{3}n + \frac{\pi}{6}\right) = k_1 r_1(n) + k_2 r_2(n)$$

故该系统具有线性。

当 $e(n-m)$ 输入该系统时，有 $e(n-m) \rightarrow e(n-m)\sin\left(\dfrac{\pi}{3}n + \dfrac{\pi}{6}\right)$

而 $r(n-m) = e(n-m)\sin\left[\dfrac{\pi}{3}(n-m) + \dfrac{\pi}{6}\right]$

即 $e(n-m) \nrightarrow r(n-m)$

所以该系统具有时变性。

5-10 某人向银行贷款 20 万，采取逐月计息偿还方式。从贷款后第一个月开始每月定时定额还款，每月固定还款金额 0.4 万元，贷款年利率为 6%，月息 $\beta = 6\%/12 = 0.5\%$。设第 n 个月的欠款额为 $y(n)$，试写出 $y(n)$ 满足的方程。

【知识点】 离散时间系统数学模型的建立。

【方法点拨】 根据前后两月欠款额的变化关系列写数学模型。

【解答过程】 设第 $n-1$ 个月的欠款额为 $r(n-1)$，第 n 个月的欠款额是由上一个月的本息和减去每月的固定还款金额，即 $r(n) = r(n-1)(1+\beta) - 0.4u(n-1)$

整理可得 $r(n) - (1+\beta)r(n-1) = -0.4u(n-1)$

5-11 同一平面上有 n 条直线，均两两相交，但没有三条或三条以上直线交于同一点。问满足这一条件的 n 条直线能把平面分成多少块？

【知识点】 离散时间系统数学模型的建立。

【方法点拨】 根据具体系统的物理特性列写数学模型。

【解答过程】 根据题意，设 $n-1$ 条直线把平面划分为 $y(n-1)$ 块。

当再画上第 n 条直线后，该直线与已有的 $n-1$ 条直线两两相交，形成 $n-1$ 个新交点。

则这些新交点将第 n 条直线划为 n 段，每一段对应增加一块平面，即

$$y(n) - y(n-1) = n$$

利用经典法可得齐次解为 $y_h(n) = C_1$

设特解为 $y_p(n) = C_2 n + C_3 n^2$，代入原方程可得特解为 $y_p(n) = 0.5n + 0.5n^2$

因而完全解为 $y(n) = 0.5n + 0.5n^2 + C_1$

由于 $y(0) = 1$ 可求得 $C_1 = 1$

所以 $y(n) = 0.5n^2 + 0.5n + 1$

5-12 已知系统差分方程及边界条件，求 $n \geqslant 0$ 时系统零输入响应。

(1) $r(n)-\dfrac{1}{3}r(n-1)=0, r(0)=1$

(2) $r(n)-2r(n-1)=0, r(0)=\dfrac{1}{2}$

(3) $r(n)+3r(n-1)+2r(n-2)=0, r(-1)=1, r(-2)=1$

(4) $r(n)+2r(n-1)+r(n-2)=0, r(-1)=r(-2)=2$

(5) $r(n)+r(n-2)=0, r(0)=1, r(1)=3$

【知识点】 零输入响应的求解。

【方法点拨】 从零输入响应的数学模型出发,求解齐次方程,得到齐次解的形式,将零输入响应的初始条件代入形式解中确定待定系数,最终求得零输入响应。

【解答过程】

(1) 该齐次方程对应的特征方程为 $\lambda-\dfrac{1}{3}=0$,特征根为 $\lambda=\dfrac{1}{3}$

零输入响应为 $r_{zi}(n)=k\cdot\left(\dfrac{1}{3}\right)^n, n\geqslant0$

将 $r(0)=1$ 代入上式得 $k=1$

所以零输入响应为 $r_{zi}(n)=\left(\dfrac{1}{3}\right)^n u(n)$

(2) 该齐次方程对应的特征方程为 $\lambda-2=0$,特征根为 $\lambda=2$

零输入响应为 $r_{zi}(n)=k\cdot2^n, n\geqslant0$

将 $r(0)=\dfrac{1}{2}$ 代入上式得 $k=\dfrac{1}{2}$

所以零输入响应为 $r_{zi}(n)=\dfrac{1}{2}\cdot2^n u(n)$

(3) 该齐次方程对应的特征方程为 $\lambda^2+3\lambda+2=0$,特征根为 $\lambda_1=-1, \lambda_2=-2$

零输入响应为 $r_{zi}(n)=k_1\cdot(-1)^n+k_2\cdot(-2)^n, n\geqslant0$

将 $r(-1)=1, r(-2)=1$ 代入方程得 $r(0)=-5$

将 $r(0)=-5, r(-1)=1$ 代入方程得 $r(1)=13$

将 $r(0)=-5, r(1)=13$ 代入零输入响应的表达式得 $\begin{cases}k_1+k_2=-5\\-k_1-2k_2=13\end{cases}$

解得 $\begin{cases}k_1=3\\k_2=-8\end{cases}$

所以零输入响应为 $r_{zi}(n)=[3\cdot(-1)^n-8\cdot(-2)^n]u(n)$

(4) 该齐次方程对应的特征方程为 $\lambda^2+2\lambda+1=0$,特征根为 $\lambda_1=\lambda_2=-1$

零输入响应为 $r_{zi}(n)=(k_1 n+k_2)\cdot(-1)^n, n\geqslant0$

利用 $r(-1)=r(-2)=2$ 求得 $r(0)=-2r(-1)-r(-2)=-6$

$r(1)=-2r(0)-r(-1)=10$

将 $r(0)=-6, r(1)=10$ 代入零输入响应的表达式得 $\begin{cases} k_2=-6 \\ -k_1-k_2=10 \end{cases}$

解得 $\begin{cases} k_1=-4 \\ k_2=-6 \end{cases}$

所以零输入响应为 $r_{zi}(n)=(-4n-6) \cdot (-1)^n u(n)$

(5) 该齐次方程对应的特征方程为 $\lambda^2+1=0$，特征根为 $\lambda_1=j, \lambda_2=-j$

零输入响应为 $r_{zi}(n)=k_1 j^n+k_2(-j)^n, n \geqslant 0$

将 $r(0)=1, r(1)=3$ 代入零输入响应的表达式得 $\begin{cases} k_1+k_2=1 \\ k_1-k_2=-3j \end{cases}$

解得 $\begin{cases} k_1=\dfrac{1-3j}{2} \\ k_2=\dfrac{1+3j}{2} \end{cases}$

所以零输入响应为

$$
\begin{aligned}
r_{zi}(n) &= \left[\frac{1-3j}{2}j^n+\frac{1+3j}{2}(-j)^n\right]u(n) \\
&= \left\{\frac{1}{2}\left[j^n+(-j)^n\right]+\frac{3j}{2}\left[(-j)^n-j^n\right]\right\}u(n) \\
&= \left\{\frac{1}{2}\left[(e^{j\frac{\pi}{2}})^n+(e^{-j\frac{\pi}{2}})^n\right]+\frac{3j}{2}\left[(e^{-j\frac{\pi}{2}})^n-(e^{j\frac{\pi}{2}})^n\right]\right\}u(n) \\
&= \left[\frac{1}{2}\left(\cos\frac{\pi n}{2}+j\sin\frac{\pi n}{2}+\cos\frac{\pi n}{2}-j\sin\frac{\pi n}{2}\right)+ \right. \\
&\quad \left. \frac{3j}{2}\left(\cos\frac{\pi n}{2}-j\sin\frac{\pi n}{2}-\cos\frac{\pi n}{2}-j\sin\frac{\pi n}{2}\right)\right]u(n) \\
&= \left(\cos\frac{\pi n}{2}+3\sin\frac{\pi n}{2}\right)u(n)
\end{aligned}
$$

5-13 已知 $r(n)-r(n-1)=n, r(-1)=1$，求 $n \geqslant 0$ 时系统输出 $r(n)$。

【知识点】 差分方程的迭代法或时域经典法求解。

【方法点拨】 迭代法是利用已知的边界条件代入方程中迭代出方程在大于或等于 0 的区间内各时间点的输出值的方法。时域经典法的求解过程是首先求出齐次解，然后解出特解，将齐次解与特解相加得到全响应，最后利用初始条件确定齐次解中的待定系数，最终确定全响应。

【解答过程】 将差分方程改写为 $r(n)=r(n-1)+n$

令 $n=0$ 可得 $r(0)=r(-1)+0=1$

令 $n \geqslant 1$ 依次可得 $r(1)=r(0)+1=2$

$\qquad\qquad\qquad r(2)=r(1)+2=4$

$\qquad\qquad\qquad r(3)=r(2)+3=7$

$$r(4)=r(3)+4=11$$
$$\vdots$$
$$r(n)=\frac{n^2+n+2}{2},n\geqslant0$$

另解：解齐次方程可得齐次解为 $r_h(n)=k\cdot1^n=k$

设特解为 $r_p(n)=C_1n^2+C_2n$

将 $r_p(n)$ 代入原方程得

$$C_1n^2+C_2n-C_1(n-1)^2-C_2(n-1)=n$$

令左右两边相等可得 $C_1=C_2=\frac{1}{2}$

因此全响应 $r(n)=\frac{1}{2}n^2+\frac{1}{2}n+k$

将 $r(-1)=1$ 代入方程迭代可得 $r(0)=1$

将 $r(0)=1$ 代入全响应的表达式解得 $k=1$

因此 $r(n)=\frac{1}{2}n^2+\frac{1}{2}n+1,n\geqslant0$

5-14 已知 $r(n)+3r(n-1)+2r(n-2)=u(n)$，$r(-1)=r(-2)=1$，求 $n\geqslant0$ 时系统输出 $r(n)$。

【知识点】 差分方程的时域经典法求解。

【方法点拨】 时域经典法的求解过程是首先求出齐次解，然后解出特解，将齐次解与特解相加得到全响应，最后利用初始条件确定齐次解中的待定系数，最终确定全响应。

【解答过程】 列写齐次差分方程对应的特征方程为 $\lambda^2+3\lambda+2=0$

解得特征根为 $\lambda_1=-1,\lambda_2=-2$

方程的齐次解为 $r_h(n)=k_1(-1)^n+k_2(-2)^n$

由方程右侧形式可设特解为 $r_p(n)=k$

将 $r_p(n)$ 代入原方程得 $6k=1$

解得 $k=\frac{1}{6}$

因此全响应 $r(n)=k_1(-1)^n+k_2(-2)^n+\frac{1}{6}$

将 $r(-1)=r(-2)=1$ 代入方程迭代出 $r(0)=-4,r(1)=11$

将 $r(0)=-4,r(1)=11$ 代入全响应的表达式得 $\begin{cases}k_1+k_2=-\dfrac{25}{6}\\-k_1-2k_2=\dfrac{65}{6}\end{cases}$

解得 $\begin{cases}k_1=\dfrac{5}{2}\\k_2=-\dfrac{20}{3}\end{cases}$

因而 $r(n)=\dfrac{5}{2}\cdot(-1)^n-\dfrac{20}{3}\cdot(-2)^n+\dfrac{1}{6},n\geqslant0$

5-15 求下列各离散时间系统的单位样值响应 $h(n)$。

(1) $r(n)-2r(n-1)=2e(n)$

(2) $r(n)-0.5r(n-1)+0.06r(n-2)=e(n-1)$

(3) $r(n)+3r(n-1)+2r(n-2)=e(n)-e(n-1)$

(4) $r(n)+\dfrac{1}{4}r(n-1)-\dfrac{1}{8}r(n-2)=e(n)$

(5) $r(n)=e(n)-e(n-1)-2e(n-3)+e(n-4)$

【知识点】 单位样值响应的求解。

【方法点拨】 利用初始条件等效法或传输算子法进行求解。

【解答过程】

(1) 求解单位样值响应的数学模型为 $h(n)-2h(n-1)=2\delta(n)$

当 $n>0$ 时,单位样值响应的数学模型转换为 $h(n)-2h(n-1)=0$

利用齐次差分方程的求解方法,可得 $h(n)=k2^n$

由单位样值响应的定义可知 $h(-1)=0$,将其代入单位样值响应的数学模型,可得

$$h(0)=2h(-1)+2\delta(0)=2$$

将 $h(0)=2$ 代入 $h(n)=k2^n$,可得 $k=2$

系统的单位样值响应为 $h(n)=2^{n+1}u(n)$

另解:用移位算子表示单位样值响应的数学模型可得

$$(1-2E^{-1})h(n)=2\delta(n)$$

$$h(n)=\frac{2}{1-2E^{-1}}\delta(n)$$

根据表 5-2 所示关系,得 $h(n)=2^{n+1}u(n)$

(2) 求解单位样值响应的数学模型为 $h(n)-0.5h(n-1)+0.06h(n-2)=\delta(n-1)$

当 $n>1$ 时,单位样值响应的数学模型转化为 $h(n)-0.5h(n-1)+0.06h(n-2)=0$

利用齐次差分方程的求解方法,可得 $h(n)=k_1(0.2)^n+k_2(0.3)^n$

由单位样值响应的定义可知 $h(0)=h(-1)=0$,将其代入单位样值响应的数学模型,可得

$$h(1)=0.5h(0)-0.06h(-1)+\delta(0)=1$$
$$h(2)=0.5h(1)-0.06h(0)+\delta(1)=0.5$$

将 $h(1)=1,h(2)=0.5$ 代入 $h(n)=k_1(0.2)^n+k_2(0.3)^n$,可得

$$\begin{cases}0.2k_1+0.3k_2=1\\0.04k_1+0.09k_2=0.5\end{cases}$$

解得

$$\begin{cases}k_1=-10\\k_2=10\end{cases}$$

系统的单位样值响应为 $h(n)=10[(0.3)^n-(0.2)^n]u(n)$

另解：用移位算子表示单位样值响应的数学模型可得

$$(1-0.5E^{-1}+0.06E^{-2})h(n)=E^{-1}\delta(n)$$

$$h(n)=\frac{E^{-1}}{1-0.5E^{-1}+0.06E^{-2}}\delta(n)=\frac{-10}{1-0.2E^{-1}}\delta(n)+\frac{10}{1-0.3E^{-1}}\delta(n)$$

根据表 5-2 所示关系，得 $h(n)=10[(0.3)^n-(0.2)^n]u(n)$

（3）求解单位样值响应的数学模型为 $h(n)+3h(n-1)+2h(n-2)=\delta(n)-\delta(n-1)$

当 $n>1$ 时，单位样值响应的数学模型转化为 $h(n)+3h(n-1)+2h(n-2)=0$

利用齐次差分方程的求解方法，可得 $h(n)=k_1(-1)^n+k_2(-2)^n$

由单位样值响应的定义可知 $h(-1)=h(-2)=0$，将其代入单位样值响应的数学模型，可得

$$h(0)=-3h(-1)-2h(-2)+\delta(0)-\delta(-1)=1$$
$$h(1)=-3h(0)-2h(-1)+\delta(1)-\delta(0)=-4$$

将 $h(0)=1,h(1)=-4$ 代入 $h(n)=k_1(-1)^n+k_2(-2)^n$，可得

$$\begin{cases} k_1+k_2=1 \\ -k_1-2k_2=-4 \end{cases}$$

解得

$$\begin{cases} k_1=-2 \\ k_2=3 \end{cases}$$

系统的单位样值响应为 $h(n)=[3(-2)^n-2(-1)^n]u(n)$

另解：用移位算子表示单位样值响应的数学模型可得

$$(1+3E^{-1}+2E^{-2})h(n)=(1-E^{-1})\delta(n)$$

$$h(n)=\frac{1-E^{-1}}{1+3E^{-1}+2E^{-2}}\delta(n)=\frac{-2}{1+E^{-1}}\delta(n)+\frac{3}{1+2E^{-1}}\delta(n)$$

根据表 5-2 所示关系，得 $h(n)=[3(-2)^n-2(-1)^n]u(n)$

（4）用移位算子表示单位样值响应的数学模型可得

$$\left(1+\frac{1}{4}E^{-1}-\frac{1}{8}E^{-2}\right)h(n)=\delta(n)$$

$$h(n)=\frac{1}{1+\frac{1}{4}E^{-1}-\frac{1}{8}E^{-2}}\delta(n)=\frac{2/3}{1+\frac{1}{2}E^{-1}}\delta(n)+\frac{1/3}{1-\frac{1}{4}E^{-1}}\delta(n)$$

根据表 5-2 所示关系，得 $h(n)=\left[\frac{2}{3}\left(-\frac{1}{2}\right)^n+\frac{1}{3}\left(\frac{1}{4}\right)^n\right]u(n)$

（5）当激励 $e(n)=\delta(n)$ 时，对应的响应为单位样值响应，因而

$$h(n)=\delta(n)-\delta(n-1)-2\delta(n-3)+\delta(n-4)$$

5-16 已知下列 LTI 离散时间系统的单位样值响应 $h(n)$，试判断系统的因果性和稳定性，并简要说明理由。

(1) $h(n)=(0.2)^n u(n)$

(2) $h(n)=\delta(n-1)$

(3) $h(n)=nu(n)$

(4) $h(n)=2^n R_5(n)$

(5) $h(n)=3^n u(-n)$

(6) $h(n)=\left[\left(-\dfrac{1}{2}\right)^n+\left(\dfrac{1}{10}\right)^n\right]u(n)$

【知识点】 系统因果性和稳定性的判断。

【方法点拨】 单位样值响应具有因果性是判断系统因果性的充要条件。单位样值响应绝对可和是系统稳定的充要条件。

【解答过程】

(1) 由于 $n<0$ 时，$h(n)=0$，所以系统因果。又因为 $\displaystyle\sum_{n=0}^{+\infty}|h(n)|<\infty$，所以系统稳定。

(2) 由于 $n<0$ 时，$h(n)=0$，所以系统因果。又因为 $\displaystyle\sum_{n=0}^{+\infty}|h(n)|<\infty$，所以系统稳定。

(3) 由于 $n<0$ 时，$h(n)=0$，所以系统因果。又因为 $\displaystyle\sum_{n=0}^{+\infty}|h(n)|\to\infty$，所以系统不稳定。

(4) 由于 $n<0$ 时，$h(n)=0$，所以系统因果。又因为 $\displaystyle\sum_{n=0}^{+\infty}|h(n)|<\infty$，所以系统稳定。

(5) 由于 $n<0$ 时，$h(n)\neq0$，所以系统非因果。又因为 $\displaystyle\sum_{n=0}^{+\infty}|h(n)|<\infty$，所以系统稳定。

(6) 由于 $n<0$ 时，$h(n)=0$，所以系统因果。又因为 $\displaystyle\sum_{n=0}^{+\infty}|h(n)|<\infty$，所以系统稳定。

5-17 已知某 LTI 离散时间系统的阶跃响应为 $g(n)=[(-2)^n+1]u(n)$，求该系统的单位样值响应 $h(n)$。

【知识点】 LTI 系统单位阶跃响应与单位样值响应的关系。

【方法点拨】 利用 LTI 系统的特性，当输入线性变化时，输出对应线性变化。当输入延时，输出对应发生延时。抓住阶跃响应和样值响应中激励信号的关系，可对应转换出阶跃响应与样值响应之间的关系。

【解答过程】 已知 $u(n)\to g(n)=[(-2)^n+1]u(n)$

又因为 $\delta(n)=u(n)-u(n-1)$

根据系统的时不变性，$u(n-1) \to g(n-1) = [(-2)^{n-1} + 1]u(n-1)$

根据系统的线性可得

$$\delta(n) = u(n) - u(n-1) \to g(n) - g(n-1)$$
$$= [(-2)^n + 1]u(n) - [(-2)^{n-1} + 1]u(n-1)$$
$$= \frac{3}{2}(-2)^n u(n) + \frac{1}{2}\delta(n)$$

5-18　已知某 LTI 离散时间系统的单位样值响应和激励分别如题 5-18 图所示，画出系统响应 $r(n)$ 的波形。

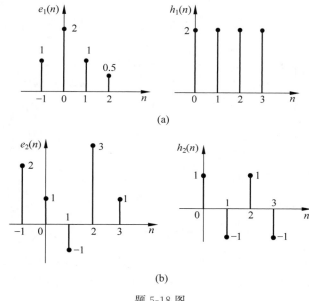

(a)

(b)

题 5-18 图

【知识点】　零状态响应的卷积分析法。

【方法点拨】　零状态响应等于激励与单位样值响应的卷积。针对两个有限长序列的卷积可采用对位相乘法进行求解。

【解答过程】

（a）将两个序列以右对齐排列，对位相乘过程如下：

```
          1   2   1  0.5
          2   2   2   2
      ─────────────────────
          2   4   2   1
      2   4   2   1
  2   4   2   1
  ─────────────────────
  2   6   8   7   3   1
```

即系统响应 $r(n) = \{2, 6, 8, 7, 3, 1\}$，波形如题解 5-18 图（a）所示。

（b）将两个序列以右对齐排列，对位相乘过程如下：

$$
\begin{array}{rrrrrrr}
 & 2 & 1 & -1 & 3 & 1 & \\
 & & 1 & -1 & 1 & -1 & \\
\hline
 & & -2 & -1 & 1 & -3 & -1 \\
 & 2 & 1 & -1 & 3 & 1 & \\
 -2 & -1 & 1 & -3 & -1 & & \\
 2 & 1 & -1 & 3 & 1 & & \\
\hline
 2 & -1 & 0 & 3 & -4 & 3 & -2 & -1 \\
\end{array}
$$

即系统响应 $r(n) = \{2, -1, 0, 3, -4, 3, -2, -1\}$，波形如题解 5-18 图（b）所示。

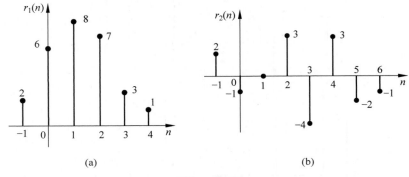

题解 5-18 图

5-19 已知某 LTI 离散时间系统的系统框图如题 5-19 图所示，各子系统分别为 $h_1(n) = u(n)$，$h_2(n) = \delta(n-2)$，$h_3(n) = u(n-1)$，求该系统的单位样值响应。

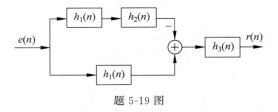

题 5-19 图

【知识点】 卷积的性质。

【方法点拨】 利用卷积的结合律可得级联系统的单位样值响应等于各级联子系统单位样值响应的卷积，利用卷积的分配律可得并联系统的单位样值响应等于各并联子系统单位样值响应的求和。

【解答过程】 由系统框图可得系统单位样值响应为

$$
\begin{aligned}
h(n) &= [h_1(n) - h_1(n) * h_2(n)] * h_3(n) \\
&= [u(n) - u(n) * \delta(n-2)] * u(n-1) \\
&= [u(n) - u(n-2)] * u(n-1)
\end{aligned}
$$

$$=[\delta(n)+\delta(n-1)]*u(n-1)$$
$$=u(n-1)+u(n-2)$$

5-20 已知系统差分方程为 $r(n)=e(n)-2e(n-1)-e(n-2)$，激励 $e(n)=u(n)-u(n-2)$。

求：（1）系统单位样值响应 $h(n)$；

（2）$n \geqslant 0$ 时零状态响应 $r(n)$。

【知识点】 单位样值响应及零状态响应的求解。

【方法点拨】 从单位样值响应的定义出发求解单位样值响应。零状态响应的求解采用卷积法。

【解答过程】

（1）当激励 $e(n)=\delta(n)$ 时，对应的响应为单位样值响应，因而
$$h(n)=\delta(n)-2\delta(n-1)-\delta(n-2)$$

（2）零状态响应
$$r(n)=e(n)*h(n)$$
$$=[\delta(n)+\delta(n-1)]*[\delta(n)-2\delta(n-1)-\delta(n-2)]$$
$$=\delta(n)-\delta(n-1)-3\delta(n-2)-\delta(n-3)$$

5-21 求下列 LTI 离散时间系统的零输入响应 $r_{zi}(n)$、零状态响应 $r_{zs}(n)$ 及全响应 $r(n)$。

（1）$r(n)+\dfrac{1}{3}r(n-1)=e(n)$，$r(-1)=-1$，$e(n)=\left(\dfrac{1}{2}\right)^n u(n)$；

（2）$r(n)-\dfrac{5}{6}r(n-1)+\dfrac{1}{6}r(n-2)=e(n)-e(n-1)$，$r(-1)=0$，$r(-2)=1$，$e(n)=u(n)$。

【知识点】 双零法求解系统响应。

【方法点拨】 零输入响应的求解过程是求解齐次解的过程。零状态响应的求解采用卷积分析法。全响应等于零输入响应与零状态响应的和。

【解答过程】

（1）零输入响应的数学模型为 $r(n)+\dfrac{1}{3}r(n-1)=0$

解该齐次方程可得零输入响应为 $r_{zi}(n)=k\cdot\left(-\dfrac{1}{3}\right)^n$，$n\geqslant 0$

将 $r(-1)=-1$ 代入零输入响应的模型得 $r_{zi}(0)=\dfrac{1}{3}$

将 $r_{zi}(0)=\dfrac{1}{3}$ 代入 $r_{zi}(n)=k\cdot\left(-\dfrac{1}{3}\right)^n$ 解得 $k=\dfrac{1}{3}$

所以零输入响应为 $r_{zi}(n)=\dfrac{1}{3}\cdot\left(-\dfrac{1}{3}\right)^n$，$n\geqslant 0$

单位样值响应的数学模型为 $h(n)+\dfrac{1}{3}h(n-1)=\delta(n)$

用移位算子表示单位样值响应的数学模型可得

$$\left(1 + \frac{1}{3}E^{-1}\right)h(n) = \delta(n)$$

$$h(n) = \frac{1}{1 + \frac{1}{3}E^{-1}}\delta(n) = \left(-\frac{1}{3}\right)^n u(n)$$

零状态响应为

$$r_{zs}(n) = e(n) * h(n) = \left(-\frac{1}{3}\right)^n u(n) * \left(\frac{1}{2}\right)^n u(n)$$

$$= \left[\sum_{m=0}^{n}\left(-\frac{1}{3}\right)^m \left(\frac{1}{2}\right)^{n-m}\right] u(n) = \left(\frac{1}{2}\right)^n \left[\sum_{m=0}^{n}\left(-\frac{2}{3}\right)^m\right] u(n)$$

$$= \left[\frac{3}{5}\left(\frac{1}{2}\right)^n + \frac{2}{5}\left(-\frac{1}{3}\right)^n\right] u(n)$$

全响应为 $r(n) = r_{zi}(n) + r_{zs}(n) = \left[\frac{3}{5}\left(\frac{1}{2}\right)^n + \frac{11}{15}\left(-\frac{1}{3}\right)^n\right] u(n)$

(2) 零输入响应的数学模型为 $r(n) - \frac{5}{6}r(n-1) + \frac{1}{6}r(n-2) = 0$

解该齐次方程可得零输入响应为 $r_{zi}(n) = k_1\left(\frac{1}{3}\right)^n + k_2\left(\frac{1}{2}\right)^n, n \geqslant 0$

将 $r(-1) = 0, r(-2) = 1$ 代入零输入响应的模型得 $r_{zi}(0) = -\frac{1}{6}, r_{zi}(1) = -\frac{5}{36}$

将 $r_{zi}(0) = -\frac{1}{6}, r_{zi}(1) = -\frac{5}{36}$ 代入 $r_{zi}(n) = k_1\left(\frac{1}{3}\right)^n + k_2\left(\frac{1}{2}\right)^n$ 得

$$\begin{cases} k_1 + k_2 = -\frac{1}{6} \\ \frac{1}{3}k_1 + \frac{1}{2}k_2 = -\frac{5}{36} \end{cases} \quad 解得 \quad \begin{cases} k_1 = \frac{1}{3} \\ k_2 = -\frac{1}{2} \end{cases}$$

所以零输入响应为 $r_{zi}(n) = \frac{1}{3}\left(\frac{1}{3}\right)^n - \frac{1}{2}\left(\frac{1}{2}\right)^n, n \geqslant 0$

单位样值响应的数学模型为 $h(n) - \frac{5}{6}h(n-1) + \frac{1}{6}h(n-2) = \delta(n) - \delta(n-1)$

用移位算子表示单位样值响应的数学模型可得

$$\left(1 - \frac{5}{6}E^{-1} + \frac{1}{6}E^{-2}\right)h(n) = (1 - E^{-1})\delta(n)$$

$$h(n) = \frac{1 - E^{-1}}{1 - \frac{5}{6}E^{-1} + \frac{1}{6}E^{-2}}\delta(n) = \frac{4}{1 - \frac{1}{3}E^{-1}}\delta(n) - \frac{3}{1 - \frac{1}{2}E^{-1}}\delta(n)$$

$$= \left[4\left(\frac{1}{3}\right)^n - 3\left(\frac{1}{2}\right)^n\right] u(n)$$

零状态响应为

$$r_{zs}(n) = e(n) * h(n) = \left[4\left(\frac{1}{3}\right)^n - 3\left(\frac{1}{2}\right)^n\right]u(n) * u(n)$$

$$= \left\{\sum_{m=0}^{n}\left[4\left(\frac{1}{3}\right)^m - 3\left(\frac{1}{2}\right)^m\right]\right\}u(n) = \left[4\frac{1-\left(\frac{1}{3}\right)^{n+1}}{1-\frac{1}{3}} - 3\frac{1-\left(\frac{1}{2}\right)^{n+1}}{1-\frac{1}{2}}\right]u(n)$$

$$= \left[3\left(\frac{1}{2}\right)^n - 2\left(\frac{1}{3}\right)^n\right]u(n)$$

全响应为 $r(n) = r_{zi}(n) + r_{zs}(n) = \left[\frac{5}{2}\left(\frac{1}{2}\right)^n - \frac{5}{3}\left(\frac{1}{3}\right)^n\right]u(n)$

5-22　已知描述某 LTI 离散时间系统的差分方程为

$$r(n) + 5r(n-1) + 6r(n-2) = e(n) - e(n-1)$$

（1）求系统的单位样值响应；

（2）判断系统稳定性；

（3）请画出该系统模拟图。

【知识点】　单位样值响应的求解；系统稳定性的判断以及系统模拟图绘制。

【方法点拨】　利用传输算子法求单位样值响应比较简便。根据已知的单位样值响应是否满足绝对可和可判断系统稳定性。利用加法器将输入、输出序列以及输入、输出的移位序列进行有效组合实现系统模拟。

【解答过程】

（1）用移位算子表示单位样值响应的数学模型可得

$$h(n) = \frac{1 - E^{-1}}{1 + 5E^{-1} + 6E^{-2}}\delta(n) = \frac{-3}{1 + 2E^{-1}}\delta(n) + \frac{4}{1 + 3E^{-1}}\delta(n)$$

所以单位样值响应为

$$h(n) = \left[4(-3)^n - 3(-2)^n\right]u(n)$$

（2）由于 $\displaystyle\sum_{n=0}^{+\infty}|h(n)| \to \infty$，则该系统不稳定。

（3）将系统差分方程改写为

$$r(n) = -5r(n-1) - 6r(n-2) + e(n) - e(n-1)$$

根据上式可画出系统的模拟图如题解 5-22 图所示。

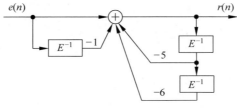

题解 5-22 图

5-23　某离散时间系统的模拟图如题 5-23 图所示。

（1）请写出系统的差分方程；

（2）求 $h(n)$；

（3）若激励 $e(n)=u(n)$，$r(-1)=0$，$r(-2)=1$，求响应 $r(n)$。

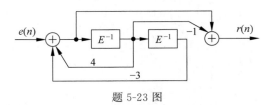

题 5-23 图

【知识点】 由系统框图列写系统差分方程；系统单位样值响应的求解；系统全响应的求解。

【方法点拨】 抓住加法器，消去中间变量，得到输入、输出以及输入、输出的移位序列所组成的方程。利用传输算子法求单位样值响应。利用双零法求系统的全响应。

【解答过程】

（1）设系统框图中左边加法器的输出为 $x(n)$，由左边加法器可得

$$x(n)=e(n)+4E^{-1}x(n)-3E^{-2}x(n) \qquad ①$$

由右边加法器可得 $\qquad r(n)=x(n)-E^{-1}x(n) \qquad ②$

将式①、式②联立，消去 $x(n)$ 得 $\quad r(n)=\dfrac{1-E^{-1}}{1-4E^{-1}+3E^{-2}}e(n)$

整理可得 $\qquad (1-4E^{-1}+3E^{-2})r(n)=(1-E^{-1})e(n)$

即 $\qquad r(n)-4r(n-1)+3r(n-2)=e(n)-e(n-1)$

（2）用移位算子表示单位样值响应的数学模型可得

$$h(n)=\frac{1-E^{-1}}{1-4E^{-1}+3E^{-2}}\delta(n)=\frac{1}{1-3E^{-1}}\delta(n)$$

所以单位样值响应为 $h(n)=3^n u(n)$

（3）零输入响应的数学模型为 $r(n)-4r(n-1)+3r(n-2)=0$

解该齐次方程可得零输入响应为 $r_{zi}(n)=k_1+k_2 3^n$，$n\geqslant 0$

将 $r(-1)=0$，$r(-2)=1$ 代入零输入响应的模型得 $r_{zi}(0)=-3$，$r_{zi}(1)=-12$

将 $r_{zi}(0)=-3$，$r_{zi}(1)=-12$ 代入 $r_{zi}(n)=k_1+k_2 3^n$ 得

$$\begin{cases} k_1+k_2=-3 \\ k_1+3k_2=-12 \end{cases} \quad 即 \quad \begin{cases} k_1=\dfrac{3}{2} \\ k_2=-\dfrac{9}{2} \end{cases}$$

所以零输入响应为 $r_{zi}(n)=\dfrac{3}{2}-\dfrac{9}{2}\cdot 3^n$，$n\geqslant 0$

由题（2）可知单位样值响应为 $h(n)=3^n u(n)$

零状态响应为

$$r_{zs}(n)=e(n)*h(n)=3^n u(n)*u(n)$$

$$= \left(\sum_{m=0}^{n} 3^m \right) u(n) = \frac{1-3^{n+1}}{1-3} u(n) = \left(\frac{3}{2} \cdot 3^n - \frac{1}{2} \right) u(n)$$

全响应为 $r(n) = r_{zi}(n) + r_{zs}(n) = (1 - 3 \cdot 3^n) u(n)$

5-24 已知二阶 LTI 离散时间系统的单位样值响应为

$$h(n) = (1 + 2 \cdot 3^n) u(n)$$

（1）请写出该系统的差分方程；

（2）判断系统的因果性、稳定性；

（3）若激励为 $e(n) = u(n) - u(n-2)$，求系统的零状态响应 $r(n)$。

【知识点】 单位样值响应的传输算子法求解；系统的因果性、稳定性；零状态响应求解。

【方法点拨】 利用传输算子法求单位样值响应，进行逆向推导求得系统的差分方程，根据单位样值响应对系统的因果性、稳定性进行判断，最后利用卷积分析法求零状态响应。

【解答过程】

（1）已知 $h(n) = (1 + 2 \cdot 3^n) u(n)$，根据传输算子法可得传输算子为

$$H(E) = \frac{1}{1 - E^{-1}} + \frac{2}{1 - 3E^{-1}} = \frac{3 - 5E^{-1}}{1 - 4E^{-1} + 3E^{-2}}$$

因而系统的差分方程为 $r(n) - 4r(n-1) + 3r(n-2) = 3e(n) - 5e(n-1)$

（2）由于 $n < 0$ 时，$h(n) = 0$，所以系统因果。又因为 $\sum_{n=0}^{+\infty} |h(n)| \to \infty$，所以系统不稳定。

（3）零状态响应为

$$r_{zs}(n) = e(n) * h(n) = [u(n) - u(n-2)] * h(n) = [\delta(n) + \delta(n-1)] * h(n)$$
$$= (1 + 2 \cdot 3^n) u(n) + (1 + 2 \cdot 3^{n-1}) u(n-1)$$

5.4 阶段测试

1. 选择题

（1）下列四个等式中正确的为（　　）。

A. $u(n) = \sum_{m=-\infty}^{+\infty} \delta(n-m)$ 　　　　B. $\delta(n) = u(-n) - u(-n-1)$

C. $u(-n) = \sum_{m=-\infty}^{0} \delta(n+m)$ 　　　　D. $\delta(n) = u(-n) - u(-n+1)$

（2）判断下列四个信号中，与 $f(n) = \sum_{m=-1}^{1} \delta(n-m)$ 相同的信号是（　　）。

A. $f(n) = u(1-n) - u(-2-n)$ 　　　　B. $f(n) = u(n+1) - u(n-1)$

C. $f(n) = u(n+1) - u(n-2)$ 　　　　D. $f(n) = u(-n+2) - u(-n-1)$

(3) 判断序列 $f(n)=2\sin\left(\dfrac{3\pi}{5}+\dfrac{\pi}{4}\right)u(n)$ 的特性为（　　　）。

A. 双边、周期序列　　　　　　　　　　B. 双边、非周期序列

C. 右边、周期序列　　　　　　　　　　D. 右边、非周期序列

(4) 系统 $r(n)=\displaystyle\sum_{m=0}^{+\infty}e(n-m)$ 的单位样值响应为（　　　）。

A. $u(n)$　　　　　　B. $\delta(n)$　　　　　　C. $a^n u(n)$　　　　　　D. 不存在

(5) 离散时间系统的单位阶跃响应为 $g(n)=4^n u(n)$，则系统的单位样值响应为（　　　）。

A. $4^n u(n-1)$　　　　　　　　　　　B. $4^{n-1}u(n-1)$

C. $n\cdot 4^n u(n)$　　　　　　　　　　D. $\dfrac{3}{4}\cdot 4^n u(n)+\dfrac{1}{4}\delta(n)$

(6) 序列卷积和 $u(n)*u(n-2)=$（　　　）。

A. $nu(n)$　　　　　　　　　　　　　　B. $(n-2)u(n-2)$

C. $(n-1)u(n-2)$　　　　　　　　　　D. $(n-2)u(n-1)$

2. 填空题

(1) 计算 $\displaystyle\sum_{m=-\infty}^{+\infty}2^m\delta(m-3)=$ _____。

(2) 序列 $f(n)$ 如图 5A-1 所示，用 $\delta(n)$ 的加权与延时的线性组合表示为 _____。

(3) 已知序列 $f_1(n)$ 是 4 点序列，序列 $f_2(n)$ 是 4 点序列，则卷积和 $y(n)=f_1(n)*f_2(n)$ 是 _____点序列。

(4) 已知序列 $f_1(n)$ 和 $f_2(n)$ 的波形如图 5A-2(a)、图 5A-2(b)所示，设卷积和 $y(n)=f_1(n)*f_2(n)$，则 $y(2)=$ _____。

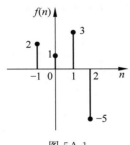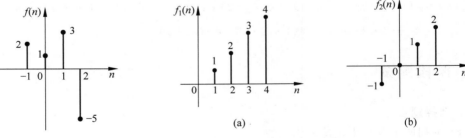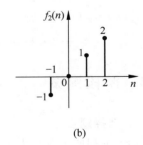

图 5A-1　　　　　　　　　　　　　　　　　　　图 5A-2

(5) 已知某系统的输入输出关系为 $r(n)=3ne(n)+\ln2$，其中 $r(n)$ 为输出，$e(n)$ 为输入，则从线性、时不变角度判断该系统的特性为 _____。

(6) 已知某 LTI 离散时间系统单位样值响应 $h(n)=0.3^n u(n)$，从因果性和稳定性的角度判断该系统的特性为 _____。

3. 计算与画图题

(1) 设已知序列 $f(n)=\begin{cases}n+1,&-2\leqslant n\leqslant 2\\0,&n<-2 \text{ 或 } n>2\end{cases}$，画出下列序列的波形。

① $f(1-n)$；② $f(n)f(1-n)$；③ $f(n)*\delta(n-1)$。

（2）已知某系统的差分方程为 $r(n)-7r(n-1)+12r(n-2)=e(n)$，且 $r(-1)=\dfrac{1}{6}$，$r(-2)=\dfrac{7}{72}$，求 $n \geqslant 0$ 时系统的零输入响应。

（3）已知某系统模拟图如图 5A-3 所示，求系统的单位样值响应。

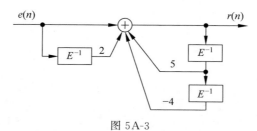

图 5A-3

（4）已知某系统的差分方程为 $r(n)-0.9r(n-1)+0.2r(n-2)=e(n)$，若输入为 $e(n)=(0.2)^{n}u(n)$，初始条件 $r(-1)=11$，$r(-2)=24.5$ 时，求系统的全响应并画出系统的时域模拟图。

（5）已知某系统的框图如图 5A-4 所示，其中 $h_{1}(n)=\delta(n)$，$h_{2}(n)=\delta(n-2)$，$h_{3}(n)=3\delta(n-1)$，当输入 $e(n)=u(n)$ 时，求系统的零状态响应。

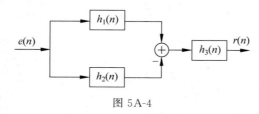

图 5A-4

（6）已知某 LTI 离散时间系统，当输入 $e(n)=u(n)-u(n-3)$ 时产生的零状态响应为 $r(n)=\{1,3,6,5,3\}$，求该系统的单位样值响应。

第6章

离散时间信号与系统的z域分析

6.1　本章学习目标

- 掌握 z 变换的定义及典型序列的 z 变换；
- 理解 z 变换的收敛域；
- 掌握逆 z 变换的计算方法；
- 掌握 z 变换的性质与定理；
- 掌握用 z 变换求解差分方程；
- 掌握离散时间系统的系统函数定义和求解方法；
- 掌握系统因果性、稳定性与收敛域的关系。

6.2　知识要点

6.2.1　z 变换

1. 定义

z 变换可理解为采样信号的拉普拉斯变换，类型分为双边 z 变换和单边 z 变换两种。双边 z 变换定义为

$$
\begin{aligned}
F(z) &= \sum_{n=-\infty}^{+\infty} f(n) z^{-n} \\
&= \cdots + f(-2)z^2 + f(-1)z^1 + f(0) + f(1)z^{-1} + f(2)z^{-2} + \cdots
\end{aligned}
\tag{6-1}
$$

若只对序列 $f(n)$ 在 $n \geqslant 0$ 时进行 z 变换，则称为单边 z 变换，即

$$
F(z) = \sum_{n=0}^{+\infty} f(n) z^{-n} = f(0) + f(1)z^{-1} + f(2)z^{-2} + \cdots
\tag{6-2}
$$

2. 收敛域

由于序列 $f(n)$ 的 z 变换是幂级数的和，故存在级数和是否收敛的问题。若序列 $f(n)$ 存在 z 变换，则要求级数收敛要求级数绝对可和，即

$$
\sum_{n=-\infty}^{+\infty} \left| f(n) z^{-n} \right| < \infty
\tag{6-3}
$$

把满足级数收敛的全部 z 值的集合称为 $F(z)$ 的收敛域（region of convergence，ROC）。通常可采用比值或根值判定法来讨论 z 变换的收敛域问题。所谓比值判定法，是指如果正向级数 $\displaystyle\sum_{n=-\infty}^{+\infty} \left| a_n \right|$ 中任意的前后两项存在如下极限值

$$
\lim_{n \to \infty} \left| \frac{a_{n+1}}{a_n} \right| = \rho
\tag{6-4}
$$

若 $\rho<1$，则级数收敛；若 $\rho>1$，则级数发散；若 $\rho=1$，则无法确定级数收敛情况，既有可能收敛，也有可能发散。

根值判定法是指，如果正项级数 $\displaystyle\sum_{n=-\infty}^{+\infty}|a_n|$ 的一般项 $|a_n|$ 存在如下极限值：

$$\lim_{n\to\infty}\sqrt[n]{|a_n|}=\rho \tag{6-5}$$

若 $\rho<1$，则级数收敛；若 $\rho>1$，则级数发散；若 $\rho=1$，则无法确定级数收敛情况，既有可能收敛，也有可能发散。

随着各序列类型的不同，双边 z 变换收敛域的形式也会发生变化。各类序列的双边 z 变换收敛域如表 6-1 所示。

表 6-1　序列的时域形式与双边 z 变换收敛域的对应关系

序列时域形式			双边 z 变换收敛域	
有限长序列	$0\leqslant n_1<n_2$			$\lvert z\rvert>0$
	$n_1<n_2\leqslant 0$			$\lvert z\rvert<\infty$
	$n_1<0<n_2$			$0<\lvert z\rvert<\infty$
右边序列	$n_1<0$			$R_1<\lvert z\rvert<\infty$
	$n_1\geqslant 0$			$R_1<\lvert z\rvert<\infty$

序列时域形式		双边 z 变换收敛域	
左边序列	$n_2 > 0$		$0 < |z| < R_2$
	$n_2 \leqslant 0$	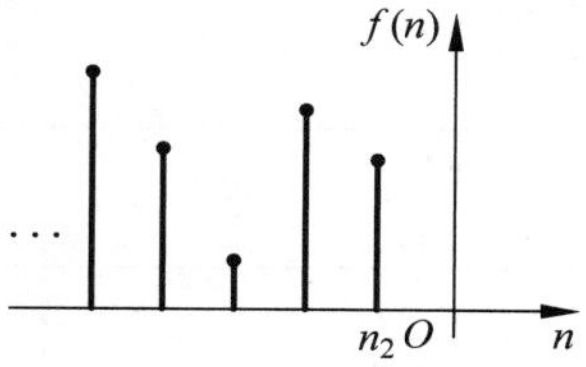	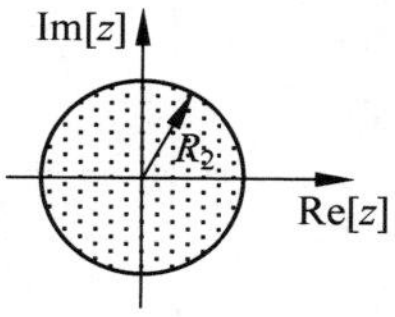 $|z| < R_2$
双边序列	无始无终		$R_1 < |z| < R_2$

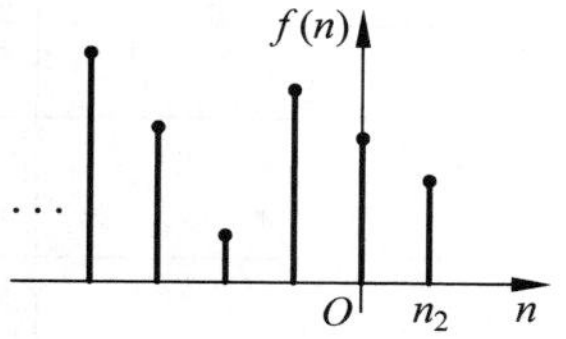

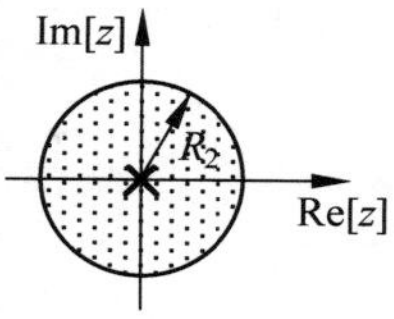

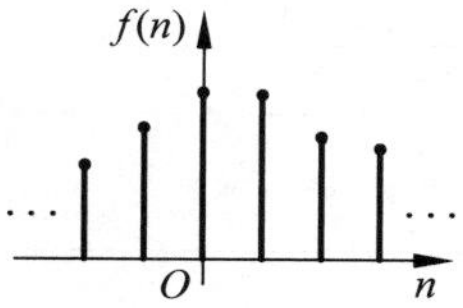

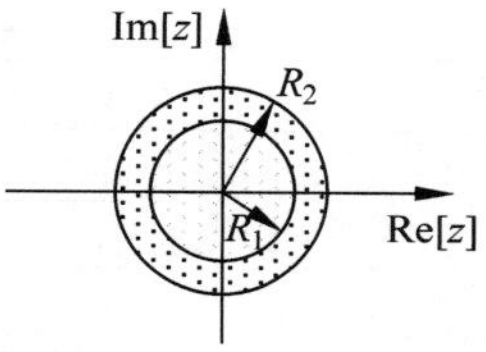

3. 常用序列的 z 变换

1）单位样值序列

$$\mathcal{Z}[\delta(n)] = \sum_{n=-\infty}^{+\infty} \delta(n) z^{-n} = 1 \tag{6-6}$$

单位样值序列的收敛域为整个 z 平面。

2）单位阶跃序列

$$\mathcal{Z}[u(n)] = \sum_{n=-\infty}^{+\infty} u(n) z^{-n} = \sum_{n=0}^{+\infty} z^{-n} = \frac{1}{1-z^{-1}} = \frac{z}{z-1} \tag{6-7}$$

单位样值序列的收敛域为单位圆的外部，即 $|z| > 1$。

3）单边指数序列

$$a^n u(n) \leftrightarrow \frac{z}{z-a}, \quad |z| > |a| \tag{6-8}$$

$$-a^n u(-n-1) \leftrightarrow \frac{z}{z-a}, \quad |z| < |a| \tag{6-9}$$

右边指数序列的收敛域是以 $|a|$ 为半径的圆外，而左边指数序列的收敛域是以 $|a|$ 为半径的圆内。在双边 z 变换中必须注明收敛域，以此明确时域序列与其 z 变换的唯一对应。

表 6-2 列出了几种常用序列的双边 z 变换。

表 6-2　常用序列的双边 z 变换列表

序号	序列 $f(n)$	$F(z)$	收 敛 域
1	$\delta(n)$	1	$|z|\geqslant 0$
2	$\delta(n\pm m)$	$z^{\pm m}$	$|z|>0$ 或 $|z|<\infty$
3	$u(n)$	$\dfrac{1}{1-z^{-1}}=\dfrac{z}{z-1}$	$|z|>1$
4	$a^n u(n)$	$\dfrac{1}{1-az^{-1}}=\dfrac{z}{z-a}$	$|z|>|a|$
5	$-a^n u(-n-1)$	$\dfrac{1}{1-az^{-1}}=\dfrac{z}{z-a}$	$|z|<|a|$
6	$nu(n)$	$\dfrac{z^{-1}}{(1-z^{-1})^2}=\dfrac{z}{(z-1)^2}$	$|z|>1$
7	$\dfrac{n(n-1)}{2}u(n)$	$\dfrac{z^{-2}}{(1-z^{-1})^3}=\dfrac{z}{(z-1)^3}$	$|z|>1$
8	$na^n u(n)$	$\dfrac{az^{-1}}{(1-az^{-1})^2}=\dfrac{az}{(z-a)^2}$	$|z|>|a|$
9	$R_N(n)$	$\dfrac{1-z^{-N}}{1-z^{-1}}=\dfrac{z^N-1}{z^N-z^{N-1}}$	$|z|>0$
10	$\cos(\omega_0 n)u(n)$	$\dfrac{z(z-\cos\omega_0)}{z^2-2z\cos\omega_0+1}$	$|z|>1$
11	$\sin(\omega_0 n)u(n)$	$\dfrac{z\sin\omega_0}{z^2-2z\cos\omega_0+1}$	$|z|>1$

6.2.2　逆 z 变换

若序列 $f(n)$ 的 z 变换为

$$F(z)=\mathcal{Z}[f(n)]$$

则 $F(z)$ 的逆变换为

$$f(n)=\mathcal{Z}^{-1}[F(z)]=\frac{1}{2\pi\mathrm{j}}\oint_C F(z)z^{n-1}\mathrm{d}z$$

求逆 z 变换的方法有：围线积分法（留数法）、幂级数展开法以及部分分式展开法。当 $F(z)$ 为有理函数时，可采用幂级数展开法和部分分式展开法求逆变换。

1．幂级数展开法（长除法）

根据 z 变换的定义可知

$$F(z)=\sum_{n=-\infty}^{+\infty}f(n)z^{-n}$$

$$=\cdots+f(-2)z^2+f(-1)z+f(0)+f(1)z^{-1}+f(2)z^{-2}+\cdots \tag{6-10}$$

由上式可以看出，级数中 z 各次幂的系数就是序列 $f(n)$。

若 $F(z)$ 可表示为有理分式, 即

$$F(z) = \frac{N(z)}{D(z)} = \frac{b_M z^M + b_{M-1} z^{M-1} + \cdots + b_1 z + b_0}{a_N z^N + a_{N-1} z^{N-1} + \cdots + a_1 z + a_0} \tag{6-11}$$

若能将式 (6-11) 转换为式 (6-10) 的形式, 提取级数中的系数便可以得到原序列 $f(n)$。利用长除法可将 $N(z)/D(z)$ 展开成幂级数形式。若 $F(z)$ 的收敛域为 $|z| > R_1$, 则逆变换 $f(n)$ 为因果序列, 此时将 $D(z)$ 和 $N(z)$ 按 z 的降幂次序排列后再进行长除。若 $F(z)$ 的收敛域为 $|z| < R_2$, 则逆变换 $f(n)$ 为左边序列, 此时 $D(z)$ 和 $N(z)$ 按 z 的升幂次序排列。

2. 部分分式展开法

部分分式展开法就是将 $F(z)$ 展开为简单有理分式之和, 与拉普拉斯逆变换中的部分分式展开法类似, 但也有所区别。由于指数序列的 z 变换对为

$$a^n u(n) \leftrightarrow \frac{z}{z-a}, \quad |z| > |a|$$

或

$$-a^n u(-n-1) \leftrightarrow \frac{z}{z-a}, \quad |z| < |a|$$

因此, 在部分分式展开之前, 通常先将 $F(z)$ 除以 z, 再对 $\dfrac{F(z)}{z}$ 进行部分分式展开, 然后对每个展开的分式乘以 z, 最后进行逆变换。

6.2.3　z 变换的性质与定理

1. 线性

若有

$$f_1(n) \leftrightarrow F_1(z), \quad a_1 < |z| < b_1$$
$$f_2(n) \leftrightarrow F_2(z), \quad a_2 < |z| < b_2$$

则有

$$k_1 f_1(n) + k_2 f_2(n) \leftrightarrow k_1 F_1(z) + k_2 F_2(z),$$
$$\max(a_1, a_2) < |z| < \min(b_1, b_2) \tag{6-12}$$

式中, k_1, k_2 为任意常数。一般情况下, 序列 $k_1 f_1(n) + k_2 f_2(n)$ 的 z 变换收敛域是 $F_1(z)$ 的收敛域和 $F_2(z)$ 收敛域的重叠部分。当分子因式与分母因式可相互抵消时, 收敛域范围会扩大。

2. 位移性

1) 双边 z 变换的位移性

若序列 $f(n)$ 的双边 z 变换为

$$F(z) = \mathcal{Z}[f(n)] = \sum_{n=-\infty}^{+\infty} f(n)z^{-n}, \quad R_1 < |z| < R_2$$

则

$$f(n+m) \leftrightarrow z^m F(z), \quad R_1 < |z| < R_2 \tag{6-13}$$

式中，m 为非零整数。一般情况下，双边序列移序后其双边 z 变换的收敛域不变，但是收敛域也可能会在 $z=0$ 或 $z=\infty$ 处发生变化。

2）单边 z 变换的位移性

若序列 $f(n)$ 的单边 z 变换为

$$F(z) = \mathcal{Z}[f(n)u(n)] = \sum_{n=0}^{+\infty} f(n)z^{-n}, \quad |z| > R$$

若 $m > 0$，则有

$$f(n-m)u(n) \leftrightarrow z^{-m}\left[F(z) + \sum_{n=-\infty}^{-1} f(n)z^{-n}\right], \quad |z| > R \tag{6-14}$$

$$f(n+m)u(n) \leftrightarrow z^m\left[F(z) - \sum_{n=0}^{m-1} f(n)z^{-n}\right], \quad |z| > R \tag{6-15}$$

3. z 域尺度变换（序列指数加权）

若已知

$$f(n) \leftrightarrow F(z), \quad R_1 < |z| < R_2$$

则

$$a^n f(n) \leftrightarrow F\left(\frac{z}{a}\right), \quad R_1 < \left|\frac{z}{a}\right| < R_2 \text{ 或者 } |a|R_1 < |z| < |a|R_2 \tag{6-16}$$

式中，a 为非零常数。

4. z 域微分（序列线性加权）

若已知

$$f(n) \leftrightarrow F(z), \quad R_1 < |z| < R_2$$

则

$$nf(n) \leftrightarrow -z\frac{\mathrm{d}}{\mathrm{d}z}F(z), \quad R_1 < |z| < R_2 \tag{6-17}$$

5. 初值定理

若 $f(n)$ 为因果序列，其 z 变换为 $F(z) = \mathcal{Z}[f(n)]$，则 $f(n)$ 初值为

$$f(0) = \lim_{z \to \infty} F(z) \tag{6-18}$$

6. 终值定理

已知 $f(n)$ 为因果序列，其 z 变换为 $F(z) = \mathcal{Z}[f(n)]$，若 $F(z)$ 的极点除了在 $z=1$ 处有单极点外，其余极点全部落在单位圆内，则 $f(n)$ 的终值存在，且终值为

$$f(\infty) = \lim_{n \to \infty} f(n) = \lim_{z \to 1}(z-1)F(z) \tag{6-19}$$

注意,只有当终值存在时,才可以利用式(6-19)求终值 $f(\infty)$。

7. 时域卷积定理

若已知两个序列 $f_1(n)$ 和 $f_2(n)$,其 z 变换分别为

$$F_1(z) = \mathcal{Z}[f_1(n)], \quad a_1 < |z| < b_1$$
$$F_2(z) = \mathcal{Z}[f_2(n)], \quad a_2 < |z| < b_2$$

则有

$$\mathcal{Z}[f_1(n) * f_2(n)] = F_1(z) \cdot F_2(z), \quad \max(a_1, a_2) < |z| < \min(b_1, b_2) \tag{6-20}$$

序列的 z 变换与逆 z 变换实现了序列由时域到 z 域的相互变换,为离散时间信号分析提供了一种新的思路与方法。z 变换的性质与定理阐述了序列时域特性与 z 域特性之间的联系,是信号 z 域分析中不可或缺的内容。以上内容又为系统的 z 域分析提供必要的理论基础。

6.2.4 系统响应的 z 域分析

系统响应的 z 域分析就是利用 z 变换求解离散时间系统的响应。设 N 阶 LTI 因果离散时间系统的后向差分方程为

$$\sum_{m=0}^{N} a_m r(n-m) = \sum_{r=0}^{M} b_r e(n-r) \tag{6-21}$$

激励 $e(n)$ 为因果序列,并且已知 $r(-1), r(-2), \cdots, r(-N)$,若 $\mathcal{Z}[e(n)] = E(z)$,$\mathcal{Z}[r(n)] = R(z)$,对式(6-21)进行单边 z 变换,可得

$$\sum_{m=0}^{N} a_m z^{-m} \left[R(z) + \sum_{k=-m}^{-1} r(k)z^{-k} \right] = \sum_{r=0}^{M} b_r z^{-r} E(z) \tag{6-22}$$

整理上式,全响应的 z 变换表达式为

$$R(z) = -\frac{\sum_{m=0}^{N} \left[a_m z^{-m} \sum_{k=-m}^{-1} r(k)z^{-k} \right]}{\sum_{m=0}^{N} a_m z^{-m}} + \frac{\sum_{r=0}^{M} b_r z^{-r}}{\sum_{m=0}^{N} a_m z^{-m}} E(z) \tag{6-23}$$

其中 $-\dfrac{\sum_{m=0}^{N} \left[a_m z^{-m} \sum_{k=-m}^{-1} r(k)z^{-k} \right]}{\sum_{m=0}^{N} a_m z^{-m}}$ 是零输入响应的 z 变换,即

$$R_{zi}(z) = -\frac{\sum_{m=0}^{N} \left[a_m z^{-m} \sum_{k=-m}^{-1} r(k)z^{-k} \right]}{\sum_{m=0}^{N} a_m z^{-m}} \tag{6-24}$$

对其求逆变换得零输入响应为

$$r_{zi}(n) = \mathcal{Z}^{-1}[R_{zi}(z)]$$

$\dfrac{\sum\limits_{r=0}^{M} b_r z^{-r}}{\sum\limits_{m=0}^{N} a_m z^{-m}} E(z)$ 是零状态响应的 z 变换，即

$$R_{zs}(z) = \frac{\sum\limits_{r=0}^{M} b_r z^{-r}}{\sum\limits_{m=0}^{N} a_m z^{-m}} E(z) \tag{6-25}$$

故零状态响应为

$$r_{zs}(n) = \mathcal{Z}^{-1}[R_{zs}(z)]$$

利用 z 变换既可以求出零输入响应，也可以求出零状态响应。若已知系统差分方程，系统初始条件的情况下，可以根据零输入响应的数学模型单独求出零输入响应。在零状态条件下，若已知系统的非齐次差分方程，可以单独求出零状态响应。系统响应的 z 域分析优于时域分析。

6.2.5　系统特性的 z 域分析

1. 系统函数

系统函数 $H(z)$ 的定义有两种形式，一种定义为

$$H(z) = \mathcal{Z}[h(n)]$$

即单位样值响应体现了系统的时域特性，将单位样值响应进行 z 变换后得到的物理量称为系统函数，体现了系统的 z 域特性。

系统函数 $H(z)$ 的另一种定义为

$$H(z) = \frac{R_{zs}(z)}{E(z)}$$

由此可以看出，在已知零状态响应 $r_{zs}(n)$ 的 z 变换与激励 $e(n)$ 的 z 变换后，将两者做比，便可以求出系统函数。

2. 系统零极点分布对系统时域特性的影响

1）零极点及零极点图

若 N 阶 LTI 因果离散时间系统的差分方程为

$$\sum_{m=0}^{N} a_m r(n-m) = \sum_{r=0}^{M} b_r e(n-r) \tag{6-26}$$

由此可以求出系统函数为有理分式的形式，将系统函数的分子和分母多项式进行因式分解，可得

$$H(z) = \frac{\sum_{r=0}^{M} b_r z^{-r}}{\sum_{m=0}^{N} a_m z^{-m}} = H_0 \frac{\prod_{r=1}^{M}(z - z_r)}{\prod_{m=1}^{M}(z - p_m)} \tag{6-27}$$

式中，z_r 称为 $H(z)$ 的零点，p_m 称为 $H(z)$ 的极点。把系统函数的零极点标注在 z 平面上的图形，称为系统函数的零极点图。零点用"○"表示，极点用"×"表示。若零点或极点为 n 重根，则在零点或极点所在位置标注 n 个相应的符号。由零极点图可直观看出系统函数的零极点分布。

2）系统零极点与系统时域特性的关系

由于系统函数与单位样值响应是一对 z 变换。对系统函数进行逆 z 变换可以得到系统时域特性。因而由 $H(z)$ 的零极点分布可确定单位样值响应 $h(n)$ 的时域变化规律。系统函数 $H(z)$ 的极点处于 z 平面的不同位置时，对应不同函数形式的 $h(n)$。系统的零点影响时域特性的幅度和相位。重点总结一下极点位置与时域波形的对应关系。

（1）极点在单位圆内，即 $|p_m| < 1$。

若 p_m 为实数时，对应的 $|h(n)|$ 指数衰减，即当 $n \to \infty$ 时，$h(n) \to 0$。若 p_m 为共轭极点时，对应的 $h(n)$ 衰减振荡。

（2）极点在单位圆上，即 $|p_m| = 1$。

若 $p_m = 1$ 时，$h(n)$ 的幅度恒为 1。若 $p_m = -1$ 时，$h(n)$ 的幅度以 1 和 -1 交替出现。若 p_m 为共轭极点时，对应的 $h(n)$ 等幅振荡。

（3）极点在单位圆外，即 $|p_m| > 1$。

若 p_m 为实数时，对应的 $|h(n)|$ 指数增长，即当 $n \to \infty$ 时，$h(n) \to \infty$。若 p_m 为共轭极点时，对应的 $h(n)$ 增幅振荡。

3. 系统因果性

对于因果系统，$h(n)$ 为因果序列，故 $H(z)$ 的收敛域为以最大极点为半径的某圆外部，即 $|z| > R$。因而可以从 $H(z)$ 的收敛域来判断系统的因果性。

4. 系统稳定性

稳定系统 $H(z)$ 的收敛域包括单位圆。若 $H(z)$ 的收敛域不包括单位圆，则系统不稳定。从 z 域判断系统稳定的标准就是 $H(z)$ 的收敛域是否包含单位圆。

因果系统要满足稳定的条件是收敛域为半径小于 1 的圆外。由于收敛域是不包含极点的连通区域，因此因果稳定系统的极点全部位于单位圆内。

5. 系统 z 域模拟

离散时间系统模拟所用的基本运算单元包括加法器、数乘器和延时器。这三种运算单元在时域和 z 域的表示方法不同，具体如表 6-3 所示。在已知系统函数 $H(z)$ 的情况下，利用基本运算单元的 z 域表示就可以构成系统的 z 域模拟图。

表 6-3　离散时间系统基本运算单元模型

名　称	时　域　模　型	z 域 模 型
加法器	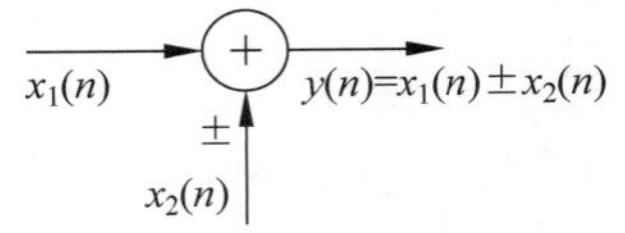 $x_1(n)$　$y(n)=x_1(n)\pm x_2(n)$　$\pm$　$x_2(n)$	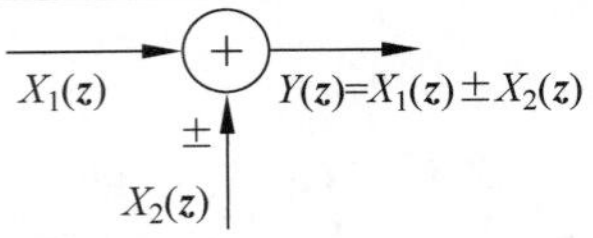 $X_1(z)$　$Y(z)=X_1(z)\pm X_2(z)$　$\pm$　$X_2(z)$
数乘器	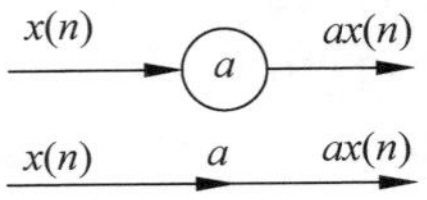 $x(n)$　a　$ax(n)$　$x(n)$　a　$ax(n)$	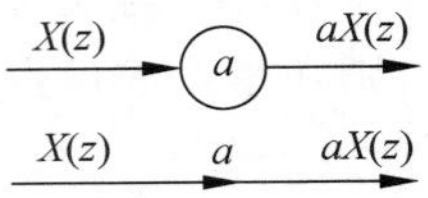 $X(z)$　a　$aX(z)$　$X(z)$　a　$aX(z)$
延时器	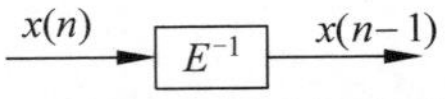 $x(n)$　E^{-1}　$x(n-1)$	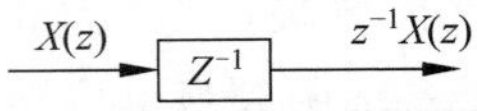 $X(z)$　Z^{-1}　$z^{-1}X(z)$

1）直接形式

已知系统函数 $H(z)$ 为

$$H(z)=\frac{R_{zs}(z)}{E(z)}=\frac{\displaystyle\sum_{r=0}^{M}b_r z^{-r}}{1+\displaystyle\sum_{m=1}^{N}a_m z^{-m}}$$

系统直接形式的模拟图如图 6-1 所示。直接形式的模拟图结构紧凑,系统特性由差分方程中所有系数 a_m、b_r 共同决定。分母首项单位 1 后的各项对应系统的反馈支路,反馈系数与分母多项式中的系数互为相反数。系统函数中分子各项对应前向支路,前向传输的系数与分子多项式中各项系数相同。在实际系统中,某些系数 a_m、b_r 可能为 0。

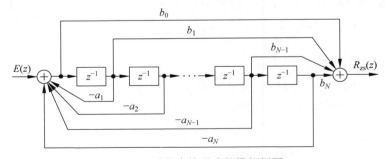

图 6-1　系统直接形式的模拟框图

2）级联形式

级联形式是将 N 阶系统分解为若干子系统的乘积形式,即

$$H(z)=H_1(z)H_2(z)\cdots H_N(z)=\prod_{i=1}^{N}H_i(z) \tag{6-28}$$

根据式(6-28)可以得到 N 阶系统的结构框图,如图 6-2 所示。

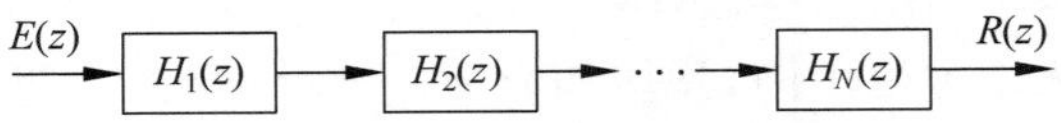

$E(z)$　$H_1(z)$　$H_2(z)$　$\cdots$　$H_N(z)$　$R(z)$

图 6-2　系统的级联形式框图

级联形式中的各子系统通常为直接形式实现的一阶或二阶系统,分别实现各子系统后将各子系统级联便可以得到总的系统的级联形式模拟图。

3) 并联形式

并联形式是将系统分解为若干子系统的求和形式,即

$$H(z) = H_1(z) + H_2(z) + \cdots + H_N(z) = \sum_{i=1}^{N} H_i(z) \qquad (6\text{-}29)$$

根据式(6-29),将各子系统并联后可得到整个系统的框图,如图 6-3 所示。

系统函数是描述系统 z 域特性的物理量,通过系统函数可以对系统各个角度的特性进行判断,重点掌握通过系统函数对系统因果性、稳定性的判断。已知系统函数还可以对系统进行 z 域模拟,进而为后续数字滤波器的设计提供理论基础。

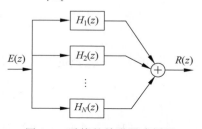

图 6-3　系统的并联形式框图

6.3　习题详解

6-1　求下列序列的双边 z 变换,并标明收敛域。

(1) $f_1(n) = 0.2^n u(n)$

(2) $f_2(n) = \delta(n) + 2\delta(n-1)$

(3) $f_3(n) = 0.2^n u(-n)$

(4) $f_4(n) = \left(\dfrac{1}{3}\right)^{-n} u(n)$

(5) $f_5(n) = 3^n u(-n-1)$

(6) $f_6(n) = \left(-\dfrac{1}{2}\right)^n u(n) - \left(\dfrac{1}{10}\right)^n u(-n-1)$

【知识点】　序列的双边 z 变换。

【方法点拨】　根据双边 z 变换的定义及级数收敛的方法求出双边 z 变换及收敛域。

【解答过程】

(1) 由双边 z 变换的定义可得

$$F_1(z) = \sum_{n=-\infty}^{+\infty} 0.2^n u(n) z^{-n} = \sum_{n=0}^{+\infty} \left(\frac{0.2}{z}\right)^n$$

当 $\left|\dfrac{0.2}{z}\right| < 1$,即 $|z| > 0.2$ 时,级数绝对可和,则

$$F_1(z) = \frac{1}{1 - \dfrac{0.2}{z}} = \frac{z}{z - 0.2}$$

(2) 由双边 z 变换的定义可得

$$F_2(z) = \sum_{n=-\infty}^{+\infty} [\delta(n) + 2\delta(n-1)] z^{-n} = 1 + 2z^{-1}$$

当 $|z| > 0$ 时,级数绝对可和。

（3）由双边 z 变换的定义可得

$$F_3(z) = \sum_{n=-\infty}^{+\infty} 0.2^n u(-n) z^{-n} = \sum_{n=-\infty}^{0} \left(\frac{0.2}{z} \right)^n \xrightarrow{n=-k} \sum_{k=0}^{+\infty} \left(\frac{0.2}{z} \right)^{-k}$$

当 $\left| \dfrac{z}{0.2} \right| < 1$,即 $|z| < 0.2$ 时,级数绝对可和,则

$$F_3(z) = \frac{1}{1 - \dfrac{z}{0.2}} = \frac{5}{5-z} = \frac{1}{1-5z}$$

（4）由双边 z 变换的定义可得

$$F_4(z) = \sum_{n=-\infty}^{+\infty} \left(\frac{1}{3} \right)^{-n} u(n) z^{-n} = \sum_{n=0}^{+\infty} \left(\frac{3}{z} \right)^n$$

当 $\left| \dfrac{3}{z} \right| < 1$,即 $|z| > 3$ 时,级数绝对可和,则

$$F_4(z) = \frac{1}{1 - \dfrac{3}{z}} = \frac{z}{z-3}$$

（5）由双边 z 变换的定义可得

$$F_5(z) = \sum_{n=-\infty}^{+\infty} 3^n u(-n-1) z^{-n} = \sum_{n=-\infty}^{-1} \left(\frac{3}{z} \right)^n \xrightarrow{n=-k} \sum_{k=1}^{+\infty} \left(\frac{3}{z} \right)^{-k}$$

当 $\left| \dfrac{3}{z} \right| > 1$,即 $|z| < 3$ 时,级数绝对可和,则

$$F_5(z) = \frac{\dfrac{z}{3}}{1 - \dfrac{z}{3}} = -\frac{z}{z-3}$$

（6）由双边 z 变换的定义可得

$$F_6(z) = \sum_{n=-\infty}^{+\infty} \left[\left(-\frac{1}{2} \right)^n u(n) - \left(\frac{1}{10} \right)^n u(-n-1) \right] z^{-n}$$

$$= \sum_{n=0}^{+\infty} \left(-\frac{1}{2z} \right)^n - \sum_{n=-\infty}^{-1} \left(\frac{1}{10z} \right)^n$$

$$= \sum_{n=0}^{+\infty} \left(-\frac{1}{2z} \right)^n - \sum_{n=1}^{+\infty} (10z)^n$$

当 $\left| \dfrac{1}{2z} \right| < 1$ 且 $|10z| < 1$ 时,级数绝对可和。由于不存在使得 $\left| \dfrac{1}{2z} \right| < 1$ 且 $|10z| < 1$ 的收敛域,故该序列的双边 z 变换不存在。

6-2 求下列序列的双边 z 变换及收敛域。

（1）$f_1(n) = u(n) - u(n-4)$

（2）$f_2(n) = n[u(n) - u(n-4)]$

(3) $f_3(n) = n \cdot 0.2^n u(n)$

(4) $f_4(n) = (n-3)u(n)$

(5) $f_5(n) = \left(\dfrac{1}{4}\right)^{-n} u(-n-1) + 3^n u(n)$

(6) $f_6(n) = \delta(n+1) + 2\delta(n) + \delta(n-1)$

【知识点】 序列的双边 z 变换。

【方法点拨】 根据常用序列的双边 z 变换及 z 变换的性质求序列双边 z 变换及收敛域。

【解答过程】

（1）由线性特性及位移性可得

$$F_1(z) = \frac{z}{z-1} - z^{-4} \frac{z}{z-1} = \frac{z^5 - z}{z^4(z-1)} = \frac{z(z^4-1)}{z^4(z-1)} = 1 + z^{-1} + z^{-2} + z^{-3}$$

要令级数绝对可和，要求 $|z| > 0$。

另解：将 $f_1(n)$ 改写为 $f_1(n) = \delta(n) + \delta(n-1) + \delta(n-2) + \delta(n-3)$，根据双边 z 变换可得

$$F_1(z) = 1 + z^{-1} + z^{-2} + z^{-3}$$

收敛域为 $|z| > 0$。

（2）将 $f_2(n)$ 改写为

$$f_2(n) = n[\delta(n) + \delta(n-1) + \delta(n-2) + \delta(n-3)]$$
$$= \delta(n-1) + 2\delta(n-2) + 3\delta(n-3)$$

由线性及位移性可得

$$F_2(z) = z^{-1} + 2z^{-2} + 3z^{-3}$$

当 $|z| > 0$ 时，级数绝对可和。

（3）由 $a^n u(n)$ 的 z 变换及 z 域微分性可得

$$F_3(z) = -z \frac{\mathrm{d}}{\mathrm{d}z}\left(\frac{z}{z-0.2}\right) = \frac{0.2z}{(z-0.2)^2}$$

收敛域为 $|z| > 0.2$。

（4）将 $f_4(n)$ 改写为 $f_4(n) = nu(n) - 3u(n)$

由 $u(n)$ 的 z 变换及 z 域微分性可得

$$F_4(z) = -z \frac{\mathrm{d}}{\mathrm{d}z}\left(\frac{z}{z-1}\right) - 3\frac{z}{z-1} = \frac{4z - 3z^2}{(z-1)^2}$$

收敛域为 $|z| > 1$。

（5）将 $f_5(n)$ 改写为 $f_5(n) = 4^n u(-n-1) + 3^n u(n)$

由常用指数序列的 z 变换可得 $F_5(z) = \dfrac{z}{z-3} - \dfrac{z}{z-4}$

收敛域为 $3 < |z| < 4$。

（6）由位移性可得 $F_6(z) = z + 2 + z^{-1}$

收敛域为 $0 < |z| < \infty$。

6-3 求下列序列的双边 z 变换及收敛域。

(1) $f_1(n)=\begin{cases} N, & n\geqslant N>0 \\ 0, & n<N \end{cases}$;

(2) $f_2(n)=(0.2)^{n-1}u(n-1)$;

(3) $f_3(n)=(n-1)^2 u(n)$;

(4) $f_4(n)=\left(\dfrac{1}{5}\right)^n R_{10}(n)$;

(5) $f_5(n)=\cos\dfrac{\pi n}{2}u(n)$;

(6) $f_6(n)=\left(\dfrac{1}{2}\right)^n\cos\dfrac{\pi n}{2}u(n)$。

【知识点】 序列的双边 z 变换。

【方法点拨】 根据常用序列的双边 z 变换及 z 变换的性质求序列双边 z 变换及收敛域。

【解答过程】

(1) 列写 $f_1(n)$ 的表达式为 $f_1(n)=Nu(n-N)$,由位移性可得

$$F_1(z)=Nz^{-N}\frac{z}{z-1}, \quad |z|>1$$

(2) 已知 $0.2^n u(n)\leftrightarrow\dfrac{z}{z-0.2}$,由位移性可得

$$F_2(z)=z^{-1}\frac{z}{z-0.2}=\frac{1}{z-0.2}, \quad |z|>0.2$$

(3) 将 $f_3(n)$ 改写为 $f_3(n)=n^2u(n)-2nu(n)+u(n)$

$$F_3(z)=-z\frac{\mathrm{d}}{\mathrm{d}z}\left[-z\frac{\mathrm{d}}{\mathrm{d}z}\left(\frac{z}{z-1}\right)\right]+2z\frac{\mathrm{d}}{\mathrm{d}z}\left(\frac{z}{z-1}\right)+\frac{z}{z-1}=\frac{z^3-3z^2+4z}{(z-1)^3}$$

收敛域为 $|z|>1$。

(4) 将 $f_4(n)$ 改写为

$$f_4(n)=\left(\frac{1}{5}\right)^n[u(n)-u(n-10)]=\left(\frac{1}{5}\right)^n u(n)-\left(\frac{1}{5}\right)^{10}\left(\frac{1}{5}\right)^{n-10}u(n-10)$$

由 $a^n u(n)$ 的 z 变换及位移性可得

$$F_4(z)=\frac{z}{z-\dfrac{1}{5}}-\left(\frac{1}{5}\right)^{10}z^{-10}\frac{z}{z-\dfrac{1}{5}}$$

收敛域为 $|z|>\dfrac{1}{5}$。

(5) 将 $f_5(n)$ 改写为 $f_5(n)=\cos\dfrac{\pi n}{2}u(n)=\dfrac{\mathrm{e}^{\mathrm{j}\frac{\pi n}{2}}+\mathrm{e}^{-\mathrm{j}\frac{\pi n}{2}}}{2}u(n)$

由常用指数序列的 z 变换可得

$$F_5(z)=\frac{1}{2}\frac{z}{z-\mathrm{e}^{\mathrm{j}\frac{\pi n}{2}}}+\frac{z}{z-\mathrm{e}^{-\mathrm{j}\frac{\pi n}{2}}}=\frac{z^2}{z^2+1}$$

收敛域为 $|z|>|\mathrm{e}^{\mathrm{j}\frac{\pi n}{2}}|=1$。

（6）由题（5）可知 $\cos\frac{\pi n}{2}u(n)\leftrightarrow\frac{z^2}{z^2+1}$

利用 z 域尺度变换性质可得

$$\left(\frac{1}{2}\right)^n\cos\frac{\pi n}{2}u(n)\leftrightarrow\frac{(2z)^2}{(2z)^2+1}=\frac{4z^2}{4z^2+1}$$

6-4 求下列序列的双边 z 变换和收敛域。

（1）$f_1(n)=a^nu(n)+b^nu(n)+c^nu(-n-1)$，$|a|<|b|<|c|$

（2）$f_2(n)=n^2a^nu(n)$

（3）$f_3(n)=\sqrt{3}\cos\left(\frac{\pi n}{3}+\frac{\pi}{4}\right)$

（4）$f_4(n)=\sum_{m=0}^{n}(-1)^m$

【知识点】 序列的双边 z 变换。

【方法点拨】 根据常用序列的双边 z 变换及 z 变换的性质求序列双边 z 变换及收敛域。

【解答过程】

（1）由线性特性可得 $F_1(z)=\frac{z}{z-a}+\frac{z}{z-b}-\frac{z}{z-c}$，$|b|<|z|<|c|$。

（2）已知 $a^nu(n)\leftrightarrow\frac{z}{z-a}$，由 z 域微分变换性质可得

$$F_2(z)=-z\frac{\mathrm{d}}{\mathrm{d}z}\left[-z\frac{\mathrm{d}}{\mathrm{d}z}\left(\frac{z}{z-a}\right)\right]=\frac{az^2+a^2z}{(z-a)^3},\quad |z|>|a|$$

（3）已知

$$f_3(n)=\sqrt{3}\cos\left(\frac{\pi n}{3}+\frac{\pi}{4}\right)=\sqrt{3}\left(\cos\frac{\pi n}{3}\cos\frac{\pi}{4}-\sin\frac{\pi n}{3}\sin\frac{\pi}{4}\right)$$

$$=\frac{\sqrt{6}}{2}\left(\cos\frac{\pi n}{3}-\sin\frac{\pi n}{3}\right)$$

由正弦序列的 z 变换结论可得

$$F_3(z)=\frac{\sqrt{6}}{2}\frac{z\left(z-\cos\frac{\pi}{3}\right)-z\sin\frac{\pi}{3}}{z^2-2z\cos\frac{\pi}{3}+1}=\frac{\sqrt{6}}{2}\frac{z^2-\frac{1}{2}z-\frac{\sqrt{3}}{2}z}{z^2-\sqrt{3}z+1}$$

收敛域为 $|z|>1$。

（4）将 $f_4(n)$ 改写为

$$f_4(n)=\left(\frac{1-(-1)^{n+1}}{1-(-1)}\right)u(n)=\left[\frac{1}{2}+\frac{1}{2}(-1)^n\right]u(n)$$

由常用序列的 z 变换及线性可得

$$F_4(z) = \frac{1}{2} \frac{z}{z-1} + \frac{1}{2} \frac{z}{z+1} = \frac{z^2}{z^2-1}$$

收敛域为 $|z|>1$。

6-5 求下列各象函数的逆变换。

(1) $F_1(z)=1$；

(2) $F_2(z)=z^3$，$|z|<\infty$；

(3) $F_3(z)=z^{-2}$，$|z|>0$；

(4) $F_4(z)=z^{-2}+1+2z+z^3$，$0<|z|<\infty$；

(5) $F_5(z)=\dfrac{1}{1-az^{-1}}$，$|z|<a$；

(6) $F_6(z)=\dfrac{1}{1-az^{-1}}$，$|z|>a$。

【知识点】 序列的逆 z 变换。

【方法点拨】 根据双边 z 变换的定义及典型序列的双边 z 变换结论进行求解。

【解答过程】

(1) $F_1(z)=1 \leftrightarrow f_1(n)=\delta(n)$

(2) $F_2(z)=z^3 \leftrightarrow f_2(n)=\delta(n+3)$

(3) $F_3(z)=z^{-2} \leftrightarrow f_2(n)=\delta(n-2)$

(4) $F_4(z)=z^{-2}+1+2z+z^3 \leftrightarrow f_4(n)=\delta(n+3)+2\delta(n+1)+\delta(n)+\delta(n-2)$

(5) $F_5(z)=\dfrac{1}{1-az^{-1}} \leftrightarrow f_5(n)=-a^n u(-n-1)$

(6) $F_6(z)=\dfrac{1}{1-az^{-1}} \leftrightarrow f_6(n)=a^n u(n)$

6-6 求下列各象函数的逆变换。

(1) $F_1(z)=\dfrac{1}{1+\frac{1}{3}z^{-1}}$，$|z|>\dfrac{1}{3}$；

(2) $F_2(z)=\dfrac{z^{-1}}{1-\frac{1}{3}z^{-1}}$，$|z|>\dfrac{1}{3}$；

(3) $F_3(z)=\dfrac{1-\frac{1}{2}z^{-1}}{1-\frac{1}{4}z^{-1}}$，$|z|>\dfrac{1}{4}$；

(4) $F_4(z)=\dfrac{2z+1}{z-\frac{1}{2}}$，$|z|>\dfrac{1}{2}$；

(5) $F_5(z)=\dfrac{z^2}{z^2-1.5z+0.5}$，$|z|>1$；

(6) $F_6(z) = \dfrac{z}{(z-1)^2(z+2)}$，$|z| > 2$；

(7) $F_7(z) = \dfrac{6z^2}{z^2-1}$，$|z| > 1$；

(8) $F_8(z) = \dfrac{2}{z(z-0.5)}$，$|z| > 0.5$。

【知识点】 序列的逆 z 变换。

【方法点拨】 根据常用序列的双边 z 变换结论及部分分式展开法进行求解。

【解答过程】

(1) $F_1(z) = \dfrac{1}{1 + \dfrac{1}{3}z^{-1}} \leftrightarrow f_1(n) = \left(-\dfrac{1}{3}\right)^n u(n)$

(2) $F_2(z) = \dfrac{z^{-1}}{1 - \dfrac{1}{3}z^{-1}} = z^{-1}\dfrac{z}{z - \dfrac{1}{3}} \leftrightarrow f_2(n) = \left(\dfrac{1}{3}\right)^{n-1} u(n-1)$

(3) $F_3(z) = \dfrac{1 - \dfrac{1}{2}z^{-1}}{1 - \dfrac{1}{4}z^{-1}} = \dfrac{z}{z - \dfrac{1}{4}} - \dfrac{1}{2}z^{-1}\dfrac{z}{z - \dfrac{1}{4}} \leftrightarrow$

$$f_3(n) = \left(\dfrac{1}{4}\right)^n u(n) - \dfrac{1}{2}\left(\dfrac{1}{4}\right)^{n-1} u(n-1)$$

$$= -\left(\dfrac{1}{4}\right)^n u(n) + 2\delta(n)$$

(4) $F_4(z) = \dfrac{2z+1}{z - \dfrac{1}{2}} = 2\dfrac{z}{z - \dfrac{1}{2}} + z^{-1}\dfrac{z}{z - \dfrac{1}{2}} \leftrightarrow f_4(n) = 2\left(\dfrac{1}{2}\right)^n u(n) + \left(\dfrac{1}{2}\right)^{n-1} u(n-1)$

$$= 4\left(\dfrac{1}{2}\right)^n u(n) - 2\delta(n)$$

(5) 对 $\dfrac{F_5(z)}{z}$ 进行部分分式展开可得

$$\dfrac{F_5(z)}{z} = \dfrac{z}{z^2 - 1.5z + 0.5} = \dfrac{2}{z-1} - \dfrac{1}{z-0.5}, \quad |z| > 1$$

即

$$F_5(z) = \dfrac{2z}{z-1} - \dfrac{z}{z-0.5}, \quad |z| > 1$$

$$f_5(n) = 2u(n) - \left(\dfrac{1}{2}\right)^n u(n)$$

(6) 对 $\dfrac{F_6(z)}{z}$ 进行部分分式展开可得

$$\dfrac{F_6(z)}{z} = \dfrac{1}{(z-1)^2(z+2)} = \dfrac{\dfrac{1}{3}}{(z-1)^2} + \dfrac{-\dfrac{1}{9}}{z-1} + \dfrac{\dfrac{1}{9}}{z+2}, \quad |z| > 2$$

即 $F_6(z) = \dfrac{\frac{1}{3}z}{(z-1)^2} + \dfrac{-\frac{1}{9}z}{z-1} + \dfrac{\frac{1}{9}z}{z+2}, \quad |z| > 2$

$$f_6(n) = \left[\frac{1}{3}n - \frac{1}{9} + \frac{1}{9}(-2)^n\right]u(n)$$

(7) 对 $\dfrac{F_7(z)}{z}$ 进行部分分式展开可得

$$\frac{F_7(z)}{z} = \frac{6z}{z^2-1} = \frac{3}{z-1} + \frac{3}{z+1}, \quad |z| > 1$$

即

$$F_7(z) = \frac{3z}{z-1} + \frac{3z}{z+1}, \quad |z| > 1$$

$$f_7(n) = [3 + 3(-1)^n]u(n)$$

(8) 对 $F_8(z)$ 进行部分分式展开可得

$$F_8(z) = \frac{2}{z(z-0.5)} = -\frac{4}{z} + \frac{4}{z-0.5} = -\frac{4}{z} + z^{-1}\frac{4z}{z-0.5}, \quad |z| > 0.5$$

则

$$f_8(n) = 4(0.5)^{n-1}u(n-1) - 4\delta(n-1)$$

6-7 已知如下 $F(z)$，求序列的逆变换。

(1) $F_1(z) = \dfrac{1+z}{(z+0.5)(z-2)}, |z| > 2$;

(2) $F_2(z) = \dfrac{z}{(z-0.5)(8-z)}, 0.5 < |z| < 8$;

(3) $F_3(z) = \dfrac{z^{-3}}{\left(1 - \dfrac{1}{4}z^{-1}\right)^2}, f_3(n)$ 为左边序列。

【知识点】 序列的逆 z 变换。

【方法点拨】 采用部分分式展开法进行求解。

【解答过程】

(1) 对 $\dfrac{F_1(z)}{z}$ 进行部分分式展开可得

$$\frac{F_1(z)}{z} = \frac{1+z}{z(z+0.5)(z-2)} = \frac{-1}{z} + \frac{2}{5}\frac{1}{z+0.5} + \frac{3}{5}\frac{1}{z-2}$$

即

$$F_1(z) = \frac{2}{5}\frac{z}{z+0.5} + \frac{3}{5}\frac{z}{z-2} - 1$$

所以

$$f_1(n) = \left[\frac{2}{5}(-0.5)^n + \frac{3}{5}2^n\right]u(n) - \delta(n)$$

(2) 对 $\dfrac{F_2(z)}{z}$ 进行部分分式展开可得

$$\frac{F_2(z)}{z} = \frac{1}{(z-0.5)(8-z)} = \frac{2}{15}\frac{1}{z-0.5} - \frac{2}{15}\frac{1}{z-8}$$

即
$$F_2(z) = \frac{2}{15}\frac{z}{z-0.5} - \frac{2}{15}\frac{z}{z-8}$$

所以
$$f_2(n) = \frac{2}{15}\left[(0.5)^n u(n) + 8^n u(-n-1)\right]$$

(3) 已知 $F_3(z) = \dfrac{z^{-3}}{\left(1 - \dfrac{1}{4}z^{-1}\right)^2} = 4z^{-2}\dfrac{\dfrac{1}{4}z}{\left(z - \dfrac{1}{4}\right)^2}$

所以
$$f_3(n) = 4(n-2)\left(\frac{1}{4}\right)^{n-2} u(n-2)$$

6-8 已知 $F(z) = \dfrac{z^2}{z^2 + 5z + 6}$，求 $F(z)$ 在以下三种不同收敛域情况下的逆变换。

(1) $|z| > 3$；(2) $|z| < 2$；(3) $2 < |z| < 3$。

【知识点】 序列的逆 z 变换。

【方法点拨】 利用部分分式展开法进行求解，围绕不同的收敛域确定时域形式。

【解答过程】

对 $\dfrac{F(z)}{z}$ 进行部分分式展开可得 $\dfrac{F(z)}{z} = \dfrac{z}{z^2 + 5z + 6} = \dfrac{-2}{z+2} + \dfrac{3}{z+3}$

即
$$F(z) = 3\frac{z}{z+3} - 2\frac{z}{z+2}$$

(1) 当 $|z| > 3$ 时，原序列为右边序列，即 $f(n) = \left[3(-3)^n - 2\cdot(-2)^n\right]u(n)$

(2) 当 $|z| < 2$ 时，原序列为左边序列，即 $f(n) = \left[2\cdot(-2)^n - 3(-3)^n\right]u(-n-1)$

(3) 当 $2 < |z| < 3$ 时，原序列为双边序列，即 $f(n) = -2\cdot 2^n u(n) - 3(-3)^n u(-n-1)$

6-9 已知 $F(z)$ 及收敛域，试求其对应序列的初值 $f(0)$ 和终值 $f(\infty)$。

(1) $F(z) = \dfrac{z^2}{(z-1)(z-2)}, |z| > 2$；

(2) $F(z) = \dfrac{2z\left(z - \dfrac{1}{6}\right)}{z^2 - \dfrac{3}{4}z + \dfrac{1}{8}}, |z| > \dfrac{1}{2}$。

【知识点】 序列的初终值求解。

【方法点拨】 根据初终值定理利用 z 变换直接求解。

【解答过程】

(1) 由收敛域可知该序列为因果序列，则 $f(0) = \lim\limits_{z \to +\infty} F(z) = \lim\limits_{z \to +\infty} \dfrac{z^2}{(z-1)(z-2)} = 1$
该 z 变换的极点为 $p_1 = 1, p_2 = 2$，因此该序列不存在终值。

(2) 由收敛域可知该序列为因果序列，则 $f(0) = \lim\limits_{z \to +\infty} F(z) = \lim\limits_{z \to +\infty} \dfrac{2z\left(z - \dfrac{1}{6}\right)}{z^2 - \dfrac{3}{4}z + \dfrac{1}{8}} = 2$

该 z 变换的极点为 $p_1 = \dfrac{1}{4}, p_2 = \dfrac{1}{2}$，因此终值为

$$f(\infty) = \lim_{z \to 1}(z-1)F(z) = \lim_{z \to +\infty} \frac{2z\left(z - \dfrac{1}{6}\right)(z-1)}{z^2 - \dfrac{3}{4}z + \dfrac{1}{8}} = 0$$

6-10 已知某序列的 z 变换为

$$F(z) = \frac{\dfrac{1}{3}}{1 - \dfrac{1}{2}z^{-1}} + \frac{\dfrac{1}{4}}{1 - 2z^{-1}}$$

该序列收敛域包含单位圆。请利用初值定理求 $f(0)$。

【知识点】 序列的初值求解。

【方法点拨】 围绕收敛域进行讨论，针对因果序列采用初值定理利用 z 变换直接求解。

【解答过程】 由 $F(z)$ 可得该 z 变换有两个极点，分别为 $p_1 = 0.5, p_2 = 2$，由于已知该序列的收敛域包含单位圆，因而该序列的收敛域为 $0.5 < |z| < 2$，由收敛域可判断出该序列为双边序列。

由此可得初值由右边序列 $F_1(z) = \dfrac{1/3}{1 - 0.5z^{-1}}$ 决定，即

$$f(0) = \lim_{z \to +\infty} F_1(z) = \lim_{z \to +\infty} \frac{1/3}{1 - 0.5z^{-1}} = \frac{1}{3}$$

6-11 利用时域卷积定理求系统的零状态响应。

(1) $e(n) = a^n u(n), h(n) = b^n u(n)$；

(2) $e(n) = u(n-1), h(n) = 5 \cdot 2^n u(n)$；

(3) $e(n) = a^n u(n), h(n) = \delta(n-1)$；

(4) $e(n) = \dfrac{3}{4} \cdot 0.3^n u(n), h(n) = \dfrac{1}{3} \cdot 0.5^n u(n)$。

【知识点】 系统响应的 z 域求解。

【方法点拨】 根据时域卷积定理，先求出零状态响应的 z 变换，再进行逆 z 变换，得到零状态响应的时域形式。

【解答过程】

(1) 由时域卷积定理可知

$$r_{zs}(n) = e(n) * h(n) \leftrightarrow R_{zs}(z) = E(z) \cdot H(z) = \frac{z}{z-a} \cdot \frac{z}{z-b}, \ |z| > \max(a, b)$$

对 $R_{zs}(z)$ 进行部分分式展开，可得

$$R_{zs}(z) = \frac{z}{z-a} \cdot \frac{z}{z-b} = \frac{a}{a-b} \cdot \frac{z}{z-a} - \frac{b}{a-b} \cdot \frac{z}{z-b}$$

因而

$$r_{zs}(n) = \left(\frac{a}{a-b} \cdot a^n - \frac{b}{a-b} \cdot b^n\right) u(n)$$

（2）由时域卷积定理可知

$$r_{zs}(n)=e(n)*h(n)\leftrightarrow R_{zs}(z)=E(z)\cdot H(z)=\frac{1}{z-1}\cdot\frac{5z}{z-2},\quad |z|>2$$

对 $R_{zs}(z)$ 进行部分分式展开，可得 $R_{zs}(z)=\frac{1}{z-1}\cdot\frac{5z}{z-2}=\frac{5z}{z-2}-\frac{5z}{z-1}$

因此
$$r_{zs}(n)=(5\cdot 2^n-5)u(n)$$

（3）由时域卷积定理可知

$$r_{zs}(n)=e(n)*h(n)\leftrightarrow R_{zs}(z)=E(z)\cdot H(z)=\frac{z}{z-a}\cdot z^{-1}=\frac{1}{z-a},\quad |z|>|a|$$

因此
$$r_{zs}(n)=a^{n-1}u(n-1)$$

（4）由时域卷积定理可知

$$r_{zs}(n)=e(n)*h(n)\leftrightarrow R_{zs}(z)=E(z)\cdot H(z)=\frac{1}{4}\frac{z}{z-0.3}\cdot\frac{z}{z-0.5},\quad |z|>0.5$$

对 $R_{zs}(z)$ 进行部分分式展开，可得 $R_{zs}(z)=\frac{5}{8}\cdot\frac{z}{z-0.5}-\frac{3}{8}\cdot\frac{z}{z-0.3}$

因此
$$r_{zs}(n)=\left[\frac{5}{8}\cdot(0.5)^n-\frac{3}{8}\cdot(0.3)^n\right]u(n)$$

6-12 用 z 变换求解下列差分方程。

（1）$r(n)-0.3r(n-1)=0,r(-1)=1$；

（2）$r(n)-r(n-1)-6r(n-2)=0,r(-1)=r(-2)=1$。

【知识点】 系统响应的 z 域求解。

【方法点拨】 对齐次差分方程进行单边 z 变换，得到零输入响应的 z 变换，再进行逆 z 变换得到零输入响应的时域形式。

【解答过程】

（1）对齐次差分方程进行单边 z 变换可得 $R(z)-0.3[z^{-1}R(z)+r(-1)]=0$

整理可得
$$R(z)=\frac{0.3r(-1)}{1-0.3z^{-1}}=\frac{0.3}{1-0.3z^{-1}}$$

因而响应为
$$r(n)=0.3^{n+1}u(n)$$

（2）对齐次差分方程进行单边 z 变换可得

$$R(z)-[z^{-1}R(z)+r(-1)]-6[z^{-2}R(z)+z^{-1}r(-1)+r(-2)]=0$$

整理可得

$$R(z)=\frac{r(-1)+6z^{-1}r(-1)+6r(-2)}{1-z^{-1}-6z^{-2}}$$

$$=\frac{6z^{-1}+7}{1-z^{-1}-6z^{-2}}=\frac{27}{5}\cdot\frac{z}{z-3}+\frac{8}{5}\cdot\frac{z}{z+2}$$

因而响应为
$$r(n)=\left[\frac{27}{5}\cdot 3^n+\frac{8}{5}\cdot(-2)^n\right]u(n)$$

6-13 已知某 LTI 离散时间系统的差分方程为

$$r(n)-3r(n-1)=2e(n)$$

系统的边界条件 $r(-1)=1$,激励 $e(n)=2^n u(n)$,求 $n\geqslant0$ 时系统的零输入响应 $r_{zi}(n)$、零状态响应 $r_{zs}(n)$ 及全响应 $r(n)$。

【知识点】 系统响应的 z 域求解。

【方法点拨】 对非齐次差分方程进行单边 z 变换,分别得到零输入响应和零状态响应的 z 变换,再进行逆 z 变换得到零输入响应和零状态响应对应的时域形式。

【解答过程】

对差分方程进行单边 z 变换可得 $R(z)-3[z^{-1}R(z)+r(-1)]=2E(z)$

整理可得 $R(z)=\dfrac{3r(-1)+2E(z)}{1-3z^{-1}}=\dfrac{3}{1-3z^{-1}}+\dfrac{1}{1-3z^{-1}}\cdot\dfrac{2z}{z-2}$

其中零输入响应为 $R_{zi}(z)=\dfrac{3}{1-3z^{-1}}$ $\qquad$ $r_{zi}(n)=3^{n+1}u(n)$

零状态响应为

$$R_{zs}(z)=\frac{1}{1-3z^{-1}}\cdot\frac{2z}{z-2}=6\frac{z}{z-3}-4\frac{z}{z-2}$$

$$r_{zs}(n)=(6\cdot3^n-4\cdot2^n)u(n)$$

全响应为 $r(n)=r_{zi}(n)+r_{zs}(n)=(9\cdot3^n-4\cdot2^n)u(n)$

6-14 已知 LTI 离散时间系统的差分方程为 $r(n)-r(n-1)-6r(n-2)=e(n)$,系统的初始状态为 $r(-1)=1$,$r(-2)=2$,激励为 $e(n)=u(n)$,求 $n\geqslant0$ 时系统的零输入响应 $r_{zi}(n)$、零状态响应 $r_{zs}(n)$ 及全响应 $r(n)$。

【知识点】 系统响应的 z 域求解。

【方法点拨】 对非齐次差分方程进行单边 z 变换,分别得到零输入响应和零状态响应的 z 变换,再进行逆 z 变换得到零输入响应和零状态响应对应的时域形式。

【解答过程】 对差分方程进行单边 z 变换可得

$$R(z)-[z^{-1}R(z)+r(-1)]-6[z^{-2}R(z)+z^{-1}r(-1)+r(-2)]=E(z)$$

整理可得 $R(z)=\dfrac{r(-1)+6z^{-1}r(-1)+6r(-2)}{1-z^{-1}-6z^{-2}}+\dfrac{E(z)}{1-z^{-1}-6z^{-2}}$

其中零输入响应为

$$R_{zi}(z)=\frac{6z^{-1}+13}{1-z^{-1}-6z^{-2}}=\frac{9z}{z-3}+\frac{4z}{z+2}$$

$$r_{zi}(n)=[9\cdot3^n+4\cdot(-2)^n]u(n)$$

零状态响应为

$$R_{zs}(z)=\frac{E(z)}{1-z^{-1}-6z^{-2}}=\frac{9}{10}\frac{z}{z-3}+\frac{4}{15}\frac{z}{z+2}-\frac{1}{6}\frac{z}{z-1}$$

$$r_{zs}(n)=\left[\frac{9}{10}\cdot3^n+\frac{4}{15}\cdot(-2)^n-\frac{1}{6}\right]u(n)$$

全响应为 $r(n)=r_{zi}(n)+r_{zs}(n)=\left[\dfrac{99}{10}\cdot3^n+\dfrac{64}{15}\cdot(-2)^n-\dfrac{1}{6}\right]u(n)$

6-15 已知描述离散时间系统的差分方程如下列各式,分别求系统的系统函数 $H(z)$ 和单位样值响应 $h(n)$。

(1) $r(n) - 0.3r(n-1) = 0.5e(n)$;

(2) $r(n) - 5r(n-1) + 6r(n-2) = e(n) - e(n-1)$;

(3) $r(n) = e(n) - 2e(n-1) - 5e(n-2)$。

【知识点】 系统函数与单位样值响应的求解。

【方法点拨】 先利用差分方程求解系统函数,再对系统函数进行逆 z 变换得到单位样值响应。

【解答过程】

(1) 在零状态条件下,对差分方程两边进行 z 变换可得 $(1 - 0.3z^{-1})R(z) = 0.5E(z)$

由系统函数的定义可得 $H(z) = \dfrac{R(z)}{E(z)} = \dfrac{0.5}{1 - 0.3z^{-1}}$

对系统函数 $H(z)$ 进行逆 z 变换可得 $h(n) = 0.5 \cdot 0.3^n u(n)$

(2) 在零状态条件下,对差分方程两边进行 z 变换可得

$$(1 - 5z^{-1} + 6z^{-2})R(z) = (1 - z^{-1})E(z)$$

由系统函数的定义可得 $H(z) = \dfrac{R(z)}{E(z)} = \dfrac{1 - z^{-1}}{1 - 5z^{-1} + 6z^{-2}}$

对系统函数 $H(z)$ 进行部分分式展开可得 $H(z) = \dfrac{z^2 - z}{z^2 - 5z + 6} = \dfrac{2z}{z-3} - \dfrac{z}{z-2}$

因而单位样值响应为 $h(n) = (2 \cdot 3^n - 2^n)u(n)$

(3) 在零状态条件下,对差分方程两边进行 z 变换可得 $R(z) = (1 - 2z^{-1} - 5z^{-2})E(z)$

由系统函数的定义可得 $H(z) = \dfrac{R(z)}{E(z)} = 1 - 2z^{-1} - 5z^{-2}$

对系统函数 $H(z)$ 进行逆 z 变换可得 $h(n) = \delta(n) - 2\delta(n-1) - 5\delta(n-2)$

6-16 已知某 LTI 离散时间系统的差分方程为

$$r(n) - 7r(n-1) + 12r(n-2) = 2e(n-1)$$

(1) 求系统函数 $H(z)$;

(2) 求单位样值响应 $h(n)$;

(3) 画出该系统的零极点图。

【知识点】 系统函数与单位样值响应的求解以及系统零极点图的绘制。

【方法点拨】 先利用差分方程求解系统函数,再对系统函数进行逆 z 变换得到单位样值响应。求出系统零极点后将零极点标注在 z 平面上便可以得到零极点图。

【解答过程】

(1) 在零状态条件下,对差分方程两边进行 z 变换可得

$$(1 - 7z^{-1} + 12z^{-2})R(z) = 2z^{-1}E(z)$$

由系统函数的定义可得 $H(z) = \dfrac{R(z)}{E(z)} = \dfrac{2z^{-1}}{1 - 7z^{-1} + 12z^{-2}}$

（2）对系统函数 $H(z)$ 进行部分分式展开可得 $H(z)=\dfrac{2z}{z^2-7z+12}=\dfrac{2z}{z-4}-\dfrac{2z}{z-3}$

因而单位样值响应为 $h(n)=2(4^n-3^n)u(n)$

（3）由系统函数可得零点为 $z=0$，极点为 $p_1=3$，$p_2=4$，将零极点画在 z 平面上可得零极点图如题解 6-16 图所示。

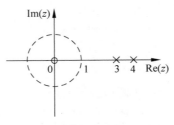

题解 6-16 图

6-17 已知因果系统的系统函数 $H(z)$ 如下所示，说明系统的因果性、稳定性。

（1）$H(z)=\dfrac{z+2}{2z^2-5z+2}$，$0.5<|z|<2$；

（2）$H(z)=z^2-z+1+\dfrac{1}{3}z^{-1}+\dfrac{1}{4}z^{-2}$，$0<|z|<\infty$；

（3）$H(z)=\dfrac{z(z+1)}{(z-1)(z+0.5)}$，$|z|>1$；

（4）$H(z)=\dfrac{z}{(10-z)(z-0.5)}$。

【知识点】 系统因果性、稳定性的判断。

【方法点拨】 若系统函数的收敛域为某圆的外部，则系统具有因果性；若系统函数的收敛域包含单位圆，则系统具有稳定性。

【解答过程】

（1）由于该系统的收敛域为包含单位圆的圆环，因此该系统为非因果稳定系统。

（2）由于该系统的收敛域为包含单位圆，但不是某圆的外部，因此该系统为非因果稳定系统。

（3）由于该系统的收敛域为单位圆的外部，不包含单位圆，因此该系统为因果不稳定系统。

（4）当该系统的收敛域为 $|z|>10$ 时，该收敛域是某圆外部，并且不包含单位圆，因此该系统为因果不稳定系统。

当该系统的收敛域为 $|z|<0.5$ 时，该收敛域是某圆内部，并且不包含单位圆，因此该系统为非因果不稳定系统。

当该系统的收敛域为 $0.5<|z|<10$ 时，该收敛域是包含单位圆的圆环，因此该系统为非因果稳定系统。

6-18 已知某二阶 LTI 离散时间系统具备以下 4 个特点：

（1）系统单位样值响应 $h(n)$ 是右边序列；

（2）$\lim\limits_{z\to\infty} H(z)=2$；

（3）$H(z)$ 有两个零点，分别为 $z_1=-1,z_2=-2$；

（4）$H(z)$ 有两个共轭极点，分别为 $p_1=0.8+j0.8,p_2=0.8-j0.8$。

求该系统的系统函数 $H(z)$，并判断系统的因果性、稳定性。

【知识点】 系统函数的求解与系统因果性、稳定性的判断。

【方法点拨】 根据零极点写出系统函数的表达式，再利用条件（2）确定表达式的待定系数进而最终确定系统函数。由系统是右边序列，判断系统因果性，再由收敛域是否包含单位圆，判断系统稳定性。

【解答过程】 由系统零极点可得系统函数为

$$H(z)=k\,\frac{(z+1)(z+2)}{(z-0.8-j0.8)(z-0.8+j0.8)}$$

由于 $\lim\limits_{z\to\infty}H(z)=2$，因而 $\lim\limits_{z\to\infty}H(z)=\lim\limits_{z\to\infty}k\,\dfrac{(z+1)(z+2)}{(z-0.8-j0.8)(z-0.8+j0.8)}=k=2$

所以系统函数为 $H(z)=\dfrac{2(z+1)(z+2)}{(z-0.8-j0.8)(z-0.8+j0.8)}$

由于该系统的单位样值响应为右边序列，因而该系统具有因果性。又由于该系统的收敛域是以 $0.8\sqrt{2}$ 为半径的圆外，不包含单位圆，因此该系统不稳定。

6-19 已知离散时间系统的系统函数为 $H(z)=\dfrac{z(z-3)}{(z-1)(z-2)}$，当激励为 $e(n)=(-1)^n u(n)$ 时，系统的全响应为 $r(n)=\left[2+\dfrac{4}{3}\cdot 2^n+\dfrac{2}{3}(-1)^n\right]u(n)$。

（1）求单位样值响应；

（2）写出该系统的差分方程；

（3）求系统的零输入响应及零状态响应；

（4）画出该系统的模拟图。

【知识点】 系统单位样值响应的求解，差分方程与系统函数的相互转化，零状态响应的求解，全响应的分解，系统模拟图的绘制。

【方法点拨】 对系统函数进行逆 z 变换得到单位样值响应，由系统函数写出输入、输出的 z 域关系进而转化出输入、输出的时域关系，得到差分方程。利用 z 域分析法求零状态响应，再将全响应减去零状态响应得到零输入响应，最后利用系统函数与模拟图的对应关系，绘制系统模拟图。

【解答过程】

（1）对系统函数 $H(z)$ 进行部分分式展开可得 $H(z)=\dfrac{2z}{z-1}-\dfrac{z}{z-2}$

因而单位样值响应为 $h(n)=(2-2^n)u(n)$。

（2）根据系统函数的定义可得 $H(z)=\dfrac{R_{zs}(z)}{E(z)}=\dfrac{z(z-3)}{(z-1)(z-2)}=\dfrac{1-3z^{-1}}{1-3z^{-1}+2z^{-2}}$

由上式可得 $(1-3z^{-1}+2z^{-2})R_{zs}(z)=(1-3z^{-1})E(z)$

因此系统的差分方程为 $r(n)-3r(n-1)+2r(n-2)=e(n)-3e(n-1)$。

（3）由时域卷积定理可得

$$r_{zs}(n)=e(n)*h(n)\leftrightarrow R_{zs}(z)=E(z)\cdot H(z)=\frac{z}{z+1}\cdot\frac{z(z-3)}{(z-1)(z-2)}$$

对 $R_{zs}(z)$ 进行部分分式展开可得 $R_{zs}(z)=\frac{2}{3}\frac{z}{z+1}+\frac{z}{z-1}-\frac{2}{3}\frac{z}{z-2}$

因此零状态响应为 $r_{zs}(n)=\left[\frac{2}{3}(-1)^n-\frac{2}{3}\cdot 2^n+1\right]u(n)$

零输入响应为

$$r_{zi}(n)=r(n)-r_{zs}(n)$$
$$=\left[2+\frac{4}{3}\cdot 2^n+\frac{2}{3}(-1)^n\right]u(n)-\left[\frac{2}{3}(-1)^n-\frac{2}{3}\cdot 2^n+1\right]u(n)$$
$$=(2\cdot 2^n+1)u(n)$$

（4）由于 $H(z)=\dfrac{z(z-3)}{(z-1)(z-2)}=\dfrac{1-3z^{-1}}{1-3z^{-1}+2z^{-2}}$，因此系统的 z 域模拟图如题解 6-19 图所示。

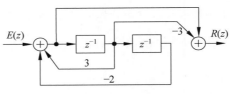

题解 6-19 图

6-20 已知离散时间系统的差分方程为 $r(n)=e(n)-5e(n-1)+7e(n-3)$。

（1）求系统函数 $H(z)$；

（2）求单位样值响应 $h(n)$；

（3）画出该系统的模拟图。

【知识点】 系统函数、单位样值响应的求解，系统 z 域模拟图的绘制。

【方法点拨】 在零状态条件下对差分方程进行单边 z 变换，利用系统函数的定义求解系统函数，对系统函数进行逆 z 变换得到单位样值响应，根据输入、输出的 z 域关系，利用加法器、数乘器与延时器进行 z 域模拟。

【解答过程】

（1）在零状态条件下，对差分方程两边进行单边 z 变换可得

$$R(z)=(1-5z^{-1}+7z^{-3})E(z)$$

由系统函数的定义可得 $H(z)=\dfrac{R(z)}{E(z)}=1-5z^{-1}+7z^{-3}$

（2）对系统函数 $H(z)$ 进行逆变换可得单位样值响应为

$$h(n)=\delta(n)-5\delta(n-1)+7\delta(n-3)$$

（3）由 $H(z)=1-5z^{-1}+7z^{-3}$ 可得系统的 z 域模拟图如题解 6-20 图所示。

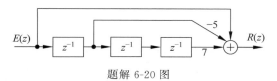

题解 6-20 图

6-21　已知某因果 LTI 系统的系统函数为

$$H(z)=\frac{1-z^{-1}}{1-0.25z^{-2}}$$

（1）求当激励为 $e(n)=u(n)$ 时的系统输出；

（2）当该系统的输出为 $r(n)=\delta(n)-\delta(n-1)$ 时，求系统的输入 $e(n)$。

【知识点】　零状态响应的 z 域求解，零状态响应、系统函数与输入之间的关系。

【方法点拨】　由时域卷积定理可先求出零状态响应的 z 变换，再进行逆 z 变换得到零状态响应。根据零状态响应、系统函数与输入之间的 z 域关系，由输出和系统函数求出输入。

【解答过程】

（1）由时域卷积定理可知

$$r_{zs}(n)=e(n)*h(n)\leftrightarrow R_{zs}(z)=E(z)\cdot H(z)=\frac{z}{z-1}\cdot\frac{1-z^{-1}}{1-0.25z^{-2}}=\frac{1}{1-0.25z^{2}}$$

对 $R_{zs}(z)$ 进行部分分式展开，可得 $R_{zs}(z)=\dfrac{0.5z}{z-0.5}+\dfrac{0.5z}{z+0.5}$

因此 $r_{zs}(n)=0.5[(0.5)^{n}+(-0.5)^{n}]u(n)$

（2）由于 $R_{zs}(z)=E(z)\cdot H(z)$，因此

$$E(z)=\frac{R_{zs}(z)}{H(z)}=(1-z^{-1})\cdot\frac{1-0.25z^{-2}}{1-z^{-1}}=1-0.25z^{-2}$$

对 $E(z)$ 进行逆变换可得输入为 $e(n)=\delta(n)-0.25\delta(n-2)$

6-22　已知系统框图如题图 6-22 所示。（1）写出该系统的差分方程；（2）求该系统函数 $H(z)$；（3）求单位样值响应 $h(n)$；（4）画出系统函数的零极点图。

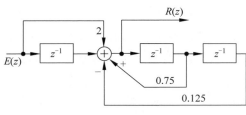

题 6-22 图

【知识点】　系统差分方程的列写，系统函数的求解及系统零极点图的绘制。

【方法点拨】　抓住 z 域模拟图中的加法器列写输入、输出的 z 域关系，得到系统

差分方程。根据差分方程求解系统函数,由系统函数求解系统零极点,进而绘制零极点图。

【解答过程】

(1) 由加法器可得 $R(z)=2E(z)+z^{-1}E(z)+0.75z^{-1}R(z)-0.125z^{-2}R(z)$

整理可得 $R(z)-0.75z^{-1}R(z)+0.125z^{-2}R(z)=2E(z)+z^{-1}E(z)$

因而系统的差分方程为 $r(n)-0.75r(n-1)+0.125r(n-2)=2e(n)+e(n-1)$

(2) 由系统函数的定义可得 $H(z)=\dfrac{R(z)}{E(z)}=\dfrac{2+z^{-1}}{1-0.75z^{-1}+0.125z^{-2}}$

(3) 对系统函数进行部分分式展开可得

$$H(z)=\frac{2z^2+z}{z^2-0.75z+0.125}=\frac{8z}{z-0.5}-\frac{6z}{z-0.25}$$

所以单位样值响应为 $h(n)=[8 \cdot (0.5)^n-6 \cdot (0.25)^n]u(n)$

(4) 由系统函数可得零点为 $z_1=0, z_2=-0.5$,极点为 $p_1=0.5, p_2=0.25$,将零极点画在 z 平面上可得零极点图如题解 6-22 图所示。

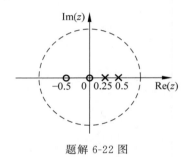

题解 6-22 图

6-23 已知某 LTI 离散时间系统具有如下特点:

(1) 系统单位样值响应是实序列且为右边序列;

(2) $H(z)$ 只有两个极点,其中一个极点为 $p_1=\dfrac{\sqrt{3}}{4}+\mathrm{j}\dfrac{1}{4}$;

(3) $H(z)$ 在原点处有两个零点;

(4) $h(0)=\dfrac{8}{3}$。

请写出满足上述条件的系统函数 $H(z)$,并判断该系统的因果性、稳定性。

【知识点】 系统函数的求解,系统因果性、稳定性的判断。

【方法点拨】 根据零极点写出系统函数的表达式,再利用条件(4)确定表达式的待定系数进而最终确定系统函数。由单位样值响应是右边序列,判断系统因果性,再由收敛域是否包含单位圆判断系统稳定性。

【解答过程】 由于系统只有两个极点,其中一个极点为复数,因此另一个极点为共轭复数。由系统零极点可得系统函数为

$$H(z) = k \frac{z^2}{\left(z - \frac{\sqrt{3}}{4} - j\frac{1}{4}\right)\left(z - \frac{\sqrt{3}}{4} + j\frac{1}{4}\right)}$$

由于 $h(0) = \frac{8}{3}$，因而

$$h(0) = \lim_{z \to \infty} H(z) = \lim_{z \to \infty} k \frac{z^2}{\left(z - \frac{\sqrt{3}}{4} - j\frac{1}{4}\right)\left(z - \frac{\sqrt{3}}{4} + j\frac{1}{4}\right)} = k = \frac{8}{3}$$

所以系统函数为

$$H(z) = \frac{8}{3} \frac{z^2}{\left(z - \frac{\sqrt{3}}{4} - j\frac{1}{4}\right)\left(z - \frac{\sqrt{3}}{4} + j\frac{1}{4}\right)} = \frac{8}{3} \frac{z^2}{z^2 - \frac{\sqrt{3}}{2}z + \frac{1}{4}}$$

由于该系统的单位样值响应为右边序列，因而该系统具有因果性。又由于该系统的收敛半径等于原点到极点的距离，即收敛半径等于 0.5，该收敛域包含单位圆，因而该系统稳定。

6-24 当系统激励为 $e(n) = u(n)$ 时，系统的零状态响应为 $r(n) = 3\left[1 - \left(\frac{1}{2}\right)^n\right]u(n)$。

(1)求系统函数 $H(z)$；(2)求单位样值响应 $h(n)$；(3)写出描述系统的差分方程。

【知识点】 系统函数的求解，单位样值响应与系统函数的关系，系统差分方程的列写。

【方法点拨】 根据系统函数的定义由输出与输入的 z 变换之比得到系统函数，将系统函数进行逆 z 变换得到单位样值响应。由系统函数列写输入、输出的 z 域关系，进而转化为时域关系得到系统的差分方程。

【解答过程】

(1) 由系统函数定义可得

$$H(z) = \frac{R(z)}{E(z)} = \left(\frac{3z}{z-1} - \frac{3z}{z-\frac{1}{2}}\right) \cdot \frac{z-1}{z} = 3 - \frac{3(z-1)}{z-\frac{1}{2}} = \frac{\frac{3}{2}}{z-\frac{1}{2}}$$

(2) 对系统函数进行逆变换，可得单位样值响应为 $h(n) = \frac{3}{2}\left(\frac{1}{2}\right)^{n-1}u(n-1)$

(3) 由于 $H(z) = \frac{R(z)}{E(z)} = \frac{\frac{3}{2}}{z-\frac{1}{2}} = \frac{\frac{3}{2}z^{-1}}{1-\frac{1}{2}z^{-1}}$

因此 $R(z) - \frac{1}{2}z^{-1}R(z) = \frac{3}{2}z^{-1}E(z)$，所以系统的差分方程为 $r(n) - \frac{1}{2}r(n-1) = \frac{3}{2}e(n-1)$。

6.4 阶段测试

1. 选择题

(1) 已知序列 $f(n)$ 的 z 变换为 $F(z) = \dfrac{2z}{(z-0.4)(z+1.5)}$，当 $F(z)$ 的收敛域为（　　）时，序列 $f(n)$ 为左边序列。

A. $|z| > 0.4$　　　　B. $|z| < 0.4$　　　　C. $|z| < 1.5$　　　　D. $|z| > 1.5$

(2) 序列 $f(n) = n \cdot 3^n u(n)$ 的 z 变换为（　　）。

A. $\dfrac{z}{z^2 - 9}$　　　　B. $\dfrac{1}{z^2 - 9}$　　　　C. $\dfrac{3z}{(z-3)^2}$　　　　D. $\dfrac{z}{(z-3)^2}$

(3) 已知因果序列 $f(n)$ 的 z 变换为 $F(z) = \dfrac{z^2 + z}{(z^2 - 1)(z + 0.5)}$，则该序列的初值与终值依次为（　　）。

A. 1，不存在　　　　B. 0，不存在　　　　C. $1, \dfrac{3}{2}$　　　　D. $0, \dfrac{2}{3}$

(4) 若已知序列 $f(n)$ 的 z 变换为 $F(z)$，则 $(-0.2)^n f(n)$ 的 z 变换为（　　）。

A. $5F(-5z)$　　　　B. $5F(5z)$　　　　C. $F(-0.2z)$　　　　D. $F(-5z)$

(5) 已知某 LIT 离散时间系统的单位样值响应为 $h(n) = 2^n u(n)$，在某输入信号作用下产生的零状态响应为 $r_{zs}(n) = (3^n - 2^n)u(n)$，则该输入信号为（　　）。

A. $3^n u(n-1)$　　　　B. $3^{n-1} u(n)$　　　　C. $3^{n-1} u(n-1)$　　　　D. $3^n u(n)$

(6) 为使 LTI 因果离散时间系统是稳定的，其系统函数的极点必须在 z 平面的（　　）。

A. 单位圆内　　　　B. 单位圆外　　　　C. 左半平面　　　　D. 右半平面

2. 填空题

(1) 已知 $f(n)$ 的 z 变换为 $F(z) = \dfrac{1}{z-2}$，$|z| < 2$，则 $f(n) = $ _____。

(2) 序列 $f(n) = 2^{-n} u(n-1)$ 的单边 z 变换为 _____。

(3) 已知 LTI 离散时间系统的单位样值响应为 $h(n) = 3^n u(-n-1) + 2^{-n} u(n)$，则该系统的因果稳定性为 _____。

(4) 已知某因果系统的差分方程为 $r(n) - 0.7r(n-1) + 0.1r(n-2) = 7e(n) - 2e(n-1)$，则该系统的单位样值响应为 _____。

(5) 已知 $f_1(n)$ 的 z 变换为 $F_1(z) = 1 + z^{-1} + z^{-3}$，$f_2(n)$ 的 z 变换为 $F_2(z) = 2 + z^{-2}$，则 $f_1(n) * f_2(n) = $ _____。

(6) 已知系统单位样值响应 $h(n) = [2^n + (-3)^n]u(n)$，则系统函数为 _____。

3. 计算与画图题

(1) 已知序列 $f(n) = (0.5)^n [u(n) - u(n-3)]$，求其双边 z 变换，并注明收敛域。

(2) 已知某 LTI 因果系统的差分方程为 $r(n) - kr(n-1) = e(n)$，k 为实数，求：

① 系统函数及单位样值响应;② 当系统稳定时 k 的取值范围。

(3) 已知某系统模拟图如图 6A-1 所示,当输入为 $e(n)=(-3)^n u(n)$ 时,求系统的零状态响应。

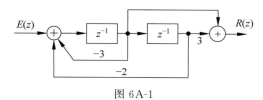

图 6A-1

(4) 已知某 LTI 系统的差分方程为 $r(n)+3r(n-1)+2r(n-2)=2e(n)+e(n-1)$,若输入为 $e(n)=u(n)$,初始条件 $r(-1)=0.5$,$r(-2)=0.25$,求系统的零输入响应、零状态响应及全响应。

(5) 已知某 LTI 因果离散时间系统的系统函数为 $\dfrac{z^2-2z}{z^2+3z+2}$。

① 画出该系统的零极点图,并判断系统稳定性;

② 画出系统的直接形式模拟图。

(6) 已知某 LTI 因果离散时间系统的零极点图如图 6A-2 所示,且 $h(0)=7$。求该系统的系统函数及单位样值响应。

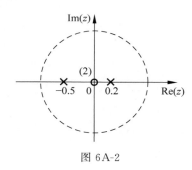

图 6A-2

信号与系统期末测试（一）

一、单项选择题（每题 3 分）

1. 积分 $\int_{-\infty}^{+\infty}(t+2)\delta(1-2t)\mathrm{d}t$ 等于（　　　）。

    A. 1.25　　　　　　B. 2.5　　　　　　C. 3　　　　　　D. 5

2. 已知一个线性时不变系统的单位阶跃响应为 $g(t)=2e^{-2t}u(t)+\delta(t)$，当输入 $f(t)=3e^{-t}u(t)$ 时，系统的零状态响应 $y_{zs}(t)$ 等于（　　　）。

    A. $(-9e^{-t}+12e^{-2t})u(t)$　　　　　　B. $(3-9e^{-t}+12e^{-2t})u(t)$

    C. $(-6e^{-t}+8e^{-2t})u(t)+\delta(t)$　　　　D. $(-9e^{-t}+12e^{-2t})u(t)+3\delta(t)$

3. 连续周期信号的频谱具有（　　　）的特点。

    A. 连续性、周期性　　　　　　　　　B. 连续性、谐波性、周期性

    C. 离散性、周期性　　　　　　　　　D. 离散性、收敛性、谐波性

4. 周期序列 $2\cos\left(1.5\pi n+\dfrac{\pi}{4}\right)$ 的周期等于（　　　）。

    A. 1　　　　　　　B. 2　　　　　　C. 3　　　　　　D. 4

5. 序列和 $\sum\limits_{k=-\infty}^{+\infty}\delta(k-1)$ 等于（　　　）。

    A. 1　　　　　　　B. ∞　　　　　　C. $u(n-1)$　　　　D. $nu(n-1)$

6. 单边拉普拉斯变换 $F(s)=\dfrac{2s+1}{s^2}e^{-2s}$ 的原函数等于（　　　）。

    A. $tu(t)$　　　　　　　　　　　　　B. $tu(t-2)$

    C. $(t-2)u(t)$　　　　　　　　　　　D. $(t-2)u(t-2)$

7. 序列 $f(n)=-u(-n)$ 的 z 变换等于（　　　）。

    A. $\dfrac{z}{z-1}$　　　　B. $-\dfrac{z}{z-1}$　　　　C. $\dfrac{1}{z-1}$　　　　D. $\dfrac{-1}{z-1}$

二、填空题（每空 3 分）

1. 已知描述某连续系统方程为 $r''(t)+2r'(t)+5r(t)=e'(t)+e(t)$，则该系统的冲激响应 $h(t)=$ _____。

2. 频谱函数 $F(\omega)=2u(1-\omega)$ 的傅里叶逆变换 $f(t)=$ _____。

3. 已知因果信号 $f(t)$ 的单边拉普拉斯变换 $F(s)=\dfrac{s}{s+1}$，则函数 $y(t)=3e^{-2t}f(3t)$ 的单边拉普拉斯变换 $Y(s)=$ _____。

4. 已知 $f(t)$ 的单边拉普拉斯变换是 $F(s)$，则信号 $y(t)=\int_0^{t-2}f(x)\mathrm{d}x$ 的单边拉普拉斯变换 $Y(s)=$ _____。

5. 卷积和 $(0.5)^{n+1}u(n+1)*\delta(1-n)=$ _____。

6. 已知某 LTI 因果离散系统的差分方程 $2r(n)-r(n-1)-r(n-2)=e(n)+2e(n-1)$，则系统的单位样值响应 $h(n)=$ _____。

三、计算与作图题（61 分）

1. （12 分）已知 $f(t)$ 的波形如图 1B-1 所示。(1)画出 $f'(t)$ 的波形，并写出表达式；(2)画出 $f(-2t-4)$ 的波形。

2. （12 分）如图 1B-2 所示信号 $f(t)$，其傅里叶变换表示为 $F(\omega)$。
求(1)$F(0)$；(2)$\displaystyle\int_{-\infty}^{+\infty} F(\omega)\mathrm{d}\omega$ 。

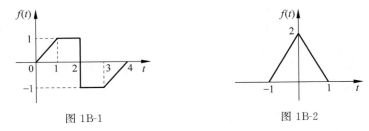

图 1B-1   图 1B-2

3. （15 分）信号 $e(t)$ 经过如图 1B-3(a)所示系统，子系统的频响函数如图 1B-3(b)、(c)所示，$e(t)$ 的频谱函数如图 1B-3(d)所示，请画出 A、B、C、D、E 各点处的频谱波形。

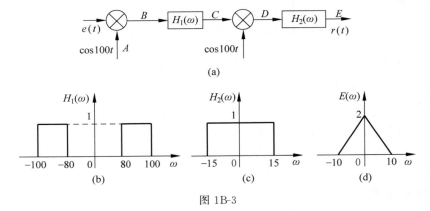

图 1B-3

4. （12 分）已知某 LTI 因果连续时间系统的微分方程为 $r''(t)+5r'(t)+6r(t)=2e'(t)+e(t)$，激励 $e(t)=\mathrm{e}^{-t}u(t)$，$r(0_-)=1$，$r'(0_-)=1$。

(1) 求零输入响应、零状态响应和全响应；

(2) 求系统函数 $H(s)$ 和单位冲激响应 $h(t)$，并判断系统稳定性。

5. （10 分）已知某 LTI 离散时间系统，当输入为 $\delta(n-1)$ 时，系统的零状态响应为 $(0.5)^n u(n-1)$，求当输入为 $e(n)=2\delta(n)+u(n)$ 时，系统的零状态响应 $r(n)$。

一、选择题(每题 3 分)

1. 已知某连续时间系统的输入输出关系为 $y(t) = x(\sin t)$,该系统是( )。

A. 线性时不变　　B. 线性时变　　C. 非线性时不变　　D. 非线性时变

2. 已知某 LTI 连续时间系统的单位冲激响应 $h(t) = e^{-4t} u(t-2)$,该系统是( )。

A. 因果稳定　　B. 因果不稳定　　C. 非因果稳定　　D. 非因果不稳定

3. 若 $y(t) = f(t) * h(t)$,则 $f(2t) * h(2t)$ 等于( )。

A. $\dfrac{1}{4} y(2t)$ 　　 B. $\dfrac{1}{2} y(2t)$ 　　 C. $\dfrac{1}{4} y(4t)$ 　　 D. $\dfrac{1}{2} y(4t)$

4. 已知某连续时间系统的频率响应 $H(\omega) = \dfrac{1}{1+j\omega}$,激励为 $e(t) = \cos\left(t + \dfrac{\pi}{2}\right)$ 时,系统响应 $r(t)$ 为( )。

A. $\dfrac{\sqrt{2}}{2} \cos\left(t - \dfrac{\pi}{4}\right)$ 　　　　　　 B. $\sqrt{2} \cos\left(t - \dfrac{\pi}{4}\right)$

C. $\dfrac{\sqrt{2}}{2} \cos\left(t - \dfrac{\pi}{2}\right)$ 　　　　　　 D. $\dfrac{\sqrt{2}}{2} \cos\left(t + \dfrac{\pi}{4}\right)$

5. 某连续时间信号 $f(t)$ 的傅里叶变换 $F(\omega) = \begin{cases} 1, & |\omega| < 2 \\ 0, & |\omega| > 2 \end{cases}$,则 $f(t)$ 为( )。

A. $\dfrac{\sin 2t}{2t}$ 　　 B. $\dfrac{\sin 2t}{\pi t}$ 　　 C. $\dfrac{\sin 4t}{4t}$ 　　 D. $\dfrac{\sin 4t}{\pi t}$

6. 信号 $f(t) = t e^{-3t} u(t-2)$ 的单边拉普拉斯变换 $F(s)$ 等于( )。

A. $\dfrac{(2s+7) e^{-2(s+3)}}{(s+3)^2}$ 　　　　　 B. $\dfrac{e^{-2s}}{(s+3)^2}$

C. $\dfrac{s e^{-2(s+3)}}{(s+3)^2}$ 　　　　　 D. $\dfrac{e^{-2s+3}}{s(s+3)}$

7. 已知序列 $f(n) = e^{j\frac{2\pi}{3}n} + e^{j\frac{4\pi}{3}n}$,该序列是( )。

A. 非周期序列　　　　　　 B. 周期 $N = 3/8$

C. 周期 $N = 3$ 　　　　　　 D. 周期 $N = 24$

二、填空题(每空 3 分)

1. 计算 $e^{-5t} \delta(2t) = $ _____。

2. 已知某初始储能为零的系统,当输入为 $u(t)$ 时,系统响应为 $e^{-t} u(t)$,则当输入为 $u(t) - u(t-2)$ 时,系统的响应为 _____。

3. 周期信号 $x(t) = \displaystyle\sum_{n=-\infty}^{+\infty} \delta(t - 5n)$ 的傅里叶变换 $X(\omega)$ 为 _____。

4. 已知信号 $f(t) = \text{Sa}(100t) + \text{Sa}^2(60t)$,对该信号进行无失真均匀抽样的奈奎斯特采样角频率为 _____ rad/s。

5. 单边拉普拉斯变换 $F(s) = \dfrac{s^2 + 3s + 1}{s^2 + s}$ 的原函数 $f(t) = $ _____。

6. 某右边序列的单边 z 变换为 $F(z) = \dfrac{z}{2z-1}$，则该序列 $f(n) =$ _____。

三、计算与作图题（共 61 分）

1. （12 分）已知 $f(1-2t)$ 的波形如图 2B-1 所示。（1）写出 $f(1-2t)$ 的表达式；（2）画出 $f(t)$ 的波形；（3）画出 $f(t) * \delta(t+1)$ 的波形。

2. （10 分）已知某 LTI 连续时间系统的单位冲激响应 $h(t) = e^{-t} u(t)$，激励信号 $e(t) = u(t)$。

（1）求系统的零状态响应；

（2）若激励经过如图 2B-2 所示的复合系统，求系统的零状态响应。

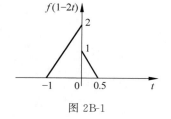

图 2B-1

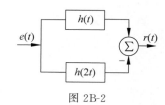

图 2B-2

3. （12 分）已知某 LTI 连续时间系统的微分方程为

$$r''(t) + 4r'(t) + 3r(t) = 4e'(t) + 2e(t)$$

（1）求系统的单位冲激响应 $h(t)$；

（2）判断该系统的稳定性；

（3）若输入为 $e(t) = 6 + 10\cos\left(t + \dfrac{\pi}{4}\right)$，求系统的稳态响应 $r(t)$。

4. （12 分）如图 2B-3 所示电路，已知 $v_C(0_-) = 1\text{V}$，$i_L(0_-) = 1\text{A}$，激励 $i_S(t) = u(t)\text{A}$，$u_S(t) = u(t)\text{V}$，输出为 $i_R(t)$。

（1）画出 s 域电路模型；

（2）求零输入响应和零状态响应。

5. （15 分）已知某因果离散时间系统模拟图如图 2B-4 所示。

（1）求系统函数 $H(z)$；

（2）列写系统的输入、输出差分方程；

（3）画出系统零极点图，并判断系统稳定性；

（4）若输入为 $e(n) = u(n) - u(n-2)$，求零状态响应 $r_{zs}(n)$。

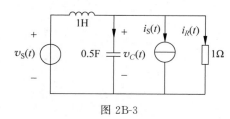

图 2B-3

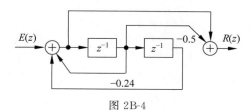

图 2B-4

信号与系统期末测试（三）

一、单项选择题（每题 3 分）

1. 若 $f(t)$ 代表已录制声音的磁带上的信号，则下列表述正确的是（   ）。

   A. $2f(t)$ 表示将此磁带的音量减小一半播放

   B. $f(2t)$ 表示将此磁带以二倍速度加快播放

   C. $f(2t)$ 表示将此磁带放音速度降低一半播放

   D. $f(-t)$ 表示将此磁带上信号延时播放产生的信号

2. 用下列差分方程描述的系统为线性系统的是（   ）。

   A. $y(n)+y(n-1)=2f(n)+3$

   B. $y(n)+y(n-1)y(n-2)=2f(n)$

   C. $y(n)+Ky(n-2)=f(1-n)+2f(n-1)$

   D. $y(n)+2y(n-2)=2|f(n)|$

3. 已知某连续时间信号 $f(t)$ 的傅里叶变换为 $F(\omega)$，则 $y(t)=f(t)*\delta(t+3)$ 的频谱函数 $Y(\omega)=$（   ）

   A. $F(\omega)e^{j3\omega}$ B. $F(\omega)e^{-j3\omega}$ C. $F(\omega+3)$ D. $F(\omega-3)$

4. $t-1$ 的单边拉普拉斯变换为（   ）。

   A. $\dfrac{1}{s}$ B. $\dfrac{1}{s^2}$ C. $\dfrac{1}{s^2}e^{-s}$ D. $\dfrac{1-s}{s^2}$

5. 已知 $f_1(n)=u(n+1)$，$f_2(n)=u(n)-u(n-2)$，设 $y(n)=f_1(n)*f_2(n)$，$y(0)=$（   ）。

   A. 0   B. 1   C. 2   D. -1

6. 已知某连续时间系统的系统函数为 $H(s)=\dfrac{1}{s+2}$，该系统属于（   ）类型。

   A. 低通   B. 高通   C. 带通   D. 带阻

7. 已知 $f(n)$ 的 z 变换为 $F(z)=\dfrac{z}{(z+0.5)(z+2)}$，当 $F(z)$ 的收敛域为（   ）时序列 $f(n)$ 为因果序列。

   A. $|z|>0.5$ B. $|z|<0.5$ C. $|z|>2$ D. $0.5<|z|<2$

二、填空题（每题 3 分）

1. 已知 $f(t)=(t^2+4)u(t)$，则 $f''(t)=$_____。

2. 求积分 $\displaystyle\int_{-\infty}^{+\infty}(t^2+3)\delta(t-2)dt$ 的值为_____。

3. 周期信号的波形如图 3B-1 所示，则该信号傅里叶级数展开中的谱线间隔为_____，直流分量为_____。

4. 若信号的 $F(s)=\dfrac{3s}{(s+4)(s+2)}$，求该信号的 $F(\omega)=$_____。

5. 已知信号的频谱函数是 $F(\omega)=\delta(\omega+\omega_0)-\delta(\omega-\omega_0)$，则原信号 $f(t)$ 为_____。

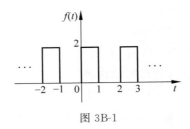

图 3B-1

6. 若信号 $f(t)$ 的象函数 $F(s) = \dfrac{s-1}{(s+1)^2}$，则其初始值 $f(0_+) = $ _____。

三、计算与作图题（共 61 分）

1. （12 分）已知某二阶系统的初始状态为 $r(0_-)=1, r'(0_-)=2$，输入为 $e(t)=u(t)$ 时，全响应为 $r_1(t)=(6e^{-2t}-5e^{-3t})u(t)$；若初始状态不变，输入为 $3u(t)$，则全响应为 $r_2(t)=(8e^{-2t}-7e^{-3t})u(t)$。求：

（1）$e(t)=0, r(0_-)=1, r'(0_-)=2$ 时的全响应 $r_3(t)$；

（2）$e(t)=2u(t), r(0_-)=r'(0_-)=0$ 时的全响应 $r_4(t)$；

（3）$e(t)=4\delta(t), r(0_-)=r'(0_-)=0$ 时的全响应 $r_5(t)$。

2. （10 分）如图 3B-2 所示 LTI 连续时间系统，已知当输入信号 $e(t)=u(t)$ 时，系统的全响应为 $r(t)=(1-e^{-t}+3e^{-3t})u(t)$。

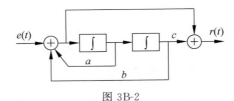

图 3B-2

求：（1）系统框图中的参数 a、b 和 c 的值；

（2）系统的零输入响应。

3. （15 分）已知信号 $f(t)$ 的频谱 $F(\omega)$ 如图 3B-3(a)所示。

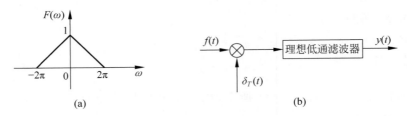

(a)   (b)

图 3B-3

（1）画出 $f_1(t)=f\left(-\dfrac{t}{2}+3\right)$ 的频谱图；

（2）画出 $f_2(t)=f(t)\cos 4\pi t$ 的频谱图；

（3）如果 $f(t)$ 通过如图 3B-3(b)所示系统，为了无失真恢复 $f(t)$，理想采样频率 ω_s 该如何设置？理想低通滤波器的截止频率 ω_c 如何设置？

4．（12 分）已知某 LTI 连续时间系统的系统函数 $H(s)$ 的零极点图如图 3B-4 所示，且 $H(\infty)=2$。

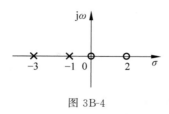

图 3B-4

（1）写出 $H(s)$ 的表达式，并求 $h(t)$；

（2）求单位阶跃响应 $g(t)$；

（3）判断系统的稳定性；

（4）画出该系统的 s 域模拟图。

5．（12 分）已知某 LTI 因果离散系统的差分方程为
$$r(n)+3r(n-1)+2r(n-2)=2e(n)+e(n-1)$$
系统的初始状态 $r(-1)=0.5,r(-2)=0.25$，输入信号 $e(n)=u(n)$。

（1）求系统的零输入响应和零状态响应；

（2）求系统的系统函数，并判断系统的稳定性。

信号与系统期末测试（四）

一、单项选择题（每题 3 分）

1. $\dfrac{\mathrm{d}}{\mathrm{d}t}\left[\cos\left(t+\dfrac{\pi}{4}\right)\delta(t)\right]=($ $)$。

   A. $\dfrac{1}{\sqrt{2}}\delta'(t)$ B. $\dfrac{1}{\sqrt{2}}\delta(t)$ C. $\cos\left(t+\dfrac{\pi}{4}\right)\delta'(t)$ D. $\sin\left(t+\dfrac{\pi}{4}\right)\delta(t)$

2. 线性系统响应的分解特性满足以下规律（   ）。

   A. 一般情况下，零状态响应与系统特性无关

   B. 若系统的激励信号为零，则系统的零输入响应与强迫响应相等

   C. 若系统的初始状态为零，则系统的零输入响应与自然响应相等

   D. 若系统的零状态响应为零，则强迫响应也为零

3. 已知信号 $f(t)$ 的傅里叶变换为 $F(\omega)$，则 $\dfrac{\mathrm{d}}{\mathrm{d}t}f(2t-3)$ 的频谱函数为（   ）。

   A. $\dfrac{1}{2}\mathrm{j}\omega F\left(\dfrac{\omega}{2}\right)\mathrm{e}^{-\mathrm{j}3\omega}$ B. $\dfrac{1}{2}\mathrm{j}\omega F\left(\dfrac{\omega}{2}\right)\mathrm{e}^{\mathrm{j}3\omega}$

   C. $\dfrac{1}{2}\mathrm{j}\omega F\left(\dfrac{\omega}{2}\right)\mathrm{e}^{-\mathrm{j}\frac{3}{2}\omega}$ D. $\dfrac{1}{2}\mathrm{j}\omega F\left(\dfrac{\omega}{2}\right)\mathrm{e}^{\mathrm{j}\frac{3}{2}\omega}$

4. 信号 $\mathrm{e}^{-2t}\cos\pi t u(t-3)$ 的拉普拉斯变换为（   ）。

   A. $-\dfrac{s}{s^2+\pi^2}\mathrm{e}^{-3(s-2)}$ B. $-\dfrac{\pi}{(s+2)^2+\pi^2}\mathrm{e}^{-3(s+2)}$

   C. $-\dfrac{s+2}{(s+2)^2+\pi^2}\mathrm{e}^{-3s}$ D. $-\dfrac{s+2}{(s+2)^2+\pi^2}\mathrm{e}^{-3(s+2)}$

5. 某 LTI 系统对信号 $\delta(t-\tau)$ 的响应为 $y(t)=u(t)-u(t-\tau)$，τ 为大于零的常数，则该系统是（   ）。

   A. 因果稳定系统   B. 因果不稳定系统

   C. 非因果稳定系统   D. 非因果不稳定系统

6. 卷积 $f_1(n+5)*f_2(n-3)$ 等于（   ）。

   A. $f_1(n-2)*f_2(n)$ B. $f_1(n)*f_2(n-8)$

   C. $f_1(n)*f_2(n+8)$ D. $f_1(n)*f_2(n+2)$

7. 已知序列 $f(n)$ 的 z 变换为 $F(z)=\dfrac{z}{(1+z^2)^2}$，$|z|>1$，则 $(0.5)^nf(n-2)$ 的 z 变换为（   ）。

   A. $\dfrac{z^{-1}}{(1+2z^2)^2}$ B. $\dfrac{(2z)^{-1}}{(1+4z^2)^2}$ C. $\dfrac{2z^{-1}}{(1+2z^2)^2}$ D. $\dfrac{(2z)^{-1}}{(1+2z^2)^2}$

二、填空题（每空 3 分）

1. 计算卷积 $\mathrm{e}^{-2t}*\delta'(t-1)=$ _____。

2. 已知某 LTI 系统的微分方程为 $r'(t)+r(t)=e'(t)+2e(t)$，则该系统的单位冲激响应为 _____。

3. 若信号 $f(t)$ 的最高频率是 $2\mathrm{kHz}$，则 $f(5t)$ 的奈奎斯特抽样频率为 _____ kHz。

4. 信号 $f(t)=u(2t-1)$ 的单边拉普拉斯变换为_____。

5. 已知某 LTI 系统的系统函数为 $H(s)=\dfrac{s}{s^3+s^2+(k+1)s+1}$,使该系统稳定的 k 的取值范围为_____。

6. 已知序列 $f(n)=(-3)^{-n}u(n)$,则其单边 z 变换为_____。

三、计算与作图题(61 分)

1. (12 分)已知 $f_1(t)$ 和 $f_2(t)$ 表达式,画出信号(1)$\dfrac{\mathrm{d}}{\mathrm{d}t}f_2(t)$;(2)$f_1(t)*f_2(2t)$;(3)$f_2(t)*\dfrac{\mathrm{d}}{\mathrm{d}t}f_1(t)$ 的波形。

$$f_1(t)=\begin{cases}1, & 0<t<4\\0, & t<0 \text{ 或 } t>4\end{cases} \qquad f_2(t)=\begin{cases}t, & 0<t<8\\0, & t<0 \text{ 或 } t>8\end{cases}$$

2. (10 分)已知某 LTI 连续时间系统的阶跃响应为 $g(t)=\mathrm{e}^{-t}u(t)$,当输入信号 $e(t)=3\mathrm{e}^{-2t}u(t)$ 时,求系统的零状态响应 $r_{\mathrm{zs}}(t)$。

3. (12 分)已知某 LTI 连续时间系统的微分方程为 $r'(t)+r(t)=e(t)$。

(1)画出该系统的频率特性;

(2)当输入信号 $e(t)=2+3\cos t+\sin\left(5t-\dfrac{\pi}{6}\right)-2\cos\left(8t-\dfrac{\pi}{3}\right)$ 时,求输出 $r(t)$,并判断输出的失真情况。

4. (12 分)某 LTI 连续时间系统的系统框图如图 4B-1 所示。

(1)求系统函数 $H(s)=\dfrac{Y(s)}{F(s)}$;

(2)确定使系统稳定的 k 值范围;

(3)当 $k=0$,输入 $f(t)=u(t)$ 时,求系统的零状态响应 $y(t)$。

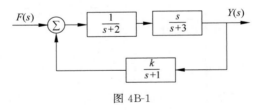

图 4B-1

5. (15 分)已知某二阶离散时间系统,当激励为 $e(n)=2^n u(n)$,初始状态 $r(-1)=0,r(-2)=0.5$ 时系统的全响应为 $r(n)=\left[\dfrac{2}{3}(-1)^n-(-2)^n+\dfrac{1}{3}\cdot 2^n\right]u(n)$。

(1)列写系统的差分方程,画出该系统的 z 域模拟图;

(2)求系统的单位阶跃响应 $g(n)$;

(3)求系统的零输入响应和零状态响应;

(4)判断系统稳定性。

阶段测试(一)信号与系统概论

1. 选择题

(1) C (2) D (3) D (4) A (5) B (6) C

2. 填空题

(1) $2\delta(t+1)+u(t)+(1-t)u(t-1)+(t-2)u(t-2)$ (2) 0 (3) $e^{-4}u(t-2)$

(4) $6e^{-2t}u(t)-2\delta(t)$ (5) $-2e^{-3t}u(t)$ (6) 线性,时变

3. 计算与画图题

(1) $v(t)=(t+1)u(t)-tu(t-1)+(1-t)u(t-2)+(t-2)u(t-3)$

波形如解 1A-1 图所示。

(2) $f_1(t)$ 和 $f_2(t)$ 的波形分别如解 1A-2 图(a)和解 1A-2 图(b)所示。

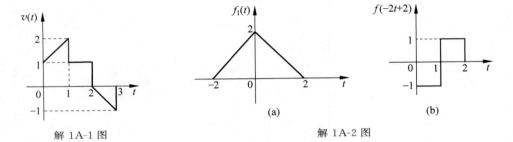

解 1A-1 图

(a) (b)

解 1A-2 图

$f_1(t)=(t+2)u(t+2)-2tu(t)+(t-2)u(t-2)$

(3) $f_1(t)=\dfrac{1}{2}[u(t+2)-u(t)]+\delta(t-2)-2\delta(t-4)$

$f_1(t)$ 的波形如解 1A-3 图所示。

(4) $r_2(t)$ 的波形如解 1A-4 图所示。

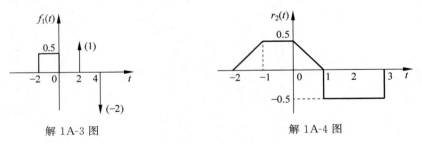

解 1A-3 图

解 1A-4 图

(5) $r_3(t)=\dfrac{1}{2}(\cos t-\sin t)u(t)+[6\sin(t-2)-3\cos(t-2)]u(t-2)$

(6) $\dfrac{d^2 r(t)}{dt^2}+3\dfrac{dr(t)}{dt}+2r(t)=2\dfrac{de(t)}{dt}+e(t)$

阶段测试(二)连续时间系统的时域分析

1. 选择题

(1) A   (2) D   (3) C   (4) D   (5) D   (6) A

2. 填空题

(1) $(p^2+4p+3)r(t)=(p+5)e(t)$ (2) $[-1,1]$ 或 $(-1,1)$ (3) $h_2(t)+h_1(t)*h_2(t)$ (4) $u(t)$ (5) $(e^{-t}+e^{-2t})u(t), u(t)$ (6) $(1-e^{-2t})u(t)$

3. 计算与画图题

(1) $f(t)=\dfrac{1}{2}(t+1)[u(t+1)-u(t-1)]-\dfrac{1}{2}(t-1)[u(t-1)-u(t-3)]$

$f(t)$ 的波形如解 2A-1 图所示。

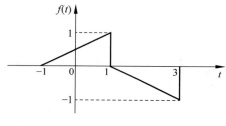

解 2A-1 图

(2) $\dfrac{\mathrm{d}^2 v(t)}{\mathrm{d}t^2}+4\dfrac{\mathrm{d}v(t)}{\mathrm{d}t}+4v(t)=3e(t)$

(3) 全响应为 $(e^{-t}-1.5e^{-2t}+1.5)u(t)$

零输入响应为 $(3e^{-t}-2e^{-2t})u(t)$，零状态响应为 $(0.5e^{-2t}-2e^{-t}+1.5)u(t)$

暂态响应为 $(e^{-t}-1.5e^{-2t})u(t)$，稳态响应为 $1.5u(t)$

(4) 完全响应 $v(t)=\left(\dfrac{9}{2}e^{-t}-3e^{-2t}+\dfrac{1}{2}e^{-3t}\right)u(t)$

零输入响应 $v_{zi}(t)=(3e^{-t}-e^{-3t})u(t)$，

零状态响应 $v_{zs}(t)=\left(\dfrac{3}{2}e^{-t}-3e^{-2t}+\dfrac{3}{2}e^{-3t}\right)u(t)$

(5) 微分方程为 $\dfrac{\mathrm{d}^2 r(t)}{\mathrm{d}t^2}+4\dfrac{\mathrm{d}r(t)}{\mathrm{d}t}+3r(t)=2\dfrac{\mathrm{d}e(t)}{\mathrm{d}t}+e(t)$

单位冲激响应为 $h(t)=\dfrac{1}{2}(-e^{-t}+5e^{-3t})u(t)$

(6) $h(t)=\dfrac{1}{T}[u(t)-u(t-T)], r(t)=\dfrac{1}{T}[(1-e^{-t})u(t)-(1-e^{-(t-T)})u(t-T)]$

阶段测试(三)连续时间信号与系统的频域分析

1. 选择题

(1) C　(2) D　(3) D　(4) C　(5) A　(6) B　(7) A　(8) B　(9) B　(10) D

2. 填空题

(1) $500\pi \text{rad/s}$　　　(2) $c_2 = 4, \theta_2 = -\dfrac{\pi}{4}$　　　(3) $4\text{Sa}(2\omega) - 4\text{Sa}(\omega)$

(4) $2F(2\omega)\text{e}^{-4\text{j}\omega}$　　(5) $\dfrac{\text{e}^{-3\text{j}(\omega-2)}}{\text{j}\omega+2}$　　　　(6) $\dfrac{2}{(\text{j}\omega+3)(\text{j}\omega+4)}$

(7) 非线性失真　　(8) $\omega_s \geqslant 160\pi \text{rad/s}$

3. 计算与画图题

(1) 信号的三角形式的频谱图如解 3A-1 图(a)、(b)所示。

信号的复指数形式的频谱图如解 3A-1 图(c)、(d)所示。

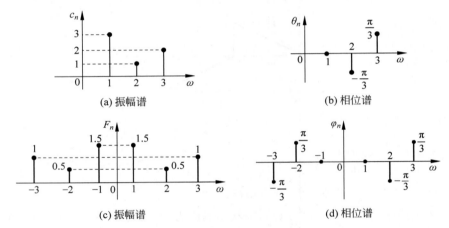

解 3A-1 图

(2) $Y_1(\omega) = E\left[\text{Sa}(\omega+100\pi) + \text{Sa}(\omega-100\pi)\right]$

$Y_1(\omega)$ 的波形如解 3A-2 图所示。

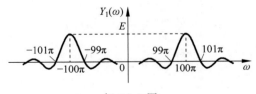

解 3A-2 图

(3) $y(t) = 2 + \cos(3t - 6)$

(4) $y_1(t) = 4\cos\left(10\pi t - \dfrac{\pi}{6}\right) + 2\sin\left(12\pi t - \dfrac{\pi}{5}\right)$

$$y_2(t) = 4\cos\left(10\pi t - \frac{\pi}{6}\right) + \sin\left(26\pi t - \frac{13\pi}{30}\right)$$

$y_1(t)$无失真；$y_2(t)$有失真，是幅度失真。

（5）$r_1(t)$、$r_2(t)$、$r_3(t)$和$y(t)$的频谱分别如解 3A-3 图(a)、(b)、(c)、(d)所示。

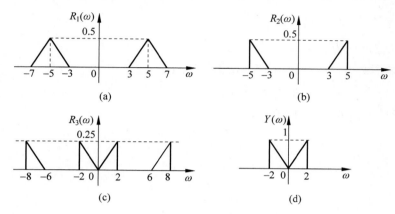

解 3A-3 图

（6）$y(t)$的频谱图 $Y(\omega)$ 如解 3A-4 图所示。

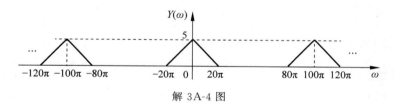

解 3A-4 图

阶段测试(四)连续时间信号与系统的复频域分析

1. 选择题

（1）C　（2）D　（3）B　（4）C　（5）B　（6）D　（7）C

2. 填空题

（1）$\dfrac{1 - e^{-s} - s e^{-s}}{s^2}$　　　（2）⑤、①、③、②、④、⑥　　（3）$H(s) = \dfrac{s-2}{s^2+1}$

（4）$-5,0$　　　　　（5）0　　　　　　（6）$k < 1$

3. 计算与画图题

（1）$y(t) = 4f(0.5t)$

$$Y(s) = 8F(2s) = \frac{8}{4s^2}(1 - e^{-2s})$$

（2）$f(t) = \delta'(t) + 3\delta(t) + \dfrac{11}{2}e^{-t}u(t) - \dfrac{31}{2}e^{-3t}u(t)$

（3）$H(s) = \dfrac{2(s^2-2s-2)}{s(s+2)(s+1)}$

（4）$H(s) = \dfrac{4s+1}{s^2+4s+3}$

$h(t) = \dfrac{1}{2}(e^{-t}-e^{-3t})u(t)$

（5）零状态响应为 $y_{zs}(t) = (e^{-t}-2e^{-2t}+e^{-3t})u(t)$

零输入响应为 $y_{zi}(t) = (2.5e^{-t}-0.5e^{-3t})u(t)$

全响应为 $y(t) = y_{zi}(t)+y_{zs}(t) = (3.5e^{-t}-2e^{-2t}+0.5e^{-3t})u(t)$

（6）s 域模型如解 4A-1 图所示。

$$u_C(t) = \dfrac{1}{2}e^{-\frac{1}{2}t}\cos\dfrac{\sqrt{3}}{2}tu(t) + \dfrac{\sqrt{3}}{2}e^{-\frac{1}{2}t}\sin\dfrac{\sqrt{3}}{2}tu(t)$$

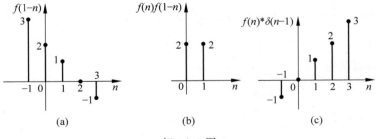

解 4A-1 图

阶段测试（五）离散时间信号与系统的时域分析

1. 选择题

（1）B　（2）A　（3）D　（4）A　（5）D　（6）C

2. 填空题

（1）8　　（2）$2\delta(n+1)+\delta(n)+3\delta(n-1)-5\delta(n-2)$　　（3）7　　（4）-2

（5）非线性，时变　　　（6）因果、稳定

3. 计算与画图题

（1）待求信号的波形如解 5A-1 图（a）～（c）所示。

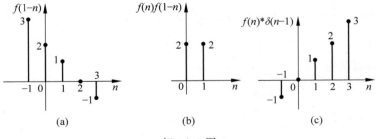

解 5A-1 图

（2）$r_{zi}(n) = 2(3^n-4^n)u(n)$

(3) $h(n) = (2 \cdot 4^n - 1)u(n)$

(4) $r_{zi}(n) = [3(0.5)^n + 2(0.4)^n]u(n)$,

$$r_{zs}(n) = \left[\frac{25}{3}(0.5)^n - 8(0.4)^n + \frac{2}{3}(0.2)^n\right]u(n)$$

$$r(n) = \left[\frac{34}{3}(0.5)^n - 6(0.4)^n + \frac{2}{3}(0.2)^n\right]u(n)$$

系统时域模拟图如解 5A-2 图所示。

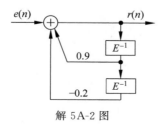

解 5A-2 图

(5) $r_{zs}(n) = 3[u(n-1) - u(n-3)] = 3[\delta(n-1) + \delta(n-2)]$

(6) $h(n) = \{\underset{\uparrow}{1}, 2, 3\}$

阶段测试(六)离散时间信号与系统的 z 域分析

1. 选择题

(1) B (2) C (3) B (4) D (5) C (6) A

2. 填空题

(1) $-2^{n-1}u(-n)$　　　　　　(2) $\dfrac{1}{2z-1}$　　　　　(3) 非因果稳定

(4) $[2 \cdot (0.2)^n + 5 \cdot (0.5)^n]u(n)$　(5) $\{2, \underset{\uparrow}{2}, 1, 3, 0, 1\}$　(6) $\dfrac{2z^2 + z}{z^2 + z - 6}$

3. 计算与画图题

(1) $F(z) = 1 + 0.5z^{-1} + 0.25z^{-2}$,$|z| > 0$

(2) ① $H(z) = \dfrac{z}{z-k}$,$h(n) = k^n u(n)$; ② $|k| < 1$

(3) $r_{zs}(n) = [(-1)^n - (-2)^n]u(n)$

(4) $r_{zi}(n) = [(-1)^n - 3(-2)^n]u(n)$,$r_{zs}(n) = \left[-\dfrac{1}{2}(-1)^n + 2(-2)^n + \dfrac{1}{2}\right]u(n)$

$$r(n) = \left[\frac{1}{2}(-1)^n - (-2)^n + \frac{1}{2}\right]u(n)$$

(5) 系统零极点图如解 6A-1 图所示。系统不稳定。

系统模拟图如解 6A-2 图所示。

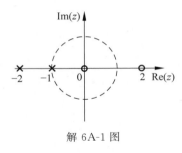

解 6A-1 图

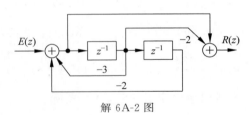

解 6A-2 图

(6) $H(z) = \dfrac{7z^2}{(z+0.5)(z-0.2)}$，$h(n) = [5(-0.5)^n + 2(0.2)^n]u(n)$

期末测试（一）

一、单项选择题（每题 3 分）

1. B　2. D　3. D　4. D　5. A　6. B　7. C

二、填空题（每空 3 分）

1. $e^{-t}\cos(2t)u(t)$　　　2. $\delta(t) + \dfrac{e^{jt}}{j\pi t}$　　　3. $\dfrac{3(s+2)}{s+5}$

4. $\dfrac{e^{-2s}}{s}F(s)$　　　5. $0.5^n u(n)$　　　6. $[1 + (-0.5)^{n+1}]u(n)$

三、计算与作图题（61 分）

1. (1) $f'(t) = u(t) - u(t-1) - 2\delta(t-2) - [u(t-3) - u(t-4)]$，$f'(t)$ 的波形如解 1B-1 图所示，$f(-2t-4)$ 的波形如解 1B-2 图所示。

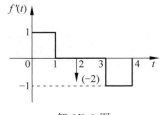

解 1B-1 图

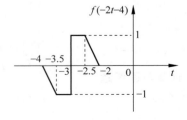

解 1B-2 图

2. (1) $F(0) = \displaystyle\int_{-\infty}^{+\infty} f(t)\,\mathrm{d}t = 2$

(2) $\displaystyle\int_{-\infty}^{+\infty} F(\omega)\,\mathrm{d}\omega = 2\pi f(0) = 4\pi$

3. A～E 点的频谱波形如解 1B-3 图 (a)～(e) 所示。

4. (1) $r_{zi}(t) = (4e^{-2t} - 3e^{-3t})u(t)$，$r_{zs}(t) = (-0.5e^{-t} + 3e^{-2t} - 2.5e^{-3t})u(t)$

$r(t) = (-0.5e^{-t} + 7e^{-2t} - 5.5e^{-3t})$

(2) $H(s) = \dfrac{2s+1}{s^2+5s+6} = \dfrac{5}{s+3} - \dfrac{3}{s+2}$，$h(t) = (5e^{-3t} - 3e^{-2t})u(t)$

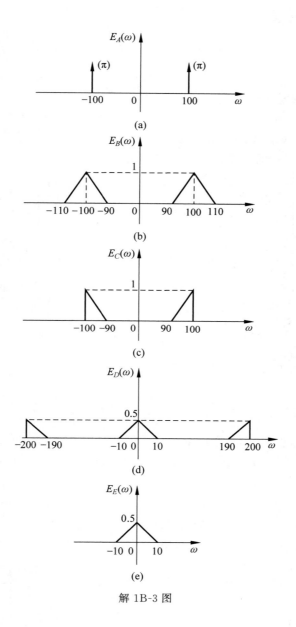

解 1B-3 图

系统稳定。

5. $r(n) = [1 + (0.5)^{n+1}]u(n)$

期末测试(二)

一、单项选择题(每题 3 分)

1. C   2. A   3. A   4. D   5. B   6. A   7. C

二、填空题（每空 3 分）

1. $0.5\delta(t)$
2. $e^{-t}u(t)-e^{-(t-2)}u(t-2)$
3. $\dfrac{2\pi}{5}\displaystyle\sum_{n=-\infty}^{+\infty}\delta\left(\omega-\dfrac{2\pi n}{5}\right)$

4. 240
5. $\delta(t)+(1+e^{-t})u(t)$
6. $(0.5)^{n+1}u(n)$

三、计算与作图题（61 分）

1. （1）$f(1-2t)=2(t+1)\left[u(t+1)-u(t)\right]+2(0.5-t)\left[u(t)-u(t-0.5)\right]$

（2）$f(t)$ 的波形如解 2B-1 图所示。

（3）$f(t)*\delta(t+1)$ 的波形如解 2B-2 图所示。

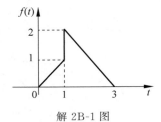

解 2B-1 图

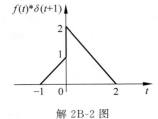

解 2B-2 图

2. （1）$r_1(t)=(1-e^{-t})u(t)$

（2）$r_2(t)=(0.5e^{-2t}-e^{-t}+0.5)u(t)$

3. （1）$h(t)=(5e^{-3t}-e^{-t})u(t)$

（2）系统稳定

（3）$r(t)=4+10\cos\left(t+\dfrac{\pi}{4}\right)$

4. （1）s 域模型如解 2B-3 图所示。

（2）$i_{Rzi}(t)=e^{-t}(\cos t+\sin t)u(t)$，$i_{Rzs}(t)=\left[1-e^{-t}(\cos t+3\sin t)\right]u(t)$

5. （1）$H(z)=\dfrac{1-0.5z^{-1}}{1-z^{-1}+0.24z^{-2}}$

（2）$r(n)-r(n-1)+0.24r(n-2)=e(n)-0.5e(n-1)$

（3）系统零极点如解 2B-4 图所示。系统稳定。

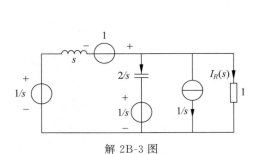

解 2B-3 图

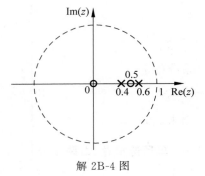

解 2B-4 图

（4）$h(n)=0.5\left[(0.4)^n+(0.6)^n\right]u(n)$

$$r_{zs}(n) = 0.5[(0.4)^n + (0.6)^n]u(n) + 0.5[(0.4)^{n-1} + (0.6)^{n-1}]u(n-1)$$

期末测试（三）

一、单项选择题（每题 3 分）

1．B　2．C　3．A　4．D　5．C　6．A　7．C

二、填空题（每题 3 分）

1．$2u(t) + 4\delta'(t)$　　　　　　2．7　　　　　　3．$\pi, 1$

4．$\dfrac{3j\omega}{(j\omega+4)(j\omega+2)}$　　　5．$-\dfrac{j\sin\omega_0 t}{\pi}$　　　6．1

三、计算与作图题（61 分）

1．（1）$r_3(t) = (5e^{-2t} - 4e^{-3t})u(t)$

（2）$r_4(t) = (2e^{-2t} - 2e^{-3t})u(t)$

（3）$r_5(t) = (-8e^{-2t} + 12e^{-3t})u(t)$

2．（1）$a = -4, b = -3, c = 3$

（2）$r_{zi}(t) = (e^{-t} + e^{-3t})u(t)$

3．（1）$f_1(t)$ 的频谱图如解 3B-1 图所示。

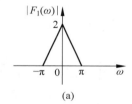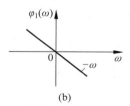

(a)　　　　　　　　　　(b)

解 3B-1 图

（2）$f_2(t)$ 的频谱图如解 3B-2 图所示。

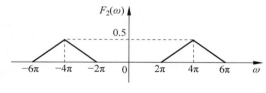

解 3B-2 图

（3）$\omega_s \geqslant 4\pi, 2\pi \leqslant \omega_c \leqslant \omega_s - 2\pi$

4．（1）$H(s) = \dfrac{2s(s-2)}{s^2+4s+3}, h(t) = 2\delta(t) + (3e^{-t} - 15e^{-3t})u(t)$

（2）$g(t) = (-3e^{-t} + 5e^{-3t})u(t)$

（3）系统稳定

（4）该系统的 s 域模拟图如解 3B-3 图所示。

5．（1）$r_{zi}(n) = [(-1)^n - 3(-2)^n]u(n), r_{zs}(n) = [-0.5(-1)^n + 2(-2)^n + 0.5]u(n)$

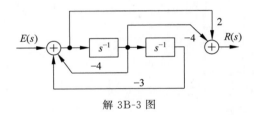

解 3B-3 图

（2）$H(z)=\dfrac{2+z^{-1}}{1+3z^{-1}+2z^{-2}}$，系统不稳定

期末测试（四）

一、单项选择题（每题 3 分）

1. A   2. D   3. C   4. D   5. C   6. D   7. B

二、填空题（每空 3 分）

1. $-2e^{-2(t-1)}$

2. $\delta(t)+e^{-t}u(t)$

3. 20

4. $\dfrac{1}{s}e^{-0.5s}$

5. $k>0$

6. $\dfrac{z}{z+\dfrac{1}{3}}$，$|z|>\dfrac{1}{3}$

三、计算与作图题（61 分）

1. （1）$\dfrac{\mathrm{d}}{\mathrm{d}t}f_2(t)$ 的波形如解 4B-1 图（a）所示。

（2）$f_1(t)*f_2(2t)$ 的波形如解 4B-1 图（b）所示。

（3）$f_2(t)*\dfrac{\mathrm{d}}{\mathrm{d}t}f_1(t)$ 的波形如解 4B-1 图（c）所示。

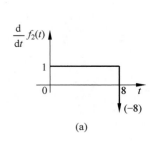

(a)

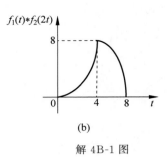

(b)

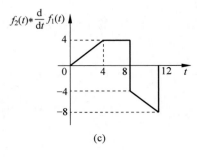

(c)

解 4B-1 图

2. $r_{zs}(t)=(6e^{-2t}-3e^{-t})u(t)$

3. （1）该系统的频率特性如解 4B-2 图所示。

（2）$r(t)=2+\dfrac{3}{\sqrt{2}}\cos\left(t-\dfrac{\pi}{4}\right)+\dfrac{1}{\sqrt{26}}\sin\left(5t-\dfrac{\pi}{6}-\arctan5\right)-\dfrac{2}{\sqrt{65}}\cos\left(8t-\dfrac{\pi}{3}-\arctan8\right)$，幅度、相位均失真

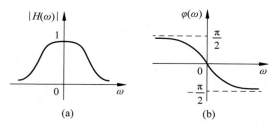

解 4B-2 图

4. (1) $H(s) = \dfrac{s(s+1)}{s^3 + 6s^2 + (11-k)s + 6}$

(2) $k < 10$

(3) $y(t) = (e^{-2t} - e^{-3t})u(t)$

5. (1) $r(n) + 3r(n-1) + 2r(n-2) = e(n)$

该系统的 z 域模拟图如解 4B-3 图所示。

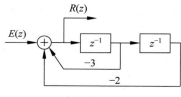

解 4B-3 图

(2) $g(n) = \left[-\dfrac{1}{2}(-1)^n + \dfrac{4}{3}(-2)^n + \dfrac{1}{6} \right]u(n)$

(3) $r_{zi}(n) = [(-1)^n - 2(-2)^n]u(n),\ r_{zs}(n) = \left[\dfrac{1}{3}(-1)^n + (-2)^n + \dfrac{1}{3}2^n \right]u(n)$

(4) 极点在单位圆外,系统不稳定

参 考 文 献

[1] 贾永兴.信号与系统[M].北京:清华大学出版社,2021.
[2] 吴大正.信号与线性系统[M].4 版.北京:高等教育出版社,2006.
[3] 张小虹.信号与系统[M].4 版.西安:西安电子科技大学出版社,2018.
[4] 燕庆明.信号与系统教程[M].2 版.北京:高等教育出版社,2007.
[5] 陈生谭,郭宝龙,李学武,等.信号与系统[M].西安:西安电子科技大学出版社,2001.
[6] 郑君里.教与写的记忆——信号与系统评注[M].北京:高等教育出版社,2005.
[7] 郑君里,应启珩,杨为理.信号与系统[M].3 版.北京:高等教育出版社,2011.
[8] 张建奇,张增年,陈琢,等.信号与系统[M].杭州:浙江大学出版社,2006.
[9] 岳振军,贾永兴,余远德,等.信号与系统[M].北京:机械工业出版社,2008.
[10] 陈亮,刘景夏,贾永兴,等.电路与信号分析[M].北京:电子工业出版社,2014.
[11] 王丽娟,贾永兴,王友军,等.信号与系统[M].北京:机械工业出版社,2015.
[12] OPPENHEIM A V.信号与系统[M].刘树棠,译.2 版.西安:西安交通大学出版社,2002.
[13] LATHI B L.线性系统与信号[M].刘树棠,王薇洁,译.2 版.西安:西安交通大学出版社,2006.
[14] 郑君里,应启珩,杨为理.信号与系统引论[M].北京:高等教育出版社,2009.

图 书 资 源 支 持

感谢您一直以来对清华大学出版社图书的支持和爱护。为了配合本书的使用，本书提供配套的资源，有需求的读者请扫描下方的"书圈"微信公众号二维码，在图书专区下载，也可以拨打电话或发送电子邮件咨询。

如果您在使用本书的过程中遇到了什么问题，或者有相关图书出版计划，也请您发邮件告诉我们，以便我们更好地为您服务。

我们的联系方式：

教学资源·教学样书·新书信息

地　　址：北京市海淀区双清路学研大厦 A 座 714

邮　　编：100084

电　　话：010-83470236　010-83470237

人工智能科学与技术
人工智能|电子通信|自动控制

资源下载：http://www.tup.com.cn

客服邮箱：tupjsj@vip.163.com

QQ：2301891038（请写明您的单位和姓名）

资料下载·样书申请

书圈

用微信扫一扫右边的二维码,即可关注清华大学出版社公众号。